"十三五"国家重点图书
上海高校服务国家重大战略出版工程项目
化学品风险与环境健康安全(EHS)管理丛书
化学法律法规系列
环境科学与工程通识教育用书

化学品风险管理法律制度

丁晓阳　李广兵　黄　政　主编

華東理工大學出版社
EAST CHINA UNIVERSITY OF SCIENCE AND TECHNOLOGY PRESS
·上海·

图书在版编目(CIP)数据

化学品风险管理法律制度 / 丁晓阳，李广兵，黄政主编. —上海：华东理工大学出版社，2020.3
(化学品风险与环境健康安全(EHS)管理丛书)
ISBN 978-7-5628-6087-7

Ⅰ.①化… Ⅱ.①丁… ②李… ③黄… Ⅲ.①化工产品—危险物品管理—法规—汇编—世界 Ⅳ.①D912.140.9

中国版本图书馆CIP数据核字(2019)第272791号

内容提要

本书是"化学法律法规系列"丛书的第四册，主要介绍化学品管理领域在国际层面已经制定的条约，国际组织和主要工业化国家、地区的化学品管理政策和方向，追踪全球化工业参与风险管理政策发展的动态，介绍了内分泌干扰物、SVHC、UVCB、纳米材料、药物和个人护理用品环境残留物、微塑料风险等前沿领域的政策法律进展。读者从本书中可以看到国内化学品作业安全和运营安全、化学品环境风险控制包括废弃化学品管理等法律框架在内容和制度上与国际法的呼应和演变，同时也更加清晰和深刻地认识到具有我国特色的化学品管理制度产生背景和发展意义。本书力求视野广阔，探索了绿色化学与可持续发展、生产者责任延伸、化学品绿色金融和绿色财政政策、化学品法规中的CBI保护、化学品受试动物保护和优评优控等制度，并从风险社会理论角度建立了化学品风险规制的多维视角。同时本书还从法律诉讼和案例分析角度阐释了化学品下游产品法律责任、化学品相关刑事责任等问题。进出口管制与贸易合规问题近年来影响增大，本书基于介绍HS编码、海关监管相关化学品法规，力求为读者厘清其中法律脉络。

本书致力于为环境法、职业健康安全、应急管理、公共安全、化学品法规事务、化工下游应用产品安全、环境诉讼和产品责任诉讼、供应链化学风险管理、物流、化学品进出口与贸易合规等领域相关人士提供跨部门、跨专业、一体化的知识体系指南；为关注化学品风险控制与法律进步、支持化学品法规事务专业发展的学者，监管部门和立法部门的工作人员提供概览和思路参考；为化学品法律法规学习者提供跨越旧学科边界、紧密联系社会发展的前瞻性思路。

项目统筹 / 牛 东
责任编辑 / 牛 东 赵子艳
装帧设计 / 吴佳斐
出版发行 / 华东理工大学出版社有限公司
地址：上海市梅陇路130号，200237
电话：021-64250306
网址：www.ecustpress.cn
邮箱：zongbianban@ecustpress.cn
印 刷 / 上海盛通时代印刷有限公司
开 本 / 710 mm×1000 mm 1/16
印 张 / 21
字 数 / 386千字
版 次 / 2020年3月第1版
印 次 / 2020年3月第1次
定 价 / 98.00元

化学法律法规系列编委会

本册主编　丁晓阳　李广兵　黄　政

参加编写人员（按姓氏笔画排序）

王　轩　冯敬尧　朱良伟　杨　倩

沈百鑫　张慧勇　陆剑威　侯　芳

黄　梅　戚　敏　崔长征　谢　巍

雷子蕙　管　娜

序　言

自从人类社会进入风险社会，理性化的科学、制度开始成为组成人类生存和生活环境的重要内容，有关风险社会背景下人类如何进行决策和行动的相关议题不断被研究、讨论。在风险社会中，一方面人类时刻面临着由理性化的科学、制度产生的各类风险；另一方面人们也开始通过各种现代化治理机制和治理手段来提升应对风险的能力。化学风险作为具有制度化和技术化特征的风险类型，不仅是人类根据理性化的科学、制度进行决策行动所产生的必然结果，而且也因其技术复杂性、危害广泛性而对人类的风险应对能力提出了较高要求。化学法律法规系列丛书第四册《化学品风险管理法律制度》的出版，则从更崭新和全面的角度对化学风险进行了解读，不仅向我们阐释了在风险社会中人类应当以何种姿态去应对化学风险，也为法律在人类社会应对化学风险的过程中找到了准确的角色担当。

在讨论化学风险应对时，我们通常会把讨论的焦点集中在各类化学品因事故、管理不善等人为或自然原因造成难以修复的生态环境损害方面，进而从生态环境保护的角度讨论分析化学风险应对的决策和行为。在化学法律法规系列丛书第四册中，作者们为我们应对化学品风险提供了一个更为全面的视角，即化学风险应对不仅包括了生态环境保护，还包括了化学品工作中的作业安全与化学设施运营安全、防止故意破坏的安保与公共安全以及化学品进入消费品的消费者权益等内容。由于我们所面临的化学风险是理性化科学和制度的产物，本书在讨论化学风险应对问题时，不仅提出我们应根据化学风险的本质特征来指导应对风险的决策和行为，而且也应构建环境法、民法、行政法、诉讼法、国际法等部门法相融合的应对化学风险的法律制度体系。

在讨论化学品管理的理论问题及风险应对时，本书立足于“全面”的角度，除了从生态环境保护角度展开相关问题的探讨，还关注了化学品作业安全和运营安全、化学品设施安保与公共安全、消费者权益保护三个领域，并且以此为框架在公私权益分配、行政部门分工、监管模式设计、国际交流中国家行为等角度进行了讨论。在此基础上，本书在进行化学风险应对路径的创新探索时，对化学法律法规丛书前三册进行了提炼和行政法风险规制、法学理论层面的总结，一方面在选取典型的化学品管理案例展开实证性研究，富有前瞻性地提出了包括内分泌干扰物、纳米材料、塑料污染等今后化学风险应对的重点领域，使我们从一种新的角度认识法律制度在化学品管理过程中的积极贡献和发展前景；另一方面，本书除了补充国际贸易合规、国外化学品政策进展、化学品可持续发展多元化机制等前面三册未及收录的内容以外，还对有关化学品管理的国际公约及相关国际政策进行梳理和整合，并在此基础上从国际法的角度对化学风险应对展开了进一步探讨。

正如前文所说，科学进步一方面促进了人类社会发展，另一方面也让我们开始逐渐地接触乃至深刻体会到各种风险所带来的危害。在风险社会背景下，我们在以欣喜、热情的姿态去迎接科学进步带来的各种成果的同时，同样需要以沉稳、冷静的态度去直面各类风险。正如我们阻挡不了历史前进的车轮一样，我们始终也不能回避作为代表着人类社会理性科学和制度产物的化学风险。当工业化学品无可回避地进入人类生活各个领域时，本书有意把化学风险应对放到科学发展、技术风险突显和工业化社会的背景下，分析讨论在风险社会背景下如何看待风险、如何看待风险预防原则和成本收益比较原则以及法律如何与科技、企业、经济共同构建化学风险应对机制等问题，在法律角度上对化学风险的应对给以有力回应。

本书主编丁晓阳及多位作者为武汉大学环境法研究所培养，在求学期间就善于选取独特的视角展开相关学术问题研究，富有独立研究、潜心钻研的求学态度。从武汉大学毕业开始从事化学风险防范实务和研究工作，他们心系母校和环境法研究所的发展，不仅把自身所学知识非常成功地与工作相结合，在学术和实践方面也取得了众多令人称赞的成就。他们积极参与、协助武汉大学环境法研究所举行的各项活动，为促成环境法研究所与相关实务部门等交流协作做出了积极贡献。在各界专家的认真努力下，化学法律法规系列丛书第四册付梓出版，不仅是对我国化学风险应对理论体系的有力充实，也为化学品风险管控学术研究和实务工作的提升提供了可靠支持。

是为序。

武汉大学环境法研究所所长　秦天宝

2019 年 10 月 18 日

前　言

20 年前许，本书主编之一在石油化工行业从事安全环保技术工作，常困惑于法律中化学品概念的歧义，如“有毒化学品”在立法中之所指，学界、政府部门、企业各自习以为常使用，似不求甚解。诸多概念所指并非同一，更不论其发展与解释中的复杂性，或许不同领域各有其特定内涵，专业领域难免交叉甚至互相渗入，在经济生活、学术研究和政策实施过程中争议时有发生，颇为投入、热烈，立于本位指点他方，或许各自职责定位和日常的忙碌导致缺乏推动力去探究深层逻辑和思考更高维度，少有机缘和静气去溯流疏源、考据明理。这是拙作《有毒化学品法律概念比较》于 2000 年发表的背景之一，作者随后考入武汉大学环境法研究所，寻求专业的法学训练。

令人惊喜的是，武汉大学不仅在环境法学科开宗传道，师资兴隆，在法学其他领域、西方哲学、经济学等领域也有着富有思辨性、启发性的大师，还流传着“治学先治史”和“欲攻政经法，基础文史哲”的学谚。通过选修课程或者讲座等丰富的学术活动，珞珈学子有机会广泛受教，滋养思维，反观自己方寸空间内的事理、学案。其时，广兵老师乃当时青教新锐，武汉大学环境法研究所也紧跟各个国家及地区法律发展，组织翻译欧盟未来化学品政策白皮书等海外动态，数年后该白皮书发展为对化工业及下游产业、国际贸易和风险规制领域影响深远的欧盟 REACH 法规。另一位主编从桂子山华师园毕业不久，经历多项化学相关工作后于同年拾阶而入珞珈山，适逢其会，跟随导师成为最早一批从环境法角度研究化学品风险管理的探索者。从枫园到湖滨小楼的学习之路和武汉大学环境法研究所的培养，在本册多位作者心中永远历历在目。

法律概念不仅是法律规范的基本构造单位，支撑着法律体系和法学理论，从动态结构角度，法律概念的流变、误差、互动影响着法律的演进，以或未彰显的方式对法律的实施和功能产生深刻影响，也引导着社会法律心理。误读并不鲜见，尤其在化学品风险管理这样新兴、交叉的领域。数年前 GHS（全球化学品统一分类与标签制度）初引入时，“危险化学品”与“危险货物”的混淆给基层执法者和守法者带来的困惑和不利社会影响已渐远去，教训尚待汲取。“危险化学品”与“危害化学品”，“安全（Safety）”与“安保（Security）”等细节处的区别不太引人注目，偶有专业讨论或被“中文不必区分，其含糊恰恰体现中庸精神奥妙"的调侃一语带过，忽视了概念分化和逻辑完善促进学科的理性成熟，Safety和Security分别对应目标价值正当行为导致的过度风险及价值不正当行为带来的危害，具体如Bio-safety与Bio-security指向事关重大场景下的不同方向。席卷全球化工行业管控化学品风险的"责任关怀(Responsible Care)"运动中，Safety与Security早已在行为规则中清晰区分、独立成篇；"危害"与"危险"也是化学品风险管理中各自有用、并不相同的两个基本概念。同样，中文混同使用的"责任"一词如果简单细分成"职责(Responsibility)""责任(Liability)""问责(Accountability)"，是不是也可以减少文字的混淆、提高法律思维的准确性？

化学法律法规系列丛书从筹划至本册历经六年，发起人和初期作者不是专业的学术工作者，是在实践中把现代化学品风险管理引入我国的主要推动力量之一。本书作者包括外资化工公司的化学法规事务工作者，并逐步发展包括监管机构专业人员和高校及研究机构学者，共同致力于把丛书打造为从结构化的法规阐释、比较分析等角度，受到一定欢迎的参考书、教科书。读者在纷繁复杂的化学品法律法规知识海洋中遇到困惑，或者试图认识其他子域时，乐于以本丛书作为指南。诸多章节立意不在造新，而是在语词和规范的密林中梳理概念和基本制度，秉烛青灯为正本清源、见微知著，并进一步理解、表述化学品风险管控在不同领域的联系、动因、异同范式；并倡导以法益为依归的类型化研究，超越环境生态视角、直面技术风险社会化的多维挑战，助力厘清或应对新构全面的化学品法规体系。

2019年3月21日的响水爆炸事件让人扼腕叹息，在工业化转型、行业区域迁移、化工安全监管不时引起讨论的背景下又草蛇灰线，有迹可循。3月23日本书主编之一在"环境资源立法研究"微信公众号[全国人大环境与资源保护委员会环境资源立法研究基地(上海社会科学院)]发文，提出化学品风险管理应从生态环境保护、作业安全和运营安全、安保与公共安全、消费者权益保护四个类型展开的分析框架，在本册有关章节中有所阐释，这算是本系列丛书的一个创新探索和理论依据，事关公私权益分配、行政部门分工、监管模式设计、国际交流中国家行为等不同。

一直关注本系列丛书的读者或许会注意到，已经出版的三册偏向于技术规范以及具体的行政管理制度。前三册书以化学品危害分类为起点，便于读者循序渐进，具有基础化学知识便可阅读，如果能熟悉化学品的应用、了解化学物质性质的异同，再参考书中毒理学和风险评估基础，假以时日，可以娴熟其中。本册即第四册一方面补充国际贸易合规、国外化学品政策进展、化学品可持续发展多元化机制等前面三册未及收录的内容，同时尝试全面简述化学品领域国际条约并联系国内执行情况，所谓"全面"意指不仅从生态环境保护角度，还关注其他三个类型；另一方面，本册转向新题，从一定意义上概括抽象的行政法、法律争端解决、刑事责任等狭义的“法律”和法学理论角度总结化学品法律法规体系，进行分析和案例研究。丛书偏向于从静态化学品、作为物质的化学品风险管理的角度，对化学工业运营安全法规进行介绍和讨论，但从化学品风险四种类型的完整性和读者期望的角度，还有可加强之处，是为遗憾，更为进一步推敲化学品风险规制和研习化学品法律法规知识体系的动力。

本书作者有黄政(第一、二十四章)，侯芳(第一章)，杨倩(第二、四、六、七章)，张慧勇(第三、五、六章)，丁晓阳(第八、十六、二十六、二十九、三十一、三十三章)，陆剑威(第九章)，朱良伟(第十章)、管娜(第十一、十二章)，崔长征(第十四、十五章)，雷子蕙(第十三、十七、十八、二十七章)，戚敏(第十九、二十、二十一章)，沈百鑫(第二十二、二十三章)，李广兵(第二十五、二十八章)，谢巍(第二十九章)，黄梅(第三十章)，冯敬尧(第三十一章)，王轩(第三十三章)。编写者们各有所长，在学术、实务或者宏观管理上业已资深，工作繁忙，应邀探索化学品法律新领域，抽出业余时间学习总结，在丛书框架下与主编和其他编写者讨论，辛勤付出，共铸成果，主编向大家衷心致谢。为学术品质筹计，各章编写过程中彼此阅读初稿并分享意见，同时也邀请了学者、业内专家独立阅稿，或者交流特定疑点。不少章节内容跨越传统意义上诸学科，评议者从各自专业领域和经验角度给以修改建议和读后意见，无论详略、采否，文责仍由作者自负，并衷心感谢惠予帮助的中南财经政法大学江河教授、上海社科院法学所彭峰研究员、上海对外经贸大学傅学良副教授、复旦大学环境经济研究中心刘瀚斌研究员、华东理工大学法学院傅莉英副教授、华中农业大学文法学院裴敬伟副教授、DSM 公司崔恒彬、Exxon Mobil 公司侯聪和邹汉军博士、Huntsman 公司暨荀鹤博士、Lubrizol 公司陈凡、Merck KGa A 朱嵬、Novartis 公司黎明、Solvay 公司梅庆慧、阳光时代律师事务所文黎照博士、瑞欧科技梁丹博士。数位武汉大学环境法研究所硕士研究生参与了部分章节的资料整理工作，他们是栗佳钰、郭婉霜、韩红艳。华东理工大学资源环境学院副院长孙贤波副教授专门对在企业工作的部分作者进行了资料检索与论文规范的“回炉”培训。武汉大学环境法研究所所长秦天宝教授、华东理工大学资源环境学院党委书记修光利教授的热情引导和鼓励是编写者持续的动力源泉。丛书编委会举办的新书发布会、梅陇读书会等专业交流活动得到了上海市有关化学品监管部门领导、华东理工大学商学院、华东理工大学出版社的热心支持，在此致以诚挚谢意！

丛书发起时以为志足而可言文，无奈情信而难辞巧，力求析薪弥缝，体系自洽，但精力、学力不逮之处，不免枝碎，远未圆通。编者和作者感恩业界读者给予的认可和厚爱，欢迎将进一步的意见与建议反馈至编委会，电子信箱为：chemicalra@163. com；并将探索以公众号小文和电子书形式填缺漏、补时差，期待以四册出版为新学习的起点，再接再厉。借新近建立的“化学法律法规丛书”微信公众号所言，丛书委员会将继续作为专业共同体的一员，研读思考、提升自我、协力成长，共同促进基于科学、可持续的化学品健全管理和风险善治。

本书主编

化学法律法规系列丛书编委会

2019年10月

目　　录

第一篇　化学品管理国际公约

第二篇 国际化学品政策前沿

第四篇　化学品可持续发展多元化机制

第五篇　化学品风险行政管理实践与探索

第一篇

化学品管理国际公约

第一章

化学品国际公约和政策概述

全世界目前生产的化学品约有 143 000 种，并且，产量和销量在不断增长。据联合国环境规划署预计，到 2050 年全球化学品销量将以每年大约 3%的速度持续增长。化工生产正快速从发达国家向发展中国家转移，到 2020 年非洲和中东地区的化学品产量预计将增加 40%，拉丁美洲将增加 33%。随着化学技术的发展以及应用范围的不断扩大，越来越多的化学品应用于工农业生产和日常生活中，对社会的发展、公众生活水平的提高起着不可替代的作用。同时，化学品种类繁多、性质复杂、用途多样，在生产、储存、转移、使用及处置过程中，危害人体健康和生态环境的事件不断发生，化学品环境风险日益突显，引发社会的广泛关注。

在 20 世纪初某些化学物质对人体的危害需要被加以控制已经达成共识，国际社会开始对特定化学物质实行禁用。进入 20 世纪 70 年代，在全球化学品生产、使用大幅度增加的情况下，对人体健康和环境的危害逐步呈现出来，引起一些国家和国际社会的关注，一些国家先后制定了有关化学品安全和环境管理的法律法规。20 世纪 90 年代起，国际社会对化学品安全问题越来越重视，通过了若干公约、宣言、指南等文件，在全球范围内推进化学品的无害化、安全以及风险管理。

通过制度有效管理化学品，防治化学品的危害及风险，促进化学工业的可持续发展，已成为国际社会共同关注的重要话题之一。从国际层面上来说，在化学品风险管理面临的最大挑战之一就是在国际社会建立一套有效的监管制度，既能及时有效禁止或控制正在进行的某类(种)活动，又能便于各个国家和地区接受并及时调整其政策、法律和行动，既符合国际社会共同意愿，也保障不同国家和地区的利益诉求。

第一节　化学品国际公约进程

化学品国际立法进程随着化学品使用的种类和数量的扩大、国际社会关于化学品对人体和环境危害的认识不断深入而发展。按照管控的目的以及机制发展过程，大体可以分为三个阶段。

一、20 世纪 80 年代以前：仅仅关注化学品对人体健康危害阶段

该阶段主要是基于人体健康保护的目的，以化学品的化学性质分类，对某类活动和物质进行禁止、禁用，主要管控对人体具有危害的化学品。范围主要限于毒品、有毒物质和精神调理物品方面。在精神调理物品管制中，主要针对精神药物，如鸦片等麻醉品的种植、制造、走私和刑事管制措施。目前尚未形成遵约和履约、国际报告、监管、审查和能力建设、事先知情同意、出口管制等国际机制。

该阶段主要的国际公约有：《海牙禁止鸦片公约》《关于禁用毒气或类似毒品及细菌方法作战议定书》《麻醉品单一公约》《1971 年精神药物公约》等。

二、20 世纪 80 年代至 21 世纪初：关注化学品安全管理阶段

1962 年美国科普作家蕾切尔·卡逊发表了著作《寂静的春天》，描写因过度使用化学药品和肥料而导致环境污染、生态破坏，最终给人类带来无法承受的灾难，书中指出人类用自己制造的毒药来提高农业产量，无异于饮鸩止渴，人类应该走“另外的路”。这本书引起公众对环境问题的思考，促进了环境保护组织的建立，也推动了联合国于 1972 年 6 月 12 日在斯德哥尔摩召开“人类环境大会”，并由各国签署了《人类环境宣言》，由此开始了全球的环境保护事业。这本书同时激发了公众对化学品使用的关注，一些国家随即制定了有关化学品安全和环境管理的法律法规。

这一阶段，一些国际组织在职能范围内对化学品的国际立法起到了促进作用，通过公约和政策，关注化学品对人体健康以及环境的危害，增加了事先知情同意、出口管制等措施，并且制定了有关公约遵约和履约、技术援助和能力建设、资金机制。国际社会不仅着重于公约的制定，更加关注这些公约的执行和落实情况。

与化学品相关的国际公约立足于化学品的分类，管控范围进一步扩大，可以划分为几大块：关于农药、关于臭氧层、关于非法贩运麻醉药品和精神调理物品、关于危险废物跨境转移、关于持久性有机污染物、关于作业场所安全使用化学品以及关于化学武器等。

(1) 关于农药的公约

联合国粮食及农业组织通过的《国际农药销售和使用行为守则》(*International Code of Conduct on the Distribution and Use of Pesticides*)。守则将重点置于减少风险，通过有效地使用农药和应用有害生物综合治理方法，保护人类和环境并支持可持续农业发展。守则中的标准是自愿遵守的。

(2) 关于臭氧层保护的国际公约

主要包括《保护臭氧层维也纳公约》(*Vienna Convention for the Protection of the Ozone Layer*)和《关于耗损臭氧层物质的蒙特利尔议定书》(*Montreal Protocol on Substances that Deplete the Ozone Layer*)。公约的目的是采取适当的国际合作与行动措施,以保护人类健康和环境,免受足以改变或可能改变臭氧层的人类活动所造成的或可能造成的不利影响。议定书具体规定了各缔约国必须分阶段削减含氯氟烃产量和消费量。

(3) 有关非法贩运麻醉药品和精神调理物品的国际公约

《禁止非法贩运麻醉药品和精神药品公约》(*Convention against Illicit Traffic in Narcotic Drugs and Psychotropic Substances*)。其主要内容包括:明确规定了毒品洗钱犯罪的概念;明确规定了打击毒品洗钱犯罪的刑法手段和缔约国承担的强制性义务;初步规范了侦查、识别毒品洗钱犯罪案件的国际合作机制等。

(4) 有关控制危险物品跨界转移的国际公约

主要包括《控制危险废物越境转移及其处置的巴塞尔公约》(*Basel Convention on the Control of Transboundary Movements of Hazardous Wastes and Their Disposal*)和《关于在国际贸易中某些危险化学品和农药预先知情同意程序鹿特丹公约》(*Rotterdam Convention on Prior informed Consent Procedures for Certain Hazardous Chemicals and Pesticides in International Trade*)。

(5) 有关持久性有机污染物的国际公约

主要是《关于持久性有机污染物斯德哥尔摩公约》(*Stockholm Convention on Persistent Organic Pollutants*),旨在减少或消除持久性有机污染物(POPs)的排放,保护人类健康和环境免受其危害。

(6) 关于作业场所安全使用化学品公约

主要是《关于作业场所安全使用化学品公约》(*Convention on the Safe Use of Chemicals at Workplaces*)。要求对工作场所使用的危险化学品建立并实行分类、标签和化学品安全数据说明书制度,保证对所有化学品做出评价,以确定其危害性。

(7) 关于化学武器的公约

主要是《关于禁止发展、生产、储存和使用化学武器及销毁此种武器的公约》(*Convention on the Prohibition of the Development, Production and Use of Chemical Weapons and on Their Destruction*)。其主要内容是签约国将禁止生产、使用、购买、储存和转移各类化学武器。

三、21世纪以来：关注化学品风险防控阶段

化学品属性包括自然属性和商品属性两部分，化学品在环境、安全等领域影响的不确定性，决定了对其进行控制要着重于风险控制和风险管理。国际社会逐步认识到：化学品的自然属性和商品属性从客观上要求化学品的管理要注重于生产安全和使用安全、生态安全性风险等方面，应从社会、文化、经济、法律以及技术等角度进行综合管理。

这一阶段，有关公约进一步强调化学品管理需要多元主体参与，加强协调机制，扩大管控范围，突出管控重点，突显对化学品风险防控的关注。

(1)《巴塞尔公约》《鹿特丹公约》和《斯德哥尔摩公约》的协同

2016年4月联合国环境署发布了《在可持续发展目标的背景下的化学品和废物的健康管理：〈巴塞尔公约〉〈鹿特丹公约〉〈斯德哥尔摩公约〉之间的联系》的报告。三个公约之间的关系以及与2030议程和可持续发展目标之间的协同增效问题得到了进一步的讨论。三公约共用一个缔约方大会，增强了三个公约在国家、区域和全球层面的合作和协调。在保证三公约各自独立的法律地位的情况下，可以通过提供连贯的政策指导、提高对公约缔约国支持的有效性、减少缔约国的行政负担并最大限度地有效利用各级资源。

(2)《有关汞的水俣公约》的制定和生效

2013年在日本熊本市通过的《关于汞的水俣公约》(*Minamata Convention on Mercury*，简称《水俣公约》)是国际环境保护领域在联合国环境规划署组织下订立的一项全球公约。公约共有128个签约方。美国是世界上第一个批准该公约的国家，中国已经于2016年4月28日经全国人民代表大会常务委员会第二十次会议批准，并于当年8月31日向联合国交存了文书，公约于2017年8月16日生效。

该公约是关于汞污染防治的全球性公约，涵盖了人为汞污染的整个“生命周期”，包括禁止建立新汞矿、淘汰现有汞矿、规范手工业和小规模金矿开采，减少汞的排放和使用。汞是一种不可销毁的物质，《水俣公约》规定了临时储存和处置汞废物的相关机制。公约主要从三个方面对汞进行控制，一是汞的产品贸易，二是汞产品的使用，三是汞的排放。公约规定，到2020年，禁止一系列含汞产品的生产和进出口，所有缔约国都有强制减排义务。

(3)《国际农药管理法典》

2013年6月18日，联合国粮食及农业组织国际大会正式通过新版《国际农药管理法典》(*International Code of Conduct on Pesticide Management*)，并替换2002年修订版的《农药销售和使用国际行为守则》。新版本的主要变化包括进一步提高关注农药对健康和环境的影响，强调了避免高危害农药风险以及

对敏感人群的保护，并对一些概念和定义进行了更新。新法典为政府职能部门和农业行业实施有效的农药全周期管理提供了依据。

(4) 联合国环境署环境化学品和健康处关注的项目

联合国环境署环境化学品和健康处(UN Environment Chemicals and Health Branch)负责联合领导在化学品和废物方面的活动，其支持的一系列项目包括含铅涂料、产品中的化学品、环境持久性制药污染物、内分泌干扰物、高危险农药、可持续化学、铅和镉等。但是，其关注的这些前沿问题大多尚未进入国际和国内立法过程，还处于非强制性要求、自愿性政策推动等环节。

① 涂料中的铅

联合国环境署和世界卫生组织为防止接触铅建立了消除含铅涂料全球联盟这一资源伙伴关系，促进逐步淘汰含铅涂料。消除含铅涂料全球联盟由美国通过环境保护署担任主席的咨询小组指导，成员为哥伦比亚、摩尔多瓦、肯尼亚、泰国等国家。消除含铅涂料全球联盟的总体目标是防止儿童接触含铅涂料，并尽量减少职业接触含铅涂料的情况。目标是逐步淘汰含铅涂料的制造和销售，消除铅中毒风险。

② 产品中的化学品

联合国环境署关注产品中的化学品，涉及获取日常产品中所含化学品信息的政策和实践，重点是提供在产品整个生命周期中所需的信息，以适当管理这些产品以及其中的化学品，重点是电子产品、玩具、建筑产品和纺织品等优先产品类别。国际化学品管理会议第四届会议采纳《产品中化学品方案》作为所有战略方针利益攸关方的自愿框架，同时关注《关于产品中化学品的指导意见》，作为实施《产品中化学品方案》的一种实际手段，并承认该指导意见将演变为一份有效文件，以满足 SAICM(The Strategic Approach to International Chemicals Management)利益相关者的需要，同时鼓励参与者在实施过程中考虑该指导意见。鼓励所有感兴趣的 SAICM 利益攸关方——包括工人组织——积极参与并报告产品中化学品方案的实施情况，并邀请他们为进一步工作提供充足的人力、财力和实物资源。

③ 内分泌干扰物

2012 年国际化学品管理大会第三届会议商定开展国际合作，以提高对内分泌干扰物的认识和了解，并促进对这些化学品采取行动。此次大会认为，关于干扰内分泌的化学品的信息传播和认识提高特别重要，改善此类化学品信息的提供和获取是一个优先事项。2013 年 2 月，联合国环境署和世界卫生组织发布了《2012 年内分泌干扰化学品科学状况》报告，其中确定了人们对接触内分泌干扰物可能导致的证据的关切，包括人类、实验室动物和野生动物的证据，并强调了重点应该是减少接触。2015 年国际化学品管理大会第四届会议邀请联合国环境署和世界卫生组织通过制定和满足发展中国家和经济转型国家确定的需求,传播有关内分泌干扰物的信息。

④ 高危险农药

联合国环境署环境化学品和健康处与其他政府间组织和多边环境协定秘书处密切合作,促进农药的健全管理,包括虫害综合管理(Pest Integrated Management, PIM)和综合病媒管理(Integrated Vector Management, IVM)。这两种管理方法都以若干控制备选办法为基础,并将农药作为最后手段使用,建议减少或消除《斯德哥尔摩公约》所涵盖的持久性有机污染物农药。

联合国环境署环境化学品和健康处积极促进在《国际化学品管理战略方针》框架内对化学品进行健全管理。农药可能是国际社会在这一领域进展最大的一类物质。2011 年,联合国环境署设立了化学品与环境科学专家组,就与化学品健全管理有关的环境问题提供科学咨询和指导。

⑤ 可持续化学

第二届联合国环境大会(UNEA - 2)通过了化学品和废物健全管理的决议(Resolution 2/7),各国政府、工业界和民间社会组织已经率先探索可持续化学的潜力,通过国际可持续化学合作中心或欧洲可持续化学合作中心等进行国际可持续化学技术合作。绿色化学和可持续化学的教育和经济政策在 2019 年《全球化学品展望》报告中也被强调。

第二节　国际化学品政策进展

主要的国际化学品政策文件有以下几种。

一、《21 世纪议程》(*Agenda 21*)

该议程于 1992 年通过,第 19 章为有毒化学品的健全管理(Sound Management,也可译作无害管理),包括防止在国际上非法贩运有毒和危险废料。议程中明确,为了确保有毒化学品的环境健全管理,在持续发展和改善人类生活品质领域还有大量工作要做。特别是在发展中国家存在两个主要的问题:没有充分的科学资料来对使用许多化学品所引起的危险进行评估;对那些已掌握了数据的化学品也缺乏进行评估的人力和物力。对人类健康、遗传结构、生殖和环境造成严重破坏的化学污染,在世界上一些最重要的工业领域仍在发生,被破坏的环境的恢复需要大量的投资和新技术的研发,因此需要大力加强国家和国际间努力以实现化学品的环境健全管理。化学物质的大量使用是为了满足国际社会和经济发展的目标,如果遵循最佳实践,这些使用将是安全的。议程提出,扩大并加速对化学品危险的国际评估、统一化学品的分类和标签、交流关于有毒化学品和化学品危险的资料、制订减少危险的方案、加强国家管理化学品的能力、防止有毒和危险产品的非法国际贩运、加强几个方案有关领域的国际合作。

二、《巴伊亚化学品安全宣言》(*Bahia Declaration on Chemical Safety*)

2000 年 10 月在巴西巴伊亚州萨尔瓦多市举行的政府间化学安全论坛第三届会议上，通过了《巴伊亚化学品安全宣言》和《2000 年以后行动重点》文件。

《巴伊亚化学品安全宣言》重申了对《里约宣言》和《21 世纪议程》第 19 章的承诺，呼吁各国政府、产业界、非政府组织、工会、科研机构、国际组织以及公众联合起来，共同努力实现化学品安全论坛确定的重点；促进化学品管理、污染预防、可持续农业以及清洁工艺、原材料和产品的开展，推进全球合作；加强关于化学品安全使用、化学品生产、向环境中排放和处置中可能涉及风险以及避免或降低这些风险方法信息的交流；确保各国通过协调国家政策、立法和基础设施，保证各国拥有化学品科学健全管理的能力；批准和执行化学品公约和协定，并确保所有与化学品安全有关的组织和活动的有效协调；调配资源以解决需要国际上采取一致反应和行动的化学品安全问题；加强获取化学品安全信息、知识和技能开发的能力，承认公众对环境中化学品的知情权并能有效参与影响他们的化学品安全决策；将化学品管理、污染预防、可持续农业列入工作的重点；提出了具体的目标和时间表，包括针对急性有毒杀虫剂、严重有害杀虫剂和过期杀虫剂等的目标。

三、《约翰内斯堡执行计划》(*Johanesburg Executive Plan*)

2002 年，联合国在南非召开可持续发展问题世界首脑会议，通过了《约翰内斯堡执行计划》，重申对《21 世纪议程》所述内容做出的承诺，要求对化学品及危险废物进行科学健全的管理，以促进可持续发展，保护人类健康和环境。该执行计划要求确保在 2020 年利用具有透明度的科学风险评估和科学风险管理程序，尽可能减少化学品对人类健康和环境产生的严重有害影响。铭记《里约宣言》第 15 项原则中规定的预防方法，通过提供技术和财政援助，支持发展中国家加强科学健全管理化学品和危险废物的能力。

四、《全球化学品统一分类和标签制度》(*Globally Harmonized System of Classification and Labeling of Chemicals*)

《全球化学品统一分类和标签制度》，简称 GHS，又称“紫皮书”，是由联合国于 2003 年出版的指导各国建立统一化学品分类和标签制度的规范性文件，因此也常被称为“联合国 GHS”，不具有国际公约地位。联合国 GHS 第一部发布于 2003 年，每两年修订一次。GHS 发布的目的是：① 保护人类健康和环境的需要；② 完善现有化学品分类和标签体系；③ 减少对化学品试验和评价。GHS 制度主要包括危害性分类和危害信息公示两方面。将化学品的危害大致分为 3 大类 29 项，采用标签和安全数据单两种方式公示化学品的危害信息。GHS 制度涵盖了所有的化学品，针对的目标对象包括消费者、工人以及应急人员。2019 年 3 月联合国 GHS 专家分委会提出了针对目前第 7 版 GHS 的修改意见。本系列丛书分册之一《化学品危害分类与信息传递和危险货物安全法规》对 GHS 法规进行了详细介绍。

五、《国际化学品管理战略方针》（*Strategic Approach to International Chemicals Management*）

《国际化学品管理战略方针》，简称 SAICM。2006 年国际化学品管理大会上，100 多个国家和地区的环境和卫生部部长采纳和通过了 SAICM，以最大限度减少对健康和环境的负面影响的方式来生产和使用化学品（IISD，2006）。SAICM 由三部分核心内容组成：《迪拜宣言》《总体政策战略》（OPS）、《全球行动计划》（GPA）。《迪拜宣言》共 30 条，阐述了 SAICM 的主旨和中心思想，包含了国际化学品管理现状、参与的组织机构、当前国际化学品管理的问题以及承诺执行等方面。宣言最后指出，决心以一种公开的、具有包容性的、参与式的和透明的方式充分合作执行 SAICM。SAICM 在《全球行动计划》中设立了五项子目标，包括风险降低、知识与信息、治理、能力建设和技术合作、非法国际贩运。2015 年 UNEP 通过化学品健全管理组织间工作署（IOMC）发布关于发展化学品无害管理法律和体制基础设施的指导意见以及恢复国家行政管理费用的措施（*Guidance on the Development of Legal and Institutional Infrastructures for Sound Management of Chemicals and Measures for Recovering Costs of National Administration*，LIRA-Guidance），从法制角度阐释 SAICM 的发展方向。本书第 10 章将专题介绍 SAICM。

六、《2030 年可持续发展议程》和《改变我们的世界：2030 可持续发展目标》

《2030 年可持续发展议程》（A/RES/70/1）于 2016 年在联合国大会第七十届会议上通过，于 2016 年 1 月 1 日正式启动。该议程涉及可持续发展的三个层面：社会、经济和环境，以及与和平、正义和高效机构相关的重要方面。该议程还确认调动执行手段，包括财政资源、技术开发和转让、能力建设，以及伙伴关系的重要作用。

在《改变我们的世界：2030 可持续发展目标》中，成员方重申“减少城市活动和那些危害人类健康及环境的化学品，包括化学品的环境健全管理和安全使用、废物的减少和循环使用、水和能源的更有效使用”。在可持续发展目标 3“确保健康的生活方式，促进各年龄段人群的福祉”第 3.9 目标中，成员方决定“到 2030 年，大幅减少危险化学品以及空气、水和土壤污染导致的死亡和患病人数”。在目标 6“确保为所有人提供和可持续管理水及环境卫生”第 6.3 目标中，成员方决定“到 2030 年，通过以下方式改善水质：减少污染，消除倾倒废物现象，把危险化学品和材料的排放减少到最低限度，将未经处理废水比例减半，大幅增加全球废物回收和安全再利用比例”。在目标 12“确保采用可持续的消费和生产模式”第 12.4 目标中，成员方重申“到 2020 年，根据商定的国际框架，对化学品，并在废物的整个寿命期对所有废物，进行无害环境的管理，大大减少它们进入空气、水和土壤的数量，尽可能降低它们对人类健康和环境造成的不良影响”。

第三节　化学品国际公约和政策的趋势

随着国际社会对化学品对人体健康和生态环境影响研究和认识的不断深入，化学品国际公约和政策也逐步地改进，以适应对化学品风险控制的需要。国际化学品管理的条约和政策呈现以下的发展趋势。

1. 国际公约和政策管理的化学物质及制品范围逐步扩大

一方面，新的化学品以及新的用途不断产生和被发现，列入管理名录的化学品越来越多；另一方面，基于健康、生态影响的广泛性和长期性，一些通常认为危害性不大的化学品逐渐进入管理名录，如法国已经通过法令全面禁止一次性塑料餐具。

2. 化学品分类和标签的全球统一逐步完善

如 GHS 危害性分类，还存在各国认定不统一的情形。化学品属性的危害常通过化学品的使用表现出来，增加用途作为分类的依据，可弥补现在分类对化学品使用控制的不足。

3. 突显对重点物质的风险防控，注重对有毒、危害性化学品的认定与控制。

4. 对化学品风险防范逐步加强

通过严格进行化学品的评估以降低其风险，加强国际信息交换和提升风险防范能力，促进国际社会化学品风险防范的发展。

5. 加强国际合作机制

通过信息交换、资金和技术的援助，促进国际社会化学品风险防范能力的提高。

6. 逐步完善鼓励公众参与化学品管理的措施,保障公众的知情权和参与度

根据《2030年可持续发展议程》,联合国环境署编写的《全球化学品展望》报告于2019年初发布,报告承认2020年全球最小化化学品和废物不利影响的目标将不能实现,督促全球采取更加富有雄心的行动。报告呼吁尽快建立系统全面的化学品和废物健全管理全球框架,让价值链上的各方被鼓舞和积极投入,通过绿色化学和可持续化学的创新以及可持续的生产和可持续的消费,从10个方面采取行动:发展有效的管理体系、调动资源、评估和沟通危害、评估和管理风险、采用"生命周期"的思路、强化企业治理、教育和创新、培育透明度、为决策者提供依据、保证全球承诺。

本书第一篇将介绍化学品领域各项国际条约发展状况,以及世界贸易组织(WTO)规则中技术性贸易壁垒(TBT)协议对化学品法规国内立法和执行的影响。

第二章
《鹿特丹公约》及国内实施

第一节　公约介绍

《鹿特丹公约》是《关于在国际贸易中对某些危险化学品和农药采用事先知情同意程序的鹿特丹公约》的简称，由联合国环境规划署和联合国粮食及农业组织于 1998 年在鹿特丹制定，自 2004 年起生效。公约要求各缔约方对某些极危险的化学品和农药进出口实行事先知情同意(PIC)程序，即就国际贸易中某些危险化学品的特性进行资料交流，并为此类进出口规定一套国家决策程序，以促进缔约方在此类国际贸易中分担责任和开展合作，保护人类健康和环境免受此类化学品可能造成的危害，并推动以无害环境的方式加以使用。已有包括中国在内的 150 多个国家和 1 个区域经济一体化组织(欧盟)批准了《鹿特丹公约》。

《鹿特丹公约》中的禁用化学品指为保护人类健康和环境而采取最后管制行动禁止其在一种或多种类别中的所有用途的化学品，管制清单中包括农药、工业化学品、农药制剂等化学品，各个国家和地区还可以根据其掌握的最新数据提请公约秘书处对清单进行增补，它包括首次使用即未获得批准，或者已由工业界从国内市场上撤回，或在国内审批过程中撤销对其做进一步审议、且有明确证据表明采取此种行动是为了保护人类健康或环境的化学品。严格限用的化学品指为保护人类健康或环境而采取最后管制行动禁止其在一种或多种类别中的几乎所有用途，但某些特定用途仍获批准的化学品。极为危险的农药制剂指用作农药用途的、在使用条件下一次或多次暴露后即可在短时期内观察到对健康或环境产生严重影响的化学品。该公约不适用于麻醉药品和精神药物、放射性材料、废物、化学武器、药品(包括人用和兽用药品)、用作食物添加剂的化学品、食物、其数量不可能影响人类健康或环境的化学品。但以下列情况为限：为了研究或分析而进口；个人为自己使用而进口，且就个人使用而言数量合理。公约管制的化学品最初包括 24 种农药，现已发展为 51 种，其中包括 36 种农药、15 种工业化学品。

《鹿特丹公约》明确规定，进行危险化学品和化学农药国际贸易时各方需进行信息交换。缔约方从其境内出口其已禁用或严格限用的某一化学品时,应向进口缔约方发出出口通知。进口国有权获得其他国家禁用或严格限用的化学品的有关资料,从而决定是否同意、限制或禁止某一化学品将来进口到本国,并将这一决定通知出口国。出口国将把进口国的决定通知本国出口部门并做出安排,确保本国出口货物的国际运输不在违反进口国决定的情况下进行。进口国的决定应适用于所有出口国。出口方需要通报进口方及其他成员其国内禁止或严格限制使用化学品的规定。发展中国家或转型国家需要通告其在处理严重危险化学品时面临的问题。各方均应按照公约规定,对"事先知情同意(PIC)程序"中涵盖的化学品和在其领土上被禁止或严格限制使用的化学品加注明确的标签信息。

缔约方大会鼓励世界海关组织酌情为《鹿特丹公约》所列各种化学品或各化学品类别指定特定的海关编码。在为此类化学品指定了编码的情况下,各缔约方应要求该化学品在出口时其装运文件中填有这一编码。在不损害进口缔约方任何要求的情况下,各缔约方应要求化学品在出口时均符合张贴标签的规定,以确保充分提供有关对人类健康或环境所构成危害的资料,同时顾及有关国际标准。关于所述用于职业目的的化学品,各出口缔约方应要求向每个进口商发送一份采用国际公认格式、并列有现有最新资料的安全资料表。

各缔约方应采取必要的措施,建立和加强其国家基础设施和机构,以便有效地实施《鹿特丹公约》。这些措施包括采取或修订国家立法或行政措施,亦可包括:建立化学品安全资料在内的国家化学品登记机构和数据库;鼓励工业界主动采取行动,以提高化学品的安全程度;在考虑《鹿特丹公约》关于技术援助的规定的情况下,促进达成自愿协议。各缔约方应在切实可行的程度上确保公众有适当机会获得下列资料:化学品的处理和意外事故的管理以及对人类健康、环境更安全的替代品。

2019 年 4 月 29 日至 5 月 10 日于日内瓦召开了"《巴塞尔公约》《鹿特丹公约》及《斯德哥尔摩公约》背靠背第四次会议",每两年举行的三方会议旨在通过相关决议使人类健康和环境免受化学物质的有害影响,其中将进一步加强《鹿特丹公约》的实施,包括建立一个评估公约有效执行水平的工作小组。此外,管制清单拟新增加三种化学物质,包括杀虫剂乙草胺(acetochlor)和杀虫剂甲拌磷(phorate),以及工业化学品六溴环十二烷(hexabromocyclododecane),推进化学物质合理管理,减少污染危害。

第二节　我国履约状况

我国是化学品生产、使用和贸易大国,一直非常重视《鹿特丹公约》的谈判和履约工作。《鹿特丹公约》的实施规范了化学品进出口秩序，维护了我国在国际贸易中的利益。《鹿特丹公约》于 2005 年 6 月 20 日正式对我国生效，其实施有效限制或禁止某些对我国生态环境和人民身体健康危害严重的化学品进口。

最初列入《鹿特丹公约》管制清单中涉及我国农药生产和出口的只有 7 种，即 5 种有机磷类杀虫剂以及林丹和环氧乙烷。我国在农药管理方面已有良好基础，早在 1989 年就第一批参加了自愿实行“事先知情同意程序”的有关工作，管制清单中的大多数农药已不再生产、进口和使用。我国农药生产量和使用量均居世界第二位。《鹿特丹公约》的实施加快了国内剧毒、高毒农药的替代和淘汰，减少了中毒事故的发生。2007 年起全面禁止公约管制清单中的 5 种高毒有机磷农药在农业上的使用，降低了农产品中农药残留的超标率，提高了农产品质量安全水平，也有利于扩大农产品出口贸易。

我国 1994 年制定的《化学品首次进口及有毒化学品进出口环境管理规定》及《有毒化学品进口环境管理放行通知单》是后续执行《鹿特丹公约》《斯德哥尔摩公约》《水俣公约》的进口管理制度依据，并发布过两批《中国禁止或严格限制的有毒化学品目录》，2010 年发布《中国严格限制进出口的有毒化学品目录》并进行过修订与增补，后者被 2017 年国家环境保护部（现国家生态环境部）、国家商务部和国家海关总署颁布的《中国严格限制的有毒化学品名录》取代。

第三章
《斯德哥尔摩公约》及国内实施

第一节　公 约 目 标

为了加强化学品的管理，减少化学品尤其是有毒有害化学品引起的危害，国际社会达成了一系列的多边环境协议，其中《斯德哥尔摩持久性有机污染物公约》（简称《斯德哥尔摩公约》）涉及持久性有机污染物的相关规定。2001 年国际社会通过该公约，作为保护人类健康和环境免受持久性有机污染物（Persistent Organic Pollutants，POPs）危害的全球行动。POPs 指高毒性的、持久的、易于生物积累并在环境中长距离转移的化学品。《斯德哥尔摩公约》于 2004 年生效，首批列入 12 种 POPs，自 2009 年第四次缔约方大会以来，已新增列 16 种 POPs。目前，已有 182 个国家和地区加入《斯德哥尔摩公约》，28 种 POPs 被列入《斯德哥尔摩公约》。

《斯德哥尔摩公约》与贸易和环境领域内的其他国际协定彼此相辅相成。有关国际环境公约特别是《关于在国际贸易中对某些危险化学品和农药采用事先知情同意程序的鹿特丹公约》《控制危险废物越境转移及其处置巴塞尔公约》等的有关规定，确认了预防原则并体现于该公约之中。考虑到发展中国家、特别是其中的最不发达国家以及经济转型国家的具体国情和特殊需要，尤其是有必要通过转让技术、提供财政和技术援助以及推动缔约方之间的合作等手段，加强这些国家对化学品实行管理的国家能力。持久性有机污染物的生产者在减少其产品所产生的有害影响并向用户、政府和公众提供这些化学品危险特性信息方面负有责任，需要采取措施，防止持久性有机污染物在其生命周期的所有阶段产生的不利影响。各国主管当局应考虑到原则上应由污染者承担治理污染费用的方针，同时适当顾及公众利益和避免国际贸易和投资发生扭曲，努力促进环境成本内部化和应用各种经济手段。鼓励那些尚未制订农药和工业化学品管制与评估方案的缔约方着手制订此种方案，开发和利用环境无害化的替代工艺和化学品。

第二节　主 要 内 容

《斯德哥尔摩公约》共有 30 个条款、7 个附件，主要条款大致可分为强制义务、常规义务和程序条款等。其中，强制义务包括各缔约方的减排和控制义务，即减少或消除源自有意生产和使用 POPs 物质的排放（生产、使用和进出口）；减少或消除无意生产 POPs 物质的排放；减少或消除源自库存和废物的 POPs 物质的排放。常规义务规定了实施计划，信息交流，公众宣传、认识和教育，研究、开发和监测，报告，成效评估等活动。

《斯德哥尔摩公约》旨在减少或消除源自有意生产和使用的排放措施，即每一缔约方应禁止和/或采取必要的法律和行政措施，以消除公约附件所列化学品的生产和使用以及进出口。业已针对新型农药或新型工业化学品制订了一种或一种以上管制和评估方案的每一缔约方应采取措施，以预防为目的，对那些持久性有机污染物特性的新型农药或新型工业化学品的生产和使用实行管制。对于涉及在正常使用条件下有意向环境中排放的任何豁免使用或可接受用途的化学品，应考虑任何适用的标准和准则，把此种排放控制在最低程度。

《斯德哥尔摩公约》建立了一个登记簿，用以列明享有附件 A 或 B 所列特定豁免的缔约方，并向公众开放。每一缔约方应至少采取下列措施以减少公约附件 C 中所列的每一类化学物质的人为来源的排放总量，以达到持续减少并在可行的情况下最终消除此类化学品的目的。这些措施包括尽快实行切实有效的方式减少排放量或消除排放源的实际措施；促进开发和酌情规定使用替代或改良的材料、产品和工艺，以防止附件 C 中所列化学品的生成和排放；按照行动计划的实施时间表，促进并要求新来源采用最佳可行技术和最佳环境实践。

2009 年 5 月 8 日，《斯德哥尔摩公约》缔约方大会第四次会议通过了《〈斯德哥尔摩公约〉新增列九种持久性有机污染物修正案》，将全氟辛基磺酸及其盐类和全氟辛基磺酰氟（PFOS/PFOSF）等九种持久性有机污染物列入公约受控名单。2010 年 8 月 26 日该修正案正式生效，这一修正案是《斯德哥尔摩公约》第一次增加限制和禁止使用的化学物质名单。联合国环境规划署（UNEP）在日内瓦发布的新闻公报中指出，这 9 种持久性有机污染物包括：α-六氯环己烷、β-六氯环己烷、六溴二苯醚和七溴二苯醚、四溴二苯醚和五溴二苯醚、十氯酮、六溴联苯、林丹、五氯苯以及 PFOS/PFOSF，它们普遍存在并不同程度地被用作杀虫剂、耐火剂或用于其他商业用途，因此常常被摄入人和动物的器官内。截至 2013 年 5 月，该修正案已对公约的 163 个缔约方生效。在 2011 年 4 月 29 日，公约缔约方大会第五次会议又通过了《〈斯德哥尔摩公约〉新增列硫丹修正案》，将硫丹增列入公约附件 A 的受控名单，而截至 2013 年 5 月，该修正案已对公约的 159 个缔约方生效。公约第八次缔约方大会于 2017 年通过了将十溴二苯醚、短链氯化石蜡增列入公约附件 A（消除类），将六氯丁二烯增列入公约附件 C（无意生产类）的决议。

第三节 我国履约状况

我国于2001年5月23日签署了该公约，按公约要求，我国政府在批准公约后向公约秘书处发出了书面通知，申请了DDT、氯丹、灭蚁灵和六氯苯4种POPs的8种特定豁免，包括三氯杀螨醇生产用途的DDT的生产和使用、白蚁防治用途的氯丹和灭蚁灵的生产和使用、五氯酚钠生产用途的六氯苯生产和使用。首期特定豁免在公约生效5年即2009年5月17日到期。为履行公约，2007年4月国务院批准了我国履约的《国家实施计划》，《国家实施计划》明确提出，我国将在2009年基本停止DDT、氯丹、灭蚁灵和六氯苯的生产、使用和进出口(DDT用于病媒控制除外)。为推动实现该履约目标，自公约签署后，原环境保护部环境保护对外合作中心会同有关部门，积极开展国际合作，利用国内外资金，围绕DDT、氯丹和灭蚁灵等POPs的淘汰和替代，开展了替代技术评估和大面积综合虫害控制技术应用示范，完善了相关管理政策和技术标准，并开展了多种形式的宣传和培训等工作，为顺利完成履约淘汰任务奠定了坚实的基础，营造了良好履约氛围。该计划的发布，标志着我国基本实现了淘汰杀虫剂类POPs的阶段性履约目标。

2012年全国人大常委会决定批准两个公约修正案。在《〈斯德哥尔摩公约〉新增列九种持久性有机污染物修正案》新增列的九种持久性有机污染物中，我国从未生产和使用过十氯酮、六溴联苯、六溴二苯醚和七溴二苯醚；并已于20世纪80年代停止了α-六氯环己烷、β-六氯环己烷的生产；而林丹已无农药登记和原药生产；四溴二苯醚和五溴二苯醚已于2004年全面停产；五氯苯不再作为农药生产和使用。《〈斯德哥尔摩公约〉新增列硫丹修正案》增列的硫丹，目前在中国有充足多样的替代品。自签署《斯德哥尔摩公约》15年来，我国在履约机制建立、战略规划制订、综合管理技术能力提高等方面取得积极进展，并已淘汰DDT等17种持久性有机污染物的生产、使用和进出口，将铁矿石烧结、再生有色金属、废弃物焚烧等重点行业二噁英排放强度降低超过15%。

一、对于有意生产类POPs

由生态环境部门牵头、联合相关部委发布公告(2009年、2014年、2016年分别禁止了4种、10种、1种POPs)，按各部门的职责依法依规对这些物质的生产、流通、使用和进出口等加强监督管理。有意生产类POPs主要可以分为农药(杀虫剂)类和工业化学品两个类别。

(1) 农药类POPs

主要由农业主管部门依据《农药管理条例》对其登记、生产、经营、使用等进行监督管理，确保公约对这些物质的生产、流通和使用等禁限要求的落实。

(2) 工业化学品类 POPs

相关管理主要涉及《危险化学品安全管理条例》《产业结构调整指导目录》以及具体物质涉及的相关法规标准。与发达国家成体系的化学品管理相比，我国目前尚未形成专门化、体系化的法律制度，监管体系主要考虑对安全管理的需求，对生态环境风险防范的考虑不够深入。一般来讲，对一种曾经或尚在使用的新增列 POPs 进行禁限管理需要十几个部委进行联合公告。特别是对于存在豁免用途的工业化学品，执法依据存在空白和不足，涉及责任部门众多，跨部门执法存在很大挑战。不过，期待正在征求意见的《化学物质环境风险评估与管控条例》正式出台后有助于化解当前的困境。

(3) POPs 进出口

相关管理主要涉及《对外贸易法》《货物进出口管理条例》《危险化学品安全管理条例》《关于在国际贸易中对某些危险化学品和农药采用事先知情同意程序的鹿特丹公约》(协同)等法律法规，由生态环境部、商务部、海关总署等有关部门按照国务院规定的职责，依照相关条例的规定进行管理。对于尚在豁免用途的有意生产类 POPs，按照《中国严格限制的有毒化学品名录(2018 年)》的发布公告要求进行管理。

二、对于无意生产类 POPs

我国已建立二噁英相关监测标准、排放标准(重点行业已全覆盖)、技术标准为代表的标准体系，并发布了《关于加强二噁英污染防治的指导意见》《重点行业二噁英污染防治技术政策》等政策，重点排放源行业正逐步纳入排污许可管理制度，主要由生态环境部会同有关部门进行管理，对于“严重污染环境的”相关行为还可按最高人民法院和最高人民检察院有关司法解释追究刑事责任。与发达国家相比，我国尚未建立基于生态环境风险的二噁英管控体系，在根据国情制定每日耐受摄入量(Doily Tolerable Intake, DTI)、排放标准评价更新规则、生态环境标准、食品/饲料中的安全限值等方面还存在空白，还需要系统持续地安排开展生态环境和人体健康的相关监测。

三、对于 POPs 废物

我国原则上按照危险废物进行管理，由生态环境部根据《固体废物污染环境防治法》实施统一监督管理，处置方法、销毁和永久质变标准和含量标准参考《控制危险废料越境转移及其处置巴塞尔公约》相关技术要求。在危险废物认定标准方面需要进一步完善，目前仅首批 12 种 POPs 被明确纳入《危险废物鉴别标准 毒性物质含量鉴别》(GB 5085.6—2007)。

《斯德哥尔摩公约》是具有多边条约性质的文件，依据《缔结条约程序法》，其本身及修正案（如 POPs 物质增列）由国家主席根据全国人民代表大会常务委员会的决定批准，由全国人民代表大会常务委员会公报公布。公约生效后具有法律效力，采取转化和采纳相结合的方式纳入现有的法律法规体系。多数情况下，公约的要求是通过制定和完善 POPs 管理的有关法律法规转化落实的。近些年也有一些文件以引用方式直接采纳了公约要求或公约附件所列物质，如《对外贸易法》《市场准入负面清单（2018 年版）》《清洁生产审核办法》《危险化学品环境管理登记办法（试行）》《最高人民法院、最高人民检察院关于办理环境污染刑事案件适用法律若干问题的解释（2016 年）》等。我国未来将继续协同开展化学物质环境和健康风险评估，对公约受控清单中物质的生产、使用进行严格限制，并逐步淘汰或替代，共同推进持久性有机污染物履约工作的开展。

第四章
《巴塞尔公约》及国内实施

第一节　公约介绍

为应对工业化国家危险废物向发展中国家大量转移，相关主体环境管理信息和能力不足，环境风险上升的问题，1989 年联合国环境规划署组织在瑞士巴塞尔召开的世界环境保护会议上通过《控制危险废料越境转移及其处置巴塞尔公约》(简称《巴塞尔公约》)，1992 年正式生效。1991 年我国全国人民代表大会批准加入该公约，公约至今有 180 多个缔约方。

《巴塞尔公约》由序言、29 项条款和附件组成，包括适用范围、定义、缔约方的一般义务、指定主管部门和联络点、缔约方质检危险废物越境转移的管理、防止非法贩运、国际合作、资料和信息交流等。公约通过时有 6 个附件，后陆续增补为 9 个。1995 年在日内瓦通过了《巴塞尔公约》修正案，规定禁止发达国家以最终处置为目的向发展中国家出口危险废料，并规定发达国家在 1997 年底以前停止向发展中国家出口用于回收利用的危险废料。2011 年公约通过《关于防止、尽量减少和回收危险废物及其他废物的卡塔赫纳宣言》，强调必须采取措施从源头上减少危险废物和其他废物的产生。《巴塞尔公约实施战略框架(2012—2021)》指出产品生命周期管理、生产者延伸责任等是将来重要的履约工具，推动可持续资源利用作为对缔约方评估的重要内容。

公约核心制度为预防和减少危险废物产生、严格控制越境转移、推动废物环境无害化管理，要求各国把危险废料数量降到最低限度，用最有利于环境保护的方式尽可能就地储存和处理。公约声明，任何国家都有禁止来自国外危险废物和其他废物进入其领土或者在其领土内处置的权利，缔约方行使其权利禁止危险废物或其他废物进口时，应将其决定通过秘书处通知其他缔约方。各缔约方不允许向禁止这类废物进口的缔约方出口危险废物和其他废物。危险废物可以向未禁止的缔约方出口，但必须履行公约规定的相应义务，并得到进口国的事先书面同意。公约明确规定：如出于环保考虑确有必要越境转移废料，出口危险废料的国家必须事先向进口国和有关国家通报废料的数量及性质；越境转移危险废料时，出口国必须持有进口国政府的书面批准书。并呼吁发达国家与发展中国家通过技术转让、交流情报和培训技术人员等多种途径在处理危险废料领域中加强国际合作。公约成立了技术工作组，编制了多个危险废物环境无害化管理技术文件，包括有机溶剂生产和适用产生的危险废物、废油、多氯联苯、废旧轮胎、废铅酸蓄电池、医疗和卫生保健废物、塑料废物、船舶拆解废物、POPs 废物、汞、全氟辛烷磺酸、农药、溴苯醚类和六溴环十二烷、电气与电子废物、水泥窑协同处置技术等。

公约附件一指明了应加以控制的工业和医疗等废物类别共 45 类，按使用行业、来自的生产过程，根据特定污染物种类来划分危险废物的类别；附件二将居家废物纳入特别考虑；附件三提供了危害特性清单，如果能证明不具有危险特性则也可要求不按危险废物管理；附件四为如何处置危险废物的介绍；附件五为废物转移文件资料要求；附件六为公约争议时的仲裁条款；附件七“属于经合组织、欧共体成员的缔约方和其他国家、列支敦士登”中规定的工业化国家不得将处理的危险废物转移到之外的国家；附件八和九为两个废物名录，细化了公约管辖的危险废物类别和界限。公约不适用于放射性废物和船舶正常作业产生的废物。

值得注意的是，公约规定的危害特性清单从 H1 到 H13 列出了与 GHS 标签(《全球化学品统一分类和标签制度》)实施之前九类化学品危害性分类也就是危险货物分类的对应关系。我国《危险废物名录》用五种危险特性英文的首字母表示，属于公约危害性清单的一部分，因此也与化学品危害性分类存在一定的对应关系。厘清这些关系有助于危险废物的鉴别和适当分类，也有助于解决不具有 GHS 或者危险货物危害性的化学品如果废弃后是否需要按照危险废物管理的问题。

第二节 我国履约状况

《巴塞尔公约》在我国的国家联络点为生态环境部，生态环境部和香港特区环保署、澳门特区环保局为主管部门。履约工作还涉及发展改革委、商务部、海关总署、公安部、交通部等部委。我国一直积极履行该公约，从组织机构、法律法规体系、管理能力、技术设施、区域中心建设、国际合作等方面开展了大量工作，并通过公约秘书处及时通报了越境转移限制要求等信息。清华大学为《巴塞尔公约》亚太区域协调中心，承担管理培训、技术转让和战略研究等支持工作。

为规范危险废物进出口与环境管理，我国制定和修订了多项相关法律法规、标准，1996 年多部委联合发出《废物进口环境保护管理暂行规定》，2008 年发布《危险废物出口核准管理办法》，2011 年发布《固体废物进口管理办法》，

2016 年修订了《中华人民共和国固体废物污染环境防治法》，2017 年国家质量监督检验检疫总局(现国家市场监督管理总局)修订了《进口可用作原料的固体废物检验检疫监督管理办法》，2018 年海关总署发布《进口可用作原料的固体废物装运前检验监督管理实施细则》，2018 年颁布《进口可用作原料的固体废物环境保护控制标准—冶炼渣》等 11 项国家环境保护标准，2018 年最新调整了《禁止进口固体废物目录》，2019 年 1 月调整了《非限制进口类可用作原料的固体废物目录》和《限制进口类可用作原料的固体废物目录》。

这些法律法规、标准与《巴塞尔公约》要求一致，加强了废物环境管理和进出口监管，提升了废物鉴别能力，严格控制了危险废物和其他废物非法越境转移。同时在工作中建立环境履约科技支撑体系，转化废物环境无害化管理技术文件，启动了危险废物和其他废物环境管理与越境转移控制的战略性研究，积极探索社会源危险废物分类、回收、处理和处置试点建设，推进危险废物和其他废物的环境无害化管理，也强化了国际沟通与东北亚区域合作等机制。今后，废物资源化、社会源危险废物管理、废物管理跨部门协调机制、微塑料和储能电池等新识别的重点废物方面将是通过履约提高我国环境水平的下一步主要方向。

第五章

《蒙特利尔议定书》及国内实施

第一节　条约介绍

国际社会于1985年签署《保护臭氧层维也纳公约》，于1987年签署了《关于消耗臭氧层物质的蒙特利尔议定书》（简称《蒙特利尔议定书》），共同保护臭氧层、淘汰消耗臭氧层物质。该议定书的目的是避免工业产品中的氟氯碳化物对地球臭氧层继续造成恶化及损害，规定各国有共同努力保护臭氧层的义务，凡是对臭氧层有不良影响的活动，各国均应采取适当的防治措施，影响的层面涉及电子光学清洗剂、冷气机、发泡剂、喷雾剂、灭火器等。联合国所有成员国均已加入此公约。根据议定书成立的多边信托基金，援助发展中国家，要求各国迅速以优惠的条件向有关国家转让环境有益技术。议定书先后规定了6大类96种消耗臭氧层物质为受控物质，并规定了淘汰时间表。作为全球普遍参与的国际环境公约，《蒙特利尔议定书》取得了举世瞩目的成就，至今全球已成功淘汰了超过99%的消耗臭氧层物质，臭氧层损耗得到有效遏制。

议定书具有五个修正案，分别以伦敦、哥本哈根、蒙特利尔、北京、基加利五个城市命名。2017年11月，《蒙特利尔议定书》的基加利修正案迈过了审批门槛，标志着从2019年1月1日起将开始逐步削减使用影响气候的制冷剂氢氟烃（HFCs），其温室影响比二氧化碳高出数百甚至数千倍。缔约方必须在未来30年内逐步停止使用80%以上的HCFCs。根据这个协定，国家被分成四个类别，其中发达国家有两种类别，发展中国家也有两种类别，这在协定中被称为《蒙特利尔议定书》的“第5条缔约方”，中国属于第5条缔约方的发展中国家。

议定书规定了控制限额的基准，受控的内容包括受控物质的生产量和消费量，其中消费量=生产量+进口量-出口量。规定了生产量和消费量的起始控制限额的基准：发达国家生产量与消费量的起始控制限额都以1986年的实际发生数为基准；发展中国家（1986年人均消费量小于0.3 kg的国家，即所谓的第五条第一款国家）都以1995—1997年实际发生的三年平均数或每年人均0.3 kg，取其低者为基准。再者规定了控制时间表，发展中国家的控制时间表比发达国家相应延迟10年。《蒙特利尔议定书》规定从1990年起，其后至少每4年，各缔约方应根据可以取得的科学、环境、技术和经济资料，对规定的控制措施进行一次评估。

第二节 我国履约状况

我国积极参与了保护臭氧层的各项国际活动，1989 年中国正式加入《保护臭氧层维也纳公约》，并在第一次缔约国会议上，首先提出了“关于建立保护臭氧层多边基金”的提案。1990 年与世界各国一道，积极参与了《蒙特利尔议定书》的修改工作。1991 年中国正式加入议定书伦敦修正案，成立了由 18 个部门组成的中国保护臭氧层领导小组办公室，负责议定书组织实施工作。1992 年率先组织制订了《中国消耗臭氧层物质逐步淘汰的国家方案》，1994 年又组织制订了《烟草行业消耗臭氧层物质逐步淘汰的补充方案》。1995 年率先组织制定了气溶胶、泡沫塑料、家用冰箱、工业制冷、汽车空调、哈龙灭火剂、电子零件清洗、受控物质生产 8 个行业的逐步淘汰受控物质的战略研究，并得到多边基金执委会的批准。2010 年，我国全面停止了除特殊用途外的 CFC、哈龙、四氯化碳和甲基氯仿的生产和消费。

《蒙特利尔议定书》履约过程中，我国颁布实施了 100 多项政策法规，首次成功将环境国际公约转化为国内法《消耗臭氧层物质管理条例》，以总量控制和配额许可管理制度为核心，实现消耗臭氧层物质生产、使用和进出口全过程管理，形成了 ODS(受控消耗臭氧层物质)管理的法律、法规和政策体系。通过世界银行、联合国开发计划署、联合国工业与发展组织、联合国环境规划署 4 个执行机构，以及美国、加拿大、德国和丹麦等国，实施了 100 多个单个项目和 20 多个行业计划，履约累计获得多边基金赠款近 12 亿美元。超额完成第一阶段 HCFCs 淘汰任务，如期实现议定书规定的初阶段履约目标。累计淘汰 ODS 约 28 万吨，占发展中国家淘汰量一半以上。今后将对氢氯氟烃 HCFCs 生产和使用继续开展总量控制和配额管理，对经销实行备案管理，2020 年 1 月 1 日，HCFCs 生产量和消费量淘汰 35%，支持低碳环保替代品和替代技术的研发和应用；完善医药、检疫、实验室用途、化工助剂和原料等行业特殊用途消耗臭氧层物质的淘汰和监管，加强消耗臭氧层物质排放和销毁的管理，逐步停止农业甲基溴的豁免申请，完成吸入式药用气雾剂全氯氟烃(CFCs)淘汰；开展氢氟烃(HFCs)限控的战略研究，完善 HFCs 数据报告制度；开展消耗臭氧层物质销毁、回收和再利用项目，建立长效机制；积极落实《消耗臭氧层物质管理条例》，增强中央与地方履约联动机制和能力建设，加强 ODS 的监管。此外三氯一氟甲烷的意外排放问题也受到我国政府部门的关注。

生态环境部部长李干杰在出席 2019 年 9 月 16 日的国际保护臭氧层纪念大会上表示，中国政府将持续完善协作体制和改革法规等，加强国家履约能力建设，与各缔约方、国际组织继续深入开展交流与合作，推动形成持续履约的体制和长效机制。

第六章

针对特定化学物质的国际公约

第一节　关于汞的《水俣公约》

该公约是21世纪谈判缔结的首个全球环境协定，鉴于汞及其化合物在全球范围内产生了重大不利影响，要求相关行业吸取教训，尽量减少汞中毒给所有地区带来的风险，解决汞从开采到废物管理整个生命周期中的相关问题，为所有国家规定了相同的基本实质性义务。《水俣公约》与《巴塞尔公约》《斯德哥尔摩公约》《鹿特丹公约》一起构成了一个全面实现化学品和危险废物健全管理的全球性制度。保护人体健康和环境免受汞和汞化合物人为排放和释放的危害。

该公约只允许每一缔约方应对公约生效之际业已在其领土范围内进行的原生汞矿开采活动自公约对其生效之日后继续进行最多15年。各缔约方均应当努力逐个查明位于其领土范围内的50吨以上的汞或汞化合物库存，以及那些每年出产10吨以上库存的汞供应来源。并且采取各种措施，确保缔约方查明只要氯碱设施的退役过程中出现过量汞，便应当依照公约所阐明的环境无害化管理准则对之加以处置，而且所采用的处置方式不得导致汞的回收、再循环、再生、直接再使用或用于其他替代用途。缔约方均应采取适当措施，不允许在针对公约附件所列添汞产品明确规定的淘汰日期过后生产、进口或出口此类产品，除非已具体规定了例外情况，或所涉缔约方已依照公约规定登记了某项豁免。

使用汞或汞化合物的生产工艺不得包括使用添汞产品的工艺、添汞产品的生产工艺以及处理含汞废物的工艺。各缔约方均应采取适当措施，不得允许在公约规定的针对所列各种生产工艺明确规定的淘汰日期过后，在生产工艺中使用汞或汞化合物，除非该缔约方依照公约规定登记了某项豁免。同时各缔约方均应按照公约相关规定，采取措施限制在其所列生产工艺中使用汞或汞化合物。

缔约方应当采取措施，控制汞的排放，并可制订一项国家计划，设定为控制排放而采取的各项措施及其预计指标、目标和成果。对于新来源缔约方均应要求在实际情况允许时尽快，并最迟应自该公约开始对其生效之日起5年内使用最佳可得技术和最佳环境实践，以控制并于可行时减少排放。缔约方可采用符合最佳可得技术的排放限值。而对于现有来源缔约方均应在实际情况允许时尽快，但不迟于自该公约开始对其生效之日起 10 年内，在其国家计划中列入并实施一种或多种限制措施，同时考虑其国家的具体国情以及这些措施在经济和技术上的可行性及其可负担性。

每一缔约方均应于 3 年内、并于其后定期查明相关的点源类别。那些拥有相关来源的缔约方应采取各种措施控制其释放，并可制订一项国家计划，列明为控制释放而采取的各种措施及其预计指标、目标和成果。

公约要求采取适当措施，以使汞废物以环境无害化的方式得到管理，通过环境无害化处置而得到回收、再循环、再生或直接再使用。不得进行跨越国际边境的运输，除非以遵照该公约以及《巴塞尔公约》的条款进行环境无害化处置为目的。在《巴塞尔公约》对跨越国际边境的运输不适用情况下，缔约方只有在虑及相关国际规则、标准和准则后，才得允许进行此类运输。鼓励缔约方酌情相互合作，并与相关政府间组织及其他实体合作，开发并保持全球、区域和国家对汞废物实行环境无害化管理的能力。

表 6-1　受管制的添汞产品

添汞产品	在此淘汰日期之后不允许产品生产、进口或出口
电池，不包括含汞量低于 2%的扣式锌氧化银电池以及含汞量低于 2%的扣式锌空气电池	2020 年
开关和继电器，不包括每个电桥、开关或继电器的最高含汞量为 20 mg 的极高精确度电容和损耗测量电桥及用于监控仪器的高频射频开关和继电器	2020 年
用于普通照明用途、不超过 30 W、单支含汞量超过 5 mg 的紧凑型荧光灯	2020 年
下列用于普通照明用途的直管型荧光灯： （一）低于 60 W、单支含汞量超过 5 mg 的直管型荧光灯（使用三基色荧光粉） （二）低于 40 W（含 40 W）、单支含汞量超过 10 mg 的直管型荧光灯（使用卤磷酸盐荧光粉）	2020 年
用于普通照明用途的高压汞灯	2020 年
用于电子显示的冷阴极荧光灯和外置电极荧光灯中使用的汞： （一）长度较短（≤500 mm），单支含汞量超过 3.5 mg （二）中等长度（>500 mm 且≤1 500 mm），单支含汞量超过 5 mg （三）长度较长（>1 500 mm），单支含汞量超过 13 mg	2020 年

（续表）

添汞产品	在此淘汰日期之后不允许产品生产、进口或出口
化妆品（含汞量超过百万分之一），包括亮肤肥皂和乳霜，不包括以汞为防腐剂且无有效安全替代防腐剂的眼部化妆品	2020年
农药、生物杀虫剂和局部抗菌剂	2020年
下列非电子测量仪器，其中不包括在无法获得适当无汞替代品的情况下、安装在大型设备中或用于高精度测量的非电子测量设备： （一）气压计 （二）湿度计 （三）压力表 （四）温度计 （五）血压计	2020年

表6－2　受管制的使用汞或汞化合物的生产工艺

使用汞或汞化合物的生产工艺	淘汰日期
氯碱生产	2025年
使用汞或汞化合物作为催化剂的乙醛生产	2018年
使用汞的生产工艺	
氯乙烯单体生产	逐步减少汞的使用，目前应采取措施，减少汞向环境中的排放和释放。在缔约方大会确定基于现有工艺无汞催化剂技术和经济均可行5年后，不允许继续使用汞
甲醇钠、甲醇钾、乙醇钠或乙醇钾	采取措施减少汞的使用，争取尽快、且在该公约开始生效之后10年之内淘汰这一使用，禁止使用源自原生汞矿开采的新的汞
使用含汞催化剂进行的聚氨酯生产	采取各种措施减少汞的使用，争取尽快，且在该公约开始生效之日起10年之内淘汰这一用途，采取各种措施，减少汞向环境中的排放和释放

该公约共有128个签约方，于2017年8月16日生效。公约要求缔约国自2020年起，禁止生产及进出口含汞产品。2016年4月，中华人民共和国第十二届全国人大常委会第二十次会议决定批准《关于汞的水俣公约》。

1997年，中国轻工总会、国家经贸委等9部门（单位）出台关于限制电池产品中汞含量的政策，目前我国普通干电池已基本实现无汞化。该公约签订后，我国在汞污染防治方面取得了积极进展。一是建立履约机制。2017 年国务院批准成立了由环境保护部等部委组成的国家履行汞公约工作协调组，形成多部门各负其责、协同推进履约的工作格局。二是限制淘汰重点行业用汞工艺。《产业结构调整指导目录》将乙炔法聚氯乙烯列入限制类，将高汞催化剂（氯化汞含量 6.5%以上）和使用高汞催化剂的乙炔法聚氯乙烯生产装置列为淘汰类。"十三五"规划纲要进一步明确要求"淘汰高汞催化剂乙炔法生产聚氯乙烯工艺"。三是控制大气汞排放。针对燃煤电厂、工业锅炉、有色金属冶炼、水泥生产等大气汞排放重点行业，制定完善大气污染物排放标准，将汞列为管控指标。四是限制产品中汞的使用和添加。2013 年，环境保护部联合发展改革委、工业和信息化部、财政部出台政策，进一步推动淘汰含汞湿度计、体温计、血压计等含汞产品，推广荧光灯低汞、微汞技术。

第二节　含铅涂料规范指南及示范法

"含铅涂料"是添加一种或多种含铅化合物的涂料或类似的涂层材料。2009 年第二届国际化学品管理大会（International Conference on Chemicals Management，ICCM）提出了含铅涂料问题。2014 年第一届联合国环境大会上，各国政府要求联合国环境规划署与世界卫生组织协作，支持本国提高对含铅涂料危害的应对能力，加强包括立法、政策、管理及其相关能力建设。2015 年第四届国际化学品管理大会上提出了至 2020 年淘汰含铅涂料的目标。总体上，要逐步淘汰含铅涂料的生产与销售，防止儿童接触含铅涂料中的铅，尽量降低对这类涂料的职业性接触，最终消除含铅涂料带来的风险。2017 年 12 月联合国环境大会第三次会议（United Nations Environment Assembly，UNEA）通过了一项《关于消除铅涂料暴露和促进废铅酸电池无害环境管理的决议草案》（UNEP/EA. 3/L. 24），解决了接触含铅涂料等某些来源的铅的持续问题。该决议强调了减少铅接触的重要性，并鼓励各国通过和执行含铅涂料法，并邀请各国政府和其他利益相关方成为全球消除含铅涂料联盟的合作伙伴。该决议还注意到联合国环境规划署 2018 年 7 月修订的《含铅涂料规范指南及示范法》，该指南和示范法为各国起草新法提供指导，建立涂料中使用含铅物质的法律限制，旨在保护人类健康以及维护环境。2018 年联合国环境署发布了《2018 年涂料中铅法律限制全球地位最新情况》的报告，根据该报告，截至 2018 年 9 月 30 日，71 个国家对限制含铅涂料的生产、进口和销售实行具有法律约束力的管制，占所有国家的 36.8%。联合国环境署号召各国制定及实施相关法规包括消费品安全法规，禁止新涂料添加含铅化合物，尤其是儿童用品，目标是

2020 年前所有国家都能制定铅涂料相关法律。

有现行含铅涂料法的国家中，有些国家采用消费者保护法制定消费品铅含量限值（如美国）；有些国家在化学品管理法下通过法规或法令（如菲律宾）限制铅含量或将其作为环境保护法的一部分（如尼泊尔）；也有国家通过国家标准局制定铅含量限值（如肯尼亚）。可总结出以下两种规范方式。

（1）限制特定化合物规范：针对用于涂料的个别铅化合物依据其风险限制个别添加量（欧盟《化学品的注册、评估、授权和限制》，简称 REACH 使用本办法）。

（2）总量限制规范：针对整体铅化合物限制添加量的单一监管机制（目前有 31 个国家采用）。

上述两种规范均成功限制了涂料中的铅化合物含量，但限制特定化合物规范需要对个别铅化合物进行风险评估，此法可能超出许多发展中国家的能力范围。相较之下，总量限制规范无须大范围的风险评估，政府部门在采用和实行上也更容易。再者，制造商能开发出不特意使用任何含铅添加剂，并考虑原料中潜在残留铅含量的新配方，以符合总量限制规范。

目前已实行国家的法律中，针对家用及装饰用涂料，以其非挥发性内容物或干漆膜涂料重量为基准，最低且最安全的总铅含量限值是在 90 ppm 以下。法律及条文规范也可表示为总铅含量限值 0.009％或 90 mg/kg，以干漆膜涂料重量为基准。只要制造商避免添加铅化合物，并考虑某些涂料成分中的残留（非刻意添加）铅含量，技术上即可实现 90 ppm 的限制量。重要的是，涂料中的法定限制量应明确定义为“总铅”含量而不是“可溶铅”含量。有效的含铅涂料法应促进合规性，并提供执行法律限制的机制，亦须针对新法规要求的不同行为明确划分责任。促进合规与执行法律限制的机制应包括：① 要求涂料及类似的涂层材料经过第三方实验室检验；② 要求制造商和进口商检验附经第三方实验室测试总铅含量的《符合性声明》；③ 经政府授权的检验以确保符合总铅含量限制。除了上述法律应明文规定的机制外，政府也可向相关产业普及该法规的要求及如何达到要求，以此来促进合规性。

第七章

其他化学品风险控制相关国际公约

第一节 《联合国气候变化框架公约》

《联合国气候变化框架公约》(*United Nations Framework Convention on Climate Change*, UNFCCC)由联合国大会于1992年6月4日通过,同年6月在巴西里约热内卢召开的由世界各国政府首脑参加的联合国环境与发展会议期间开放签署,1994年该公约生效。公约由序言及26条正文组成,具有法律约束力,终极目标是将大气温室气体浓度维持在一个稳定的水平,在该水平上人类活动对气候系统的危险干扰不会发生。根据"共同但有区别的责任"原则,公约对发达国家和发展中国家规定的义务以及履行义务的程序有所区别。

1997年公约框架下达成的《京都议定书》在人类历史上首次以法律形式直接限制温室气体排放,包括二氧化碳(CO_2)、甲烷(CH_4)、氧化亚氮(N_2O)、氢氟烃(HFCs)、全氟烃(PFCs)及六氟化硫(SF_6),后三类气体造成温室效应的能力最强,但对全球升温的贡献百分比来说,二氧化碳所占的比例也最大,人为来源主要有化石燃料燃烧、交通工具排放和工业生产排放。大气中的甲烷主要来源于自然的生物作用和人类的工业生产及农业活动。氧化亚氮人为排放源多为农业/畜牧相关活动和硝酸、己二酸等工业生产过程。氢氟碳化物用于替代《蒙特利尔议定书》管制的臭氧层消耗物质,如冰箱空调冷介质、灭火剂、气胶、清洗溶剂、发泡剂等。六氟化硫用于变压器绝缘气体、灭火剂等。2015年公约会议上通过了《巴黎协定》,主要目标是将21世纪全球平均气温上升幅度控制在2℃以内,并将全球气温上升控制在前工业化时期水平之上1.5℃以内。《巴黎协定》既充分考虑了不同发展阶段国家应对气候变化能力水平的不同,也充分意识到了只让发达国家承担责任的"一刀切"行为的不合理性,达成了照顾各方关系的新平衡。2019年9月联合国在纽约召开气候峰会,致力于三大目标:提振应对气候变化的决心;实体经济转型;以前所未有的力度动员普通民众参与应对气候变化。

截至2016年底,《联合国气候变化框架公约》共有缔约国197个,我国也加入了《联合国气候变化框架公约》《京都议定书》《巴黎协定》。2007年我国政府发布《中国应对气候变化国家方案》，这是发展中国家第一个应对气候变化的国家级方案。2009 年哥本哈根气候大会上，中国提出到 2020 年单位 GDP 二氧化碳排放比 2005 年下降 40%～45%，到 2017 年底中国已经提前三年超额完成这一目标，单位 GDP 二氧化碳排放比 2005 年下降了 46%。

第二节 《联合国海洋法公约》

《联合国海洋法公约》于 1982 年在第三次联合国海洋法会议最后会议上通过，1994 年生效，已获 150 多个国家和地区批准。该公约共分 17 部分，连同 9 个附件共有 446 条，主要内容包括领海、毗邻区、专属经济区、大陆架、用于国际航行的海峡、群岛国、岛屿制度、闭海或半闭海、内陆国出入海洋的权益和过境自由、国际海底以及海洋科学研究、海洋环境保护与安全、海洋技术的发展和转让等。公约对内水、领海、邻接海域、大陆架、专属经济区、公海等重要概念做了界定，对当前全球各处的领海主权争端、海上天然资源管理、污染处理等具有重要的指导和裁决作用。

公约的目的是在最大可能范围内尽量减少污染，包括从陆上来源、从大气层或通过大气层或由于倾倒而释放出的有毒、有害或有碍健康的物质，特别是持久不变的物质；来自船只的污染，以及规定船只的设计、建造、装备、操作和人员配备的措施；来自用于勘探或开发海床和底土的自然资源的设施装置的污染；来自在海洋环境内操作的其他设施和装置的污染，包括为了防止意外事件和处理紧急情况以及保证海上操作安全时防止有意或无意的释放。

与《联合国海洋法公约》的发展有关，联合国环境署通过《区域海洋方案》保护海洋，促进海洋资源可持续利用，《区域海洋公约和行动计划》是全球唯一的在区域层面保护海洋的法律框架。联合国环境署 1995 年通过《保护海洋环境免受陆上活动污染全球行动纲领》，针对海洋环境威胁最严重的化学品、污染物和污水提出要求，是国际保护由人类活动造成的土地污染海洋、河口和沿海水域的一个里程碑。

第三节 海事相关公约

海洋是跨国货物运输的主要途径，也是大量船舶的日常运营场所。海事公约有维护海上航行正常，处理海事纠纷等作用，同时随着时代的发展，人们也越来越关注生态环境问题。我国参加的几个主要的与化学品有关海事公约如下。

(1)《国际防止船舶造成污染公约》

为保护海洋环境，由国际海事组织在 1973 年制定该公约，1978 年伦敦国际防止海洋油污会议通过了该公约的议定书，合起来简称《73/78 防污公约》，旨在消除船舶排放油类和其他有毒物质造成对海洋的污染，以及最大限度地减少船舶海损事故造成污染。公约有 21 条正文和 1997 议定书条款，另有 5 个附则，分别就防止油污，控制散装有毒液体物质污染，防止海运包装或集装箱、可移动罐柜或公路及铁路槽罐车装有害物质污染，防止船舶生活污水污染和防止船舶垃圾污染等方面做出规定。

(2)《国际海上人命安全公约》

《国际海上人命安全公约》(*Safety Of Life At Sea*, SOLAS)于 1974 年在政府间海事协商组织伦敦国际海上人命安全会议上通过，1980 年生效，旨在保障船舶在海上航行时的人身和财产安全。1978 年议定书主要修改对液体货船的技术要求；1988 年议定书协调与相关公约的检验制度；1994 年在缔约国大会决定在公约附则中新增"船舶安全营运管理"等 3 章内容，提出了对航运公司和船舶在安全和防止污染方面的管理要求。

(3)《国际海运危险货物规则》

技术内容丰富的《国际海运危险货物规则》简称《国际危规》(*International Maritime Dangerous Goods Code*, IMDG Code)，是由国际海事组织制定全球海洋运输包装危险货物的指导规则，保障船舶载运危险货物和人身财产安全，防止事故发生，防止海洋污染，使航行更安全，使海洋更清洁。本丛书第一册《化学品危害分类与信息传递和危险货物安全法规》中对《国际海运危险货物规则》有详细介绍。

第八章

化学品作业和运营安全国际公约

本编前述国际公约主要从生态环境角度对特定化学品进出口的事先知情同意、持久性有机物的禁止与限制、废物越境转移等进行了规定，规定了各国共同的规则，以预防危害性化学品在贸易、使用、转移等环节经由地球化学循环给全球环境带来重大不利影响。化学品风险与环境健康安全(EHS)管理丛书(以下简称丛书)的分册之一《化学物质管理法规》介绍了这些环境类和未单独著述的一些公共安全类国际化学品公约在国内施行所依据的法律制度，前者如《蒙特利尔公约》，后者如为执行《联合国禁止非法贩运麻醉用品和精神药品公约》《关于禁止发展、生产、储存和使用化学武器以及销毁此类武器的公约》而制定的国内行政条例。这些公约在进出口环节的出口管制法规(也称国际贸易合规)问题，则在本册第三篇“化学品贸易合规与进出口管制”中介绍。

丛书分册之一《化学品危害性分类与信息传递和危险货物安全法规》中详细介绍了属于危险货物的化学品的运输国际法律文件，包括联合国《危险货物运输规章范本》(简称《规章范本》)和各个运输模式的危险货物国际运输公约，还介绍了联合国《全球化学品统一分类和标签制度》(GHS)。值得注意的是，规章范本和GHS制度作为国际组织颁布的推荐性文件，其国际法律地位并不具有强制性；而海运、空运等各个运输领域的危险货物运输公约对签约方具有国际法上的强制执行力，各签约方必须根据其国内法直接执行、通过立法机构确认后执行，或根据公约内容制定国内法且该国内法优先于其他国内法执行，除非签约时表明了保留条款。

丛书分册之一《化学产品应用安全法规与风险评估》中介绍的法规一般在于保护消费者健康安全，个别涉及财产安全和局域环境保护。在此领域存在广泛的跨国合作与借鉴，但尚未有全球性的国际公约诞生。

本章角度与上述均不同，着眼于是否有合适的国家法律制度关于化学品在使用时给作业人员带来的不利影响，当然，也包括保护运营设施和所在社区不受事故当时带来的危害。可以理解的是，事故带来的污染迁移或者长时间在环境媒介中的转化、释放，是自然科学和管理上的环境问题，与作业安全和运营安全具有关联或者交叉。本章将介绍涉及化学品作业安全和运营风险控制的国际公约。

第一节　《苯公约、石棉公约》

国际劳工组织（International Labour Organization，ILO）于 1971 年在日内瓦签订《防止苯中毒危害公约》（简称《苯公约》），1973 年起生效，又称 ILO 第 136 号公约。该公约致力于防止苯带来的危害，将苯含量超过 1%的产品定义为“含苯产品”。公约规定，除了苯的生产、使用苯进行化学合成、在发动机燃料中使用苯和在实验室内进行的分析或研究工作外，只要有无害或少害的可替代产品，应用这类产品代替苯或含苯产品。公约还规定了工作场所暴露限值、采用密闭系统等职业卫生技术措施、个人保护设备、员工体检、怀孕及哺乳期女性和未成年人不得暴露等规定。至 2019 年 9 月该公约已有 38 个国家批准。

国际劳工组织于 1986 年通过 ILO 第 162 号《安全使用石棉公约》（简称《石棉公约》），适用于工人在工作过程中接触石棉的所有活动。公约要求签约国制定法律或条例，规定以下几个方面：① 适当的工程管理措施和作业方法，包括工作场所卫生；② 制定专门的条例或程序，包括工作授权；③ 产品或替代技术；④ 全部或部分禁止使用某些类型的石棉或含石棉的产品，如青石棉、石棉的散布；⑤ 工作环境监测、个人保护设备；⑥ 体检；⑦ 废弃物处理等内容。公约还规定了拆毁含有易碎石棉保温材料的工厂、装置或从其中的石棉易悬浮在空中的建筑、装置中取出石棉对作业方的要求。至 2019 年 9 月该公约已有 35 个国家批准。

第二节　《作业场所安全使用化学品公约》

国际劳工组织于 1990 年在日内瓦签订《作业场所安全使用化学品公约》，简称《化学品公约》，又称 ILO 第 170 号公约，1993 年生效。在公约通过的同时，ILO 大会还通过《作业场所安全使用化学品建议书》对公约进行补充。我国在 1994 年经全国人民代表大会批准加入该公约。至 2019 年 2 月该条约已有 21 个国家批准。

该公约以及国内施行的法规规章是在 20 世纪 90 年代，GHS 制度诞生之前有关化学品分类、标签和安全技术说明书直接且明确的规定。1996 年劳动部、化学工业部颁发《工作场所安全使用化学品规定》，内容上对接国内已有的制度，全面执行已对我国生效的该公约。2002 年国务院颁布的《使用有毒物品作业场所劳动保护条例》中针对有毒物品进一步强化了安全标签等规定。全文区分“hazardous chemical”与“dangerous goods”，全国人民代表大会网站官方翻译分别为“危害化学品”与“危险品”，全文条理清晰，不存在“危险化学品”一说，也没有“危险化学品”与“危险品”或者“危险货物”的混淆。此处“危险品”或者“危险货物”的异同参见丛书分册《化学品危害性分类与信息传递和危险货物安全法规》第一章。

公约所指作业场所包括化学品生产、搬运、储存、运输、废弃、设备维护的所有场所。公约要求主管当局建立适当的制度或专门标准，对所有化学品按其固有的安全和卫生方面的危险特性，进行评价分类，以确定该化学品是否为危险品。两种或两种以上化学品的混和物，危害特性依据其组分的固有危险来确定。有关运输问题，分类制度和标准应考虑联合国关于危险品运输的建议书。对于有害化学品(hazardous chemical)，供货人应向雇主提供化学品安全技术说明书(Chemical Safety Data Sheet，CSDS)，详细表明其特性、供货人、分类、危害、安全注意事项和应急处置方法。化学品安全技术说明书中用于识别化学品的化学或通用名称应与标签上使用的名称一致。化学品供货人，无论是制造商、进口商或批发商，还是分类和标签、CSDS 的提供者，有了新的安全卫生资料后，应根据国家法规和标准修订化学品标签和 CSDS，并及时提供给用户。提供还未分类的化学品的供货人，应查询现有资料，依据其特性对该化学品识别、评价，以确定是否为危险化学品。而在作业场所，雇主是标签和 CSDS 提供的责任人，同时还有采取工程改善措施、作业环境监测、培训作业人员、保存记录、合规处理废弃化学品等职责。公约还规定，当本国出于安全和卫生方面原因，对某种化学品部分或全部禁止使用时，出口国应及时将事实和原因通报给进口国。

第三节 《预防重大工业事故公约》

1993 年国际劳工组织通过《预防重大工业事故公约》，又称 ILO 174 号公约，以具有法律约束力的要求执行 1991 年出版的国际劳工组织《预防重大工业事故工作守则》，以预防重大事故，尽量减少发生重大事故的风险，尽量减轻重大事故影响，并检讨此类事故的原因，包括组织工作方面的差错、人为因素、部件失灵、偏离正常操作条件、外界干扰和自然力量。该公约考虑了国际劳工组织、联合国环境规划署和世界卫生组织之间共同推行的国际化学品安全计划。该公约自 1997 年生效，至 2019 年 2 月有 17 个国家批准。

我国现有立法中“重大危险源”的概念即来自该公约。不过，原文“major hazardous installation”宜翻译为“重大危害装置”，指长期或临时生产、加工、搬运、使用、处理或储存超过临界数量的一种或多种危害物质或物质类别的装置。

“重大事故”则指在重大危害设施内活动过程中出现的突发性事件，诸如严重泄漏、失火或爆炸，涉及一种或一种以上的危害物质，并对工人、公众或环境造成即刻的或日后的严重危险。公约也给出了危害性物质(hazardous substance)、临界数量(threshold quantity)、安全报告(safety report)、未遂事故或准事故(near miss)等的清晰定义。

对于立法目的同样是控制危害物质或者危险化学品重大事故的法律性文件，表 8－1 简明扼要地比较了该公约与《欧盟塞维索指令》《OSHA PSM(过程安全管理)法规》《AQ/T3034－2010 化工企业工艺安全管理实施导则》(以下简称《AQ 导则》)、2015 年修订后的《危险化学品重大危险源监督管理暂行规定》(以下简称《暂行规定》)、2013 年《关于加强化工过程安全管理的指导意见》(以下简称《指导意见》)的异同。

应急管理部在 2019 年 2 月发布《危险化学品油气管道烟花爆竹安全监管和非药品类易制毒化学品监管重点工作安排》，第三项“重点任务”第四部分为“抓紧制定急需法规标准”，包括：① 推进立法工作，配合加快推进《危险化学品安全法》的制定；② 加快制定事中事后监管规章；③ 加快颁布急需标准，包括《化工过程安全管理导则》等。

化工运营安全立法领域欧美工业化先发国家有着单一的法源，国内《AQ 导则》《暂行规定》与《指导意见》并存，同时还有内容交叉的危险化学品企业安全标准化，适用对象不一致、没有清晰的基于风险管理的结构，内容重复多；工作形式上企业负担叠加，执法人员和企业难以理解、时间和资源不足、疲于应对、失去重点。缺乏专业、协调、到位的法律体系无疑是重大安全事故发生较多、后果严重的基础原因之一，解决方案不应是一味新增，以免增加法律体系混乱度、导致法律执行效果下降。在目前的法律背景下，整理、协调现有立法的重要性和价值贡献不可忽视，甚至更为重要，这正是国办发〔2016〕88 号《国务院危险化学品安全综合治理方案》指出的方针：完善法律法规体系，加强危险化学品安全标准统筹协调①。

为有效进行危险化学品安全综合治理，建议加快《危险化学品安全法》的制定，重视法律整理与编纂，理顺应急管理部与交通运输部、生态环境部等主要相关部委的职责与流程，注重基本概念的清晰定义与区分；在规章层面合并《指导意见》与《暂行规定》，简明扼要规定对企业的要求，同时规定地方政府部门的自身职责和对企业的监管职责，坚持采用临界值作为企业适用更严格管理的阈

① 应急管理部政策法规司于 2019 年 9 月 12 日发布公示，称根据 2015 年《国务院关于印发标准化工作改革方案的通知》、1990 年《行业标准管理办法》和 2019 年《应急管理标准化工管理办法》，废止 2008 年的 AQ3021－3028 共八项化学品生产单位作业安全规程。

表 8-1 《预防重大工业事故公约》与其他法律性文件的异同

法律法规	适用范围、主体	雇主/运营者义务	国家或主管当局义务/职责	工人/员工权利和义务	法律性质	特点
《174 号公约》	适用于储存危害物质达到临界数量的重大危害装置，规定职责主体主要为雇主，也包括各国主管当局和工人	识别重大危害装置向主管当局通报；危害的识别与分析；采取技术措施和组织措施，包括培训、安全装备、工作人员配备及时间和职责；外来合同人员和临时工人管理；应急计划；与工人进行协商；持续改善，包括收集信息及分析事故和未遂事故；编写安全报告并在变更时增补或修改；事故报告与调查	制定规章制度；现场以外的应急准备；向公众提供安全资料；保护适当的商业机密信息；选址；监察；有权中止危险操作；向其他国家通报禁止的危害物质、技术或工艺资料	合作与协商机制；遵守操作规程和应急程序	国际公约，对签约国具有拘束力和执行力。该领域唯一的全球性国际条约	唯一全球性预防重大工业事故的条约
《塞维索指令》	适用于储存危险物质达到临界数量的重大危害设施，规定运营者义务、国家义务和公民权利	危险设施运营登记；重大事故预防；建立安全管理体系，防止多米诺骨牌效应；考虑周边环境，与邻近设施合作；高危险设施提交“安全报告”获得政府许可运营，安全报告包括内部管理内容如风险评估和设备安全、变化管理、应急计划、事故报告和处理等	为高危险的设施准备外部应急计划；土地利用规划；信息公开；咨询公众；确保运营者事故后采取所有必要的应急和补救措施并通知可能被影响的人，事故报告到欧盟理事会；禁止土地利用规划要求；禁止非法使用该类设施；进行检查	公众应参与征求意见并参与具体项目的决定；法律救济程序	欧盟指令，欧盟各国应制定国内法规后实施	多米诺骨牌效应，与 CLP 法规、民防应急、重要基础设施安保、环境侵权责任等法律联系
《OSHA PSM》	适用于储存高度危害性化学品达到临界数量的设施，职责主体主要为雇主	提供过程安全信息，组织过程危害分析，操作规程，培训，承包商管理，开工前安全检查，设备完整性，动火作业许可证，变更管理，应急准备和响应，事件调查，符合性审核，为本法规的目的应允许员工获得过程安全信息中的商业机密信息		参与 PSM	美国联邦行政法规，具强制执行力	接近企业运营层面的操作性规范

（续表）

法律法规	适用范围、主体	雇主/运营者义务	国家或主管当局义务/职责	工人/员工权利和义务	法律性质	特点
《AQ导则》	适用于以石油、天然气为原料的生产企业，无临界量作为导则适用范围起点要求	与 OSHA PSM 相比，包括除员工参与、提供商业机密信息之外的其他要素，内容基本相同，同时与国内部分安全标准关联			推荐性行业标准	
《暂行规定》	适用于临界量的场所设施，除港区、城市燃气和国防外	重大危险源辨识与评估，建立安全管理制度，安全监测监控体系，检测、检验、检查，培训，安全信息，应急措施、演练，档案，安全评估/评价；新改扩项目安全管理	建立重大危险源管理制度、信息报告、详细的监督检查要求、重大危险源集中检查、区域安全距离要求		部门规章	从适用对象到安全管理要求均基于量化风险
《指导意见》	同样针对过程安全，内容接近，适用所有化工企业，比 AQ 导则的石油化工企业广。未采用临界量作为适用范围起点要求	收集和利用化工过程安全生产信息，风险辨识和控制，不断完善并严格执行操作规程，通过规范管理、确保装置安全运行，开展安全教育和操作技能培训，严格进行新装置试车和试生产的安全管理，保持设备设施完好性，作业安全管理，承包商安全管理，变更管理，应急管理，事故和事件管理，化工过程安全管理的持续改进等。 部分内容深化，如人员变更、安全仪表			部门规范性文件，法律效力低	注意法规之间的重合与联系，引用“两重点一重大”“暂行规定”等。用语脱离 OSHA PSM 框架，如试生产安全管理，取代 PSSR 开车前安全审查

值，坚持基于人员和社会可接受风险的管理要求，并在不同规章之间、规章与技术标准之间建立起对应关系；废除重复、陈旧的标准，将企业需要具体执行的技术管理要求与即将制定的《化工过程安全管理导则》合并，整理、协调标准体系，鼓励协会、学会制定高于法定要求的团体标准，明确普适性安全生产标准化的推荐性标准地位，避免给安全运营良好的企业增加不必要的负担。这样的化工运营安全法律体系整体协调、运营有效，各类有限的社会资源投入才能产生最佳安全效益，真正减少和控制化工安全事故的发生。

第四节 《工业事故越境影响公约》

联合国欧洲经济委员会于 1992 年通过《关于工业事故越境影响的公约》，并于 2000 年生效，以促进国际合作，预防、准备和应对工业事故越境影响；2003 年通过《关于工业事故越界影响对越界水体造成损害的民事责任和赔偿的议定书》。公约至 2019 年 9 月有 41 个成员方，包括欧洲大多数国家（包含俄罗斯）、部分中亚国家及美国，并通过公约支持与合作计划在所有中亚国家实施了增强工业安全项目。公约对全世界各国开放。

公约中“工业事故”指与危险物质有关的下列活动过程中由无法控制的发展导致的事件：有关设施中的生产、使用、储存、操作或处置过程；导致应急反应的陆上运输过程。“危险活动”指涉及存在或可能存在一种或一种以上数量达到或超过规定临界量的危险物质，并能够造成跨界影响的活动。公约规定的管理职责由缔约国确保运营者实施，部分针对“危险活动”，部分针对“工业事故”。对比本章第三节可以看出，这里的“危险活动”近似于“重大危害装置”或“重大危险源”。

公约执行的基础是各国界定“危险活动”，并对可能造成跨界影响者进行讨论。其中可能需要依据《跨界环境影响评估公约》进行评估。在此基础上，公约规定了运营者提供安全操作危险活动的信息，选址，应急准备，向公众提供信息和公众参与，通报工业事故，应对工业事故或其迫切威胁，互助，责任和赔偿程序，研究和开发，信息交流，技术交流。

值得注意的是，在欧洲法律框架中，工业事故预防和应变领域还有着具有广泛影响的《塞维索指令》和环境条约形式的《长程跨界空气污染公约》《跨界水道和国际湖泊保护与利用公约》《在环境问题上获得信息公众参与决策和诉诸法律的公约》（即《奥胡斯公约》）。除了内容的区别与联系外，指令（directive）、法规（regulation）、公约（convention）法律效力、在成员国的生效方式各不相同[①]。

---

① 想要深入理解欧盟法律框架的读者，可参考曾令良所著《欧洲联盟法总论》，蔡守秋所著《欧盟环境政策法律研究》，江河所著《欧盟法的内在化与外在化及其国际法的启示》。

2014 年联合国欧洲经济委员会会员国召开会议，探讨《关于工业事故越境影响的公约》的执行情况，公约将来的发展并确保所有对健康和环境具有风险的化学物质都受到公约管辖。缔约国同时还就开放公约给区域之外的国家加入的可能性交换意见。2018 年公约第十次缔约国大会上，缔约国通过了 2030 年公约长期战略，加强与“仙台框架和可持续发展目标”国际机制保持一致。《仙台灾害风险减轻框架(2015—2030)》在第三次联合国世界灾害风险减轻大会上通过，规定了七个清晰的目标和四个优先行动项，目标在于预防现有的或新发生的灾害风险带来生命和健康的风险。

此外，欧盟还于 2001 年建立了民事保护机制，各成员国协同应对自然灾害、技术事故和人为事件对公共安全和民众生活的威胁，平时联合防灾、减灾、备灾，发生重大工业事故等突发事件后协调和联合抢险救灾。

在该公约所规范的领域，从全球层面来看，2001 年联合国国际法委员会通过了《预防危险活动的越境损害草案》，该草案承认国家对其领土内的永久主权，但国家从事或许可其领土内的或其管辖、控制下的活动自由不是无限制的，并引用 1992 年《里约宣言》中的规定，国家有责任确保其领土或其控制下的活动不对其他国家或超越其国家管辖权的地区的环境造成损害。草案适用于国际法不加禁止的、但具有导致重大跨界损害的风险的活动。可能引起重大工业事故的制造、储存商业行为属于此类。2006 年联合国国际法委员会通过《关于危险活动造成的跨界损害案件中损失分配的原则草案》。目前两草案尚在联合国大会讨论中，中国代表建议首先将草案以联合国代表大会决议或宣言、附件形式发布，待实践成熟后再制定具有法律效力的条约，并建议修改两点：① 将经营者的国籍、经营者主要营业地国、指挥或控制经营活动的实体所在地国家等，也作为确定起源国的参考因素；② 增加预防义务的例外或免责规定，如在自然灾害、武装冲突等不可抗力情况下，起源国可免于履行有关预防义务和免除承担有关国家责任。

第九章

WTO《技术性贸易壁垒协议》与化学品管理法规

第一节 定 义

技术性贸易壁垒(Technical Barriers to Trade, TBT)是指国家或区域组织以维护其基本安全、保障人类及动植物的生命及健康安全、保护环境、防止欺诈行为、保证产品质量等为由而采取的一些强制性或自愿性的技术性措施。这些措施对其他国家或区域组织的商品、服务和投资进入该国或该区域市场将造成影响。技术性贸易壁垒有狭义和广义之分。狭义的技术性贸易壁垒主要指世界贸易组织(World Trade Organization, WTO)《技术性贸易壁垒协议》(简称《TBT 协议》)规定的技术法规、标准和合格评定程序;广义的技术性贸易壁垒还包括动植物及其产品的检验和检疫措施、包装和标签及标志要求、绿色壁垒、信息技术壁垒等。技术性贸易壁垒是非关税壁垒的重要组成部分。

在 WTO 框架内,《TBT 协议》旨在确保承认各方成员有权采取规制措施实现其合理目标的同时,技术法规、标准与合格评定程序不会对国际贸易构成不必要的壁垒。同时,它承认 WTO 成员方有权采取措施实现合法的政策目标,例如保护人类健康和安全或保护环境。协议强烈鼓励成员方将其措施建立在国际标准的基础上,作为促进贸易的手段。通过其透明度条款,它还旨在创造一个可预测的贸易环境。

技术性贸易壁垒是国家使用法律、法规、技术标准、检验和认证等形式,通过提高技术要求,增加进口商品的难度和成本,并使其复杂化,最终达到限制进口贸易的目的。其涉及的行业相当广泛,包括化工、农产品、化妆品、医药、食品、电子产品、纺织服装、信息产业等领域以及其生产、包装、储存和运输等环节。技术性贸易壁垒运用于国际贸易中,其种类繁多、灵活多变、针对性强,而且由于此类壁垒大多通过立法后以技术形式出现,是国际贸易中使用最广泛的技术壁垒。

《TBT 协议》中的不必要原则中明确指出,不应妨碍国家为保证其出口产品的质量、保护人类、动物或植物的生命健康、保护环境或防止欺诈行为采取必要的措施。此处列举的范围应为"合理目标"的核心要素。此外,WTO 不阻止成员方采取必要措施以确保其标准得到满足,但这通常与协议相矛盾。对于制造商和出口商而言,繁多的法规可能是一场"噩梦"。如果政府采用国际标准,贸易可以更简单,因此,《TBT 协议》也鼓励成员方这样做。

《TBT 协议》还为政府和非政府或行业机构制定了良好的操作准则,以制定、采用和应用自愿标准。截至 2014 年,超过 200 个标准制定机构执行该准则。此外,协议规定用于确定产品是否符合相关标准的程序必须公平合理。它不鼓励任何国内生产的商品由于技术性贸易壁垒的存在而具有不公平的竞争优势。因此,该协议鼓励各国认可彼此评估产品是否符合规范/标准的程序。如果没有得到承认,产品可能需要进行两次测试,首先是出口国,然后是进口国。制造商和出口商需要了解其未来市场的最新标准。为了确保方便地获取这些信息,所有 WTO 成员方的政府都需要建立国家咨询处并通过 WTO 向对方通报。每年通知的新的或变更的法规大约有 900 个。技术性贸易壁垒委员会是成员方分享信息的主要渠道,也是讨论法规及其实施问题的主要论坛。

第二节 特　　点

技术性贸易壁垒作为应用越来越广泛的限制贸易的手段,其特点可简单归纳为:灵活性和针对性、隐蔽性和歧视性、复杂性和争议性。相比于关税贸易壁垒,技术性贸易壁垒往往实际效果更好。从表面上看似乎这些壁垒都是更好地以产品管理、环境保护和健康保障等为出发点,但实质上技术性贸易壁垒也起到了限制贸易的作用。因此,有效地利用技术性贸易壁垒的这些特点有助于国家更好地去设置相关法规和标准并服务于本国市场,使其发挥更大的作用。

1. 技术性贸易壁垒比关税贸易壁垒具有更大的灵活性和针对性

技术性贸易壁垒的制定一般会根据实际情况采取有针对性的措施。这些措施通常采用行政手段,通过制定相应的法规、技术标准、认证制度、检验制度等方式开展。而法规和标准的制定往往比立法更加简单迅速。标准和法规只要在上层法律框架不变的情况下,可根据实施后的实际情况继续进行修订或者提出更高的要求。因此在这方面,技术性贸易壁垒和关税贸易壁垒相比,具有很强的灵活性和针对性,可以根据法规或标准的实施效果再有针对性地调整限制措施,从而更有效地限制商品的进口。

2. 技术性贸易壁垒比关税贸易壁垒具有更大的隐蔽性和歧视性

首先,技术性贸易壁垒不是通过显而易见的关税来达到限制的目的,而是通过种类繁多,甚至和商品不相关的手段进行贸易限制。因此一些技术、环保和卫生标准从表面上看针对商品提出了技术指标、环境指标、卫生指标等,其出发点似乎是对特定的商品有特定的标准。从产品管理的角度看，这些指标使企业生产出品质更高的商品以满足要求；但从贸易壁垒的角度看，这其实就是对贸易的限制。因为一旦不能满足这些标准，则意味着商品不能进入相关市场。这种现象常常出现于发展中国家将商品出口到发达国家的过程中，可见其隐蔽性之强。

其次，技术性贸易壁垒对于本国商品和进口商品的标准不完全相同，往往对于进口商品的标准或行政审批更为苛刻且有更多额外要求，有些要求对于出口商而言是很难达到的，甚至是不合理的。正是因为国内和国外的区别对待导致了限制贸易的发生，可见其存在着歧视性。

3. 技术性贸易壁垒比关税贸易壁垒具有更大的复杂性和争议性

由于技术性贸易壁垒隐蔽性和灵活性的特征，透明度不如关税贸易壁垒那么明显。而技术性贸易壁垒存在行政审批和技术审核等人为因素，对于相同商品没有明确的评判标准，从而产生的争议性也极大。

第三节 影　　响

技术性法规和标准已经变得越来越重要。拥有太多不同的标准会使生产商和出口商的生产和运营变得困难。如果标准是随意设定的，它可以作为贸易保护主义的借口，并可能成为贸易的障碍。同样的基本问题再次出现：如何确保标准真正有用？而不是肆意设置或纯粹的保护主义的借口？

自 2001 年加入世界贸易组织以来，我国经济实现跨越式发展，逐渐成为世界上的贸易大国。据 WTO 统计，2016 年我国货物出口总额达 2.1 万亿美元，占世界货物出口总额的 13.15%，稳居世界第一。在这种形势下，党的十九大报告与时俱进，提出了“推动贸易强国建设”。

近年来，技术性贸易措施对我国贸易影响日趋严重。技术性贸易措施主要包括《TBT 协议》中的技术法规、标准、合格评定程序，还有《实施卫生与植物卫生协定》(*Agreement on the Application of Sanitary and Phytosanitary Measures*，简称《SPS 协议》)中的动物卫生、植物卫生与食品安全及相关措施。据调查，2016 年，我国有 34.1%的出口企业受到国外技术性贸易措施不同程度的影响，比 2015 年下降了 5.9 个百分点。全年出口贸易直接损失额为 3 265.6 亿元，比 2015 年减少了 2 550.3 亿元，占同期出口额的 2.4%，比 2015 年下降 1.7 个百分点。企业因国外技术性贸易措施而新增加的成本为 2 047.4 亿元，比 2015 年增加 505.6 亿元，占同期出口额的 1.5%。数据显示，2016 年，对我国企业出口影响较大的国家和地区排在前 5 位的是欧盟、美国、加拿大、日本、非洲，分别占直接损失总额的 33.4%、31.0%、4.8%、4.7%和 4.7%；受国外技术性贸易措施影响较大的产品类别排在前 5 位的是机电仪器、化矿金属、木材纸张非金属、纺织鞋帽、橡塑皮革，分别占直接损失总额的34.6%、18.1%、17.8%、9.9%和8.1%[①]。

不仅从国家质量监督检验总局的《2016年度国外技术性贸易措施对我国出口企业的问卷调查报告》中可以看出技术性贸易措施的重点实施对象，从国外召回系统中也得到了同样的结果。

首先，在国外召回系统中，涉及中国化工产品的相对较少，但产品类别集中。中国产品受到进口国技术性贸易措施的影响较大，特别是在美国消费品安全委员会（Consumer Product Safety Committee，CPSC）产品召回、美国食品药品监督管理局（FDA）产品召回、日本肯定性列表的食品扣留及欧盟食品和饲料类快速预警系统（Rapid Alert System for Food and Feed，RASFF）、欧盟非食品类快速预警系统（Rapid Alert System for Non-Food Products，RAPEX）通报中，中国产品已经成为主要的通报对象。据中国贸易救济信息网统计，截至目前，仅有欧盟RAPEX的对华通报中涉及化工产品。2009—2011年9月，欧盟RAPEX对华通报累计2 660项，其中，针对化学品的通报仅26项，相对较少，但产品类别比较集中，绝大多数为胶水产品。

其次，各种技术标准、认证，以及有毒有害物质最低限量要求是我国化工产品最常遭遇的技术性贸易措施。据国家质量监督检验检疫总局统计，在国外对华化工产品实施的技术性贸易措施中，包装及材料要求、各种技术标准要求、认证要求、有毒有害物质最低限量要求和环保要求是企业最常见的限制措施[①]。从2009—2011年9月欧盟RAPEX对华通报的原因分析可以看出，多数被召回产品主要由于化学危险，即所含的化学品物质不符合要求或者有害化学物质超标等。

第四节 原 因

化工行业非关税贸易壁垒主要的存在形式为技术性贸易壁垒和绿色贸易壁垒两种，其中绿色贸易壁垒通常还会与技术性贸易壁垒同时使用，使其更有针对性，更行之有效。

首先，由于关税贸易壁垒的不断弱化和削减，在逐步取消明显有违WTO精神的一些传统的关税壁垒的同时，为了继续保护我国化工行业的良性发展，要求更加苛刻的技术性贸易壁垒就产生了。一般而言，技术性贸易壁垒的运用在发展中国家远低于发达国家，其技术要求也普遍低于发达国家，因此技术性贸易壁垒在发达国家产生的效果远高于发展中国家。

---

① 国家质量监督检验检疫总局：《2016年度国外技术性贸易措施对我国出口企业影响的问卷调查报告》。

其次，在国际贸易中技术密集型化工产品的比例逐渐提高，为获取更高额的利润，企业会加大技术创新力度。我国为了维持本国市场上化工产品的竞争力，提出了各种法规或者技术标准并加以限制。而多数高新技术一般都掌握在发达国家手中，因此技术性贸易壁垒在发达国家体现得更多并对发展中国家影响较大。

再次，发达国家相应的技术检验、检测手段非常完善，这为技术性贸易壁垒提供了更大的可操作性。对于进口化工产品我国也提出了检验的要求以检查产品是否达到我国的技术要求。不同国家之间技术标准存在差异，一般发达国家标准远高于发展中国家，而相同商品在发展中国家达标并不意味着在发达国家也是如此。正是因为这些不同才有技术性贸易壁垒在贸易中存在的意义。

最后，WTO 协议中的一些例外条文和漏洞也为技术性贸易壁垒的实施提供了法律上的依据。如《TBT 协议》中规定："任何国家在其认为适当的范围内可采取必要的措施保护环境，只要这些措施不致认为在具有同等条件的国家之间造成任何不合理的歧视，或成为对国际贸易产生隐蔽限制的一种手段。"这类条文的存在使得我国可以合法地对化工产品采取技术贸易保护措施，以达到保护我国市场的目的。

第五节　应　　对

为了有效应对技术性贸易壁垒，帮扶当地产业，不少地方政府设立了专门的技术性贸易措施服务机构，依托检验检疫机构和技术监督机构（现分别并入海关和市场监管部门）的信息和技术优势，为进出口企业提供信息预警、技术咨询和风险处置等系列服务。此外，对国外发布的技术性贸易壁垒措施通报进行评议，也是应对技术性贸易壁垒最重要的途径之一。一般各成员方都会在相关措施正式生效前留出不少于 60 天的评议期。通过评议，可以把国内企业的利益诉求尽可能地融入对方的措施中，把有关措施的负面影响消除在发生之前，或者延缓、减轻其影响。另外，国内企业也可通过提交特别贸易关注等途径，表达对相关国家或地区技术性贸易壁垒措施的异议，争取消除贸易壁垒。

透明度是《TBT 协议》的基石，在《TBT 协议》的情况下有以下三个核心要素：① 通告技术性法规草案以及合格评定程序，并"一次性"通告每个成员方组织即将实施的协议；② 设立咨询处和通告机构；③ 发布技术性法规的要求以及合格评定程序和标准。

一、通告

《TBT 协议》中的通告规定，与 TBT 委员会的有关决定和建议，是构成该协议透明度的最主要的因素。通告会显示成员方打算如何规范以实现特定的政策目标以及法规可能对贸易的影响。在早期阶段，TBT 委员会可以接收关于新的法规或标准的信息，并有机会在最终定稿和通过之前，给贸易伙伴在双边或 TBT 委员会上提供意见，同时接收来自行业的反馈。如果成员方采取监管行动，意见可以帮助改善其法规草案的质量，避免了潜在的贸易问题。提前通知还可帮助生产商和出口商适应不断变化的需求。

基本上，政府需要通过 WTO 秘书处通告其他成员方可能对其贸易产生重大影响并且不基于相关国际标准的拟议措施。政府必须在早期的适当阶段进行通告，此时仍可修订并考虑其他成员方提出的意见。有关新要求的信息对生产者和出口商非常重要。它能使行业将其关注的内容和评论传递给政府，然后政府可以与贸易伙伴进行双边贸易谈判。实际上，贸易伙伴有义务考虑这些意见。如果无法通过双边非正式程序解决问题，成员方可以将其作为特定贸易问题提交给 TBT 委员会。

一旦发出通告措施，建议的 60 天评议期立即开始，在此期间，成员方可以请求公开该措施草案，并对该措施提出书面意见。评议期至关重要。因为政府应讨论收到的意见，并在最终措施中考虑这些意见和任何讨论的结果。TBT 透明度要求见图 9－1 所示。

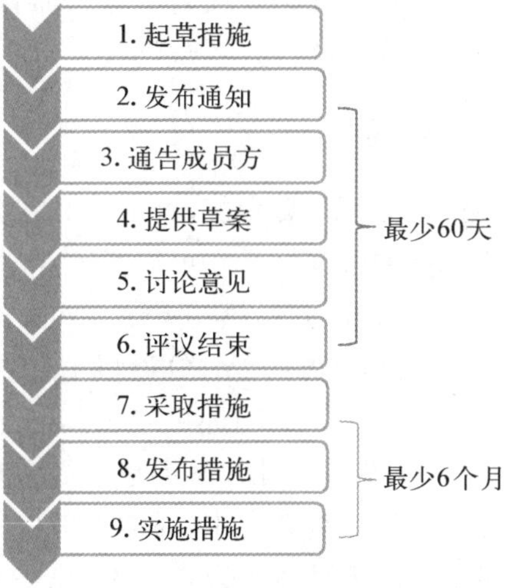

图 9－1 TBT 透明度要求

二、提交通告

虽然其他实体可以参与填写通告模板，但是成员方必须指定“单一中央政府机构”来提交这些通告。截止到 2013 年底，已经有 121 个 WTO 成员方根据《技术性贸易壁垒协定》至少发出了一份通告。通告必须以 WTO 的三种官方语言(英语、法语和西班牙语)之一提交给 WTO。

通常，通告只有几页，并且可能包含措施全文的网页链接。除此以外，它提供了有关该措施所涵盖产品的信息——最好是国际商品统一分类和编码制度(Harmonized Commodity Description and Coding System, HS)或国际标准分类(International Classification Standards, ICS)格式。成员方还需要提供该措施目标和理由的简要说明。

完成的通告可以在线提交(https://nss.wto.org/tbtmembers)或通过电子邮件(crn@wto.org)提交给 WTO 秘书处，WTO 秘书处将其分发给成员方。

它也会被发布在 WTO 官方网站[①]上，并翻译成其他正式的 WTO 语言。通告的信息可通过 TBT 信息管理系统(Information Management System, IMS)公开获取。

三、实施声明:“一次性”通告

除了上述的定期通告外，《TBT 协议》还有单独的“一次性”通告的要求。每个成员方提交的“一次性实施声明”应包括有关法律和法规的信息、对通告的评论期限、咨询处和其他相关国家机构的联系信息、技术性贸易壁垒措施的出版物标题，以及确保国家和地方当局在早期阶段提供监管建议信息的措施。后续更改也同样必须通告。这些通告载于 WTO 文件系列“G/TBT/2/Add”，并可通过 WTO 官方网站获取。

四、咨询处

为方便信息交流，每个成员方必须设立一个能够回答其他成员方的所有合理询问的咨询处。它可以是一个办公室或机构，负责处理有关通告措施的意见，回复询问并提供相关信息和文件。截止到 2018 年底，已有 164 个成员方和 23 个观察员方向 WTO 通报了它们的 210 个咨询处。

一些国家成功地扩展了其咨询处的职能，为其政府机构和行业提供服务。例如，一些咨询处开发了基于网络的“出口警报”系统，为相关利益攸关方提供有关出口市场新要求(通常为来自其他成员方的通告)的信息。通告机构和咨询处的联系信息可以在 TBT IMS 中获得。

五、公布

《TBT 协议》中对于公布的要求旨在宣传成员方的监管意图以及提供法规最终的文本。关于技术法规和合格评定程序，即使在通告之前，成员方也必须在官方渠道上发布通知，说明他们有意引入特定措施——这时被称为“提前通知”。一旦采纳最终措施，必须立即公布。此外，成员方应在措施公布和生效之间提供合理的缓冲期(至少 6 个月)。这可以为行业提供适应新要求的过渡时间。

标准也公布了要求。标准的透明度规定在《TBT 协议》的良好行为准则中列出。遵守良好行为准则的标准化机构必须向 WTO 秘书处通报他们正在准备的标准；每六个月发布一份工作计划(指定正在制定的标准和最近采用的标准)；在通过标准草案之前至少提供 60 天的征求意见期限；及时公布已通过的标准，并根据要求提供副本。

---

① WTO 官方网站：https://www.wto.org/english/thewto_e/whatis_e/tif_e/org6_e.htm。

六、获取信息

TBT 信息管理系统(简称 TBT IMS)是由 WTO 秘书处开发的在线工具，用于获取 TBT 信息(http：//tbtims. wto. org)。它提供了 WTO 的三种官方语言，是公开的并可以进行搜索的数据库。它包含成员方的技术法规和合格评定程序(包括后续修订)的通告、有关"良好行为规范"的标准化机构的通告、成员方之间关于技术性贸易壁垒措施的双边或多边协议的通告、成员方的咨询处和国家通报机构的详细联系信息，以及 TBT 委员会提出的具体贸易问题的信息。

TBT IMS 提供了多种搜索功能。它可以使用基本搜索模式来查询常规 TBT 通告，例如通告成员方、日期和产品；也可以使用更精确的搜索模式，包括措施类型、通告类型和用户自定义的关键字。"新功能"部分允许用户访问最新的通告。TBT IMS 还提供对 TBT 委员会中提出的特定贸易问题的信息。可以通过自定义报告功能以电子表格格式从系统中提取所有信息。

通过以上六个 TBT 要素可以明显地发现，TBT 对于公开透明的要求是相当严格的。并不是每一个技术法规或标准都可以随意拟定发布并最终实施。《TBT 协议》条款中关于透明度的讨论和良好法规实践(Good Regulatory Practice，GRP)是紧密相连的。"提前通知""通告""征求意见""公布"和"实施"等环节的引入，可以建立更好的法规。因此，将《TBT 协议》的透明度纳入法规的生命周期是提升 GRP 的有力手段，具有透明度和咨询性是它的基本组成部分。从图 9－2 法

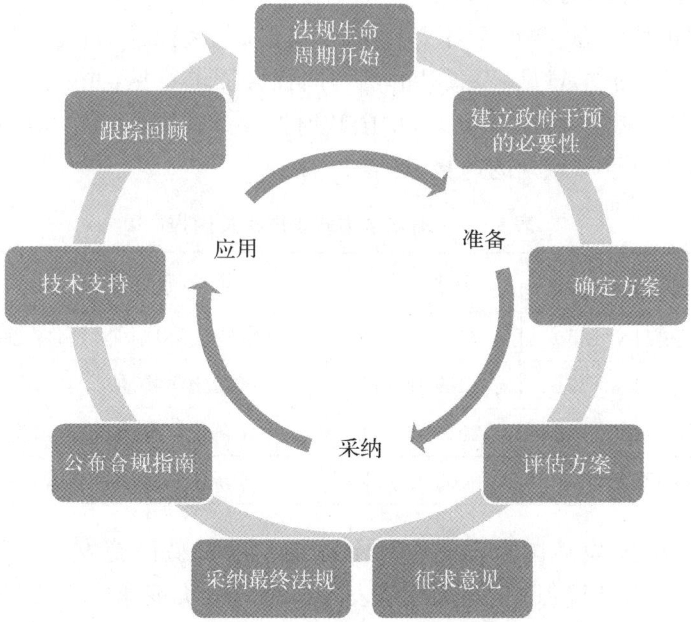

图 9－2 法规的生命周期

规监管生命周期的具体措施中可以看出，在整备阶段开始时，政府需要发布提前公告以告知新法规的预期目标和计划。在评估法规后，法规草案需要提交WTO进行通告，同时，法规草案应发布并对外征求意见，一般为60天。在收集并最终采纳来自WTO和公众的意见后，法规正式对外发布，通常在半年后正式生效实施。政府需要提供必要的技术支持，对法规进行宣传和公众的培训，并跟踪回顾法规产生的效果以及进一步的问题，如果有必要的话，向WTO通报额外的信息。

所以，利用好TBT的原则，可以为国家、行业或企业创造更多向通报方提出意见的机会，这将有利于出口国结合本国的实际情况并最终通过政府传递给通报国合理的建议，以确保技术性贸易壁垒不会对本国造成严重的影响。

第六节　现　　状

《新化学物质环境管理办法》是一部典型的顺应WTO TBT要求的法规，为履行中国加入WTO的承诺，废止了“化学品首次进口登记”，实施国际通行的新化学物质环境管理。法规借鉴美国、日本、欧盟(2002年以前)的新化学物质管理经验，从无到有建立新化学物质环境申报、测试、危害评估以及监管体系。虽然早期不如欧美法规体系那么完善，但是随着时间的推移、经验的积累以及法规实施后问题的发现，新化学物质管理法规也在不断地提升以满足社会、企业及环境保护的发展要求。

环境保护部于2009年5月21日首次发布《关于征求〈新化学物质环境管理办法(修订)〉(征求意见稿)意见的函》，向社会征求意见，并在国内外共收到550多条建议。截至2019年9月，中国政府按WTO TBT程序对该管理办法或相关法规进行了一系列的通报，见表9-1。

表9-1　新化学物质管理相关通报

通　报　号	通报日期	通　报　法　规
G/TBT/N/CHN/1350	2019/09/02	《化学物质环境风险评估与管控条例》
G/TBT/N/CHN/1351	2019/09/02	《新化学物质环境管理办法》
G/TBT/N/CHN/1170	2016/03/08	《新化学物质申报登记指南》
G/TBT/N/CHN/210	2009/08/21	《新化学物质环境管理办法》

到目前为止，发达国家仍是主导全球技术性贸易措施发展的核心，其主要目标包括生态环境保护、低碳经济发展以及对人类健康安全更高层次的保护。同时，发达国家技术性贸易措施的发展特点还包括：把技术性贸易壁垒措

施作为提升产业竞争力的重要手段，努力将国内标准推向国际，并推动形成体系化、框架性的技术贸易壁垒措施并随时根据需要更新，如《能源相关产品》指令（简称 ErP 指令）、REACH（Registration，Evaluation，Authorization and Restriction of Chemicals）法规等。

通过表 9－2 中对已有化学物质管理的国家和地区汇总分析，截至 2019 年 9 月，中国相对于其他国家和地区而言，化学品相关的通告比例并不高，还不到全球平均占比的一半。可见，中国对于化学品的管理还有很大的提升空间。反观那些化工强国（如美国、日本、韩国），化学品相关的 TBT 通告远高于全球平均水平。这也说明了当行业发展水平处于国际领先的时候，加强技术性贸易壁垒不但有助于保护本国的利益，也有利于通过更高的要求淘汰国内外达不到技术要求的企业，提高行业的整体水平，使行业产生良性循环。

表 9－2 主要国家或地区 TBT 通告分析

国家或地区	全部通告	化学品相关通告	占比
中国（不含港澳台地区）	1 520	33	2.17%
中国香港	95	0	0.00%
中国澳门	18	0	0.00%
中国台湾	620	36	5.81%
美国	3 661	267	7.29%
加拿大	1 107	51	4.61%
墨西哥	1 179	29	2.46%
欧盟	1 623	147	9.06%
日本	920	53	5.76%
韩国	1 042	64	6.14%
菲律宾	296	13	4.39%
澳大利亚	225	3	1.33%
新西兰	153	0	0.00%
全球	35 884	1 583	4.41%

化工行业的技术性贸易壁垒并不可怕，可怕的是国家、行业和企业都不重视法规和标准的变化，造成出口产品不符合进口国的要求而被召回；企业不愿意提高产品的技术质量水平，致使产品始终不能达到更高要求的技术标准；国家不能开启双边或多边谈判，错过修正技术性贸易壁垒的最佳机会。贸易摩擦不仅关系企业的利润，而且关系产业调整和经济增长的大局问题，背后是国与

国之间综合实力的较量。如今,经济形势复杂多变,在这种情况下,政府、相关行业协会和企业应该紧密团结起来积极应对。政府努力为企业争取一个较为公平有利的贸易环境并通过不断优化产业结构,淘汰落后产能,增强整体竞争力。这样才能保证企业能够应对不断变化的技术性贸易壁垒。

参考文献:

[1] 余刚,牛军峰,黄俊. 持久性有机污染物:新的全球性环境问题. 北京:科学出版社,2005.

[2] 李政禹. 国际化学品安全管理战略. 北京:化学工业出版社. 2006.

[3] 项目五处. 斯德哥尔摩公约修正案在国际上生效. (2010-10-28)[2019-03-20]. http://www.china-pops.org/gyjc/gyjs/201010/t20101028_14678.html.

[4] 步雪琳. 规范危险废物出口实现全过程监管——专访国家环保总局污染控制司司长樊元生. (2008-02-18)[2019-03-18]. http://www.mee.gov.cn/xxgk/hjyw/200802/t20080218_118236.shtml.

[5] 赵英民. 履行汞公约谱写化学品环境管理新篇章——写在关于汞的水俣公约生效之际. (2001-12-19)[2019-09-01]. http://www.xjepb.gov.cn/xjepb/_639/_2710/_2722/237658/index.html.

[6] 张玉美. 浅析危险化学品国际公约. 中国检验检疫,2006(2):41.

[7] 唐娜,毕坤鹏,尹韶青. 化学品环境安全管理的国际格局分析研究. 科技创新导报,2009(8):221-223.

[8] ICTSD-China. 蒙特利尔议定书修订案计划 2019 年起逐步取消 HFCs. (2017-11-27)[2019-03-24]. https://www.sohu.com/a/206840887_669832.

[9] 张湘兰,秦天宝. 控制危险废物越境转移的巴塞尔公约及其最新发展:从框架到实施. 法学评论,2003(3):93.

[10] 联合国新闻. 人类历史上最大工业化学事故三十年 联合国欧洲经济委员会探讨加强工业安全. (2014-12-03)[2019-02-25]. https://news.un.org/zh/story/2014/12/226042.

[11] 丁晓阳. 化工过程安全法规发展. 化工与医药工程,2014(6):6-10.

[12] 林灿铃. 工业事故跨界影响的国际法分析. 比较法研究,2007(1):126-131.

[13] 曾令良. 世界贸易组织法. 武汉:武汉大学出版社,1996.

[14] 余敏友,左海聪,黄志雄. WTO 争端解决机制概论. 上海:上海人民出版社,2001.

第二篇 国际化学品政策前沿

第十章

国际化学品管理战略方针实施及借鉴

第一节　国际化学品管理战略的背景和概况

国际化学品管理战略（Strategic Approach to International Chemicals Management，SAICM）是为保护人类健康和环境而开展国际合作过程中发起的一项全球性举措。

制定 SAICM 的提议在 2002 年举办的约翰内斯堡首脑会议，以及 2005 年举办的纽约首脑会议上得到了各国元首和政府首脑的支持。2002 年 9 月，在南非约翰内斯堡举行的可持续发展世界首脑会议（World Summit on Sustainable Development，WSSD）上，通过了为实现《21 世纪议程》可持续发展目标而督促世界各国进行统一和实际行动的《执行计划》。根据该《执行计划》的授权，自 2003 年开始，联合国环境规划署（United Nations Environment Programme，UNEP）着手启动国家化学品管理战略文本的拟定工作。此后，从 2003 年到 2005 年，UNEP 组织召开了 3 次筹备会议和 1 次主席团扩大会议，就制定该战略方针的范围、目标、资金机制、指导原则等进行了多次磋商。

经国际社会的共同努力，SAICM 于 2006 年在迪拜举行的第一届国际化学品管理大会暨 UNEP 第 9 次特别会议和全球部长会议上，经过各国政府、政府间组织等涵盖农业、环保、卫生、劳工等多个领域的利益相关方共同参与协商制定，从而正式通过。SAICM 提出了包括风险减少、知识与资讯、政策管理、能力建设和技术援助、非法国际贩运等几方面的总体政策战略以及 237 项行动计划。但由于各国化学品管理水平的差异，各方对 SAICM 的态度存在一定分歧，SAICM 最终被定位为自愿性的，SAICM 的达成意味着化学品环境安全管理进入全球化时代。

SAICM 提供了一个政策性框架，为争取实现《约翰内斯堡执行计划》以下各项目标的努力提供指导。即最晚到 2020 年，做到尽可能减少使用和生产化学品对人类健康和环境产生严重的有害影响。之前虽然执行了《21 世纪议程》第十九章以及国际劳工组织关于《作业场所安全使用化学品的公约》（第 170 号）和《防止重大工业事故公约》（第 174 号）、《控制危险废物越境转移及其处置巴塞尔公约》，在国际化学品管理领域取得了重大进展，并且由于实施《关于在国际贸易中对某些危险化学品和农药采用事先知情同意程序的鹿特丹公约》和《关于持久性有机污染物的斯德哥尔摩公约》以及采用全球化学品统一分类和标签(GHS)制度，在处理危险化学品领域也取得了显著成果，但全球的化学品生产、贸易和使用有增无减，目前的化学品管理仍然面临重大挑战，因此SAICM致力于加强全球不同区域和国家在化学品管理政策框架的协同性和一致性，并强调在全生命周期内对化学品和危险废物实行健全管理。

SAICM包括《关于国际化学品管理的迪拜宣言》《总体政策战略》和《全球行动计划》三部分。

一、总体政策战略的主要内容

(一) 主要参与方

包括各国政府、各区域经济一体化组织、政府间组织、非政府组织，以及来自所有相关部门的、参与整个化学品存在周期管理工作的个人，同时包括且不限于农业、环保、卫生、工业等各类相关的经济活动，为促进发展而开展的合作，劳工和科学等诸领域和相关部门。利益相关方包括广大消费者、化学品废物处理方、企业所有方、农民、生产商、政策制定方、研究人员、供应商、运输人员和生产人员。

(二) 范围

(1) 化学品安全涉及的环境、经济、社会、卫生和劳工等层面。

(2) 农业和工业化学品，其目的是促进可持续发展，覆盖产品中所含化学品的全生命周期。

(三) 目标

在化学品的全生命周期内实行健全的管理，目标是最晚到2020年把化学品的使用和生产对人类健康和环境产生的重大不利影响降低到最低限度。这个目标将通过实施“全球行动计划”中所安排的各项具体活动予以实现。

SAICM详细介绍了在风险管理、信息和咨询、能力建设和技术合作、运输等领域的具体目标，例如关于信息和咨询目标，SAICM中专门提到，不应把涉及人类及环境健康和安全的化学品资讯视为保密性资料，强调了化学品风险评估，以及研发替代化学品和技术的重要性。

(四) 原则与方法

各国政府和利益相关者在制定和实施SAICM时，应使用以下原则和方法为指导。

以下各项原则：

(1)《斯德哥尔摩人类环境宣言》，特别是其中的第22项原则；

(2)《关于环境与发展的里约宣言》；

(3)《21世纪议程》，特别是其中第6章、第8章、第19章和第20章；

(4)《联合国千年宣言》；

(5)《关于化学品安全问题的巴伊亚宣言》；

(6)《可持续发展问题世界首脑会议的执行计划》。

在下列协定适用的情况下，根据以下协定：

(1)《关于消耗臭氧层物质的蒙特利尔议定书》；

(2)《控制危险废物越境转移及其处置巴塞尔公约》；

(3)《关于在国际贸易中对某些危险化学品和农药采用事先知情同意程序的鹿特丹公约》；

(4)《关于持久性有机污染物的斯德哥尔摩公约》；

(5)《劳工组织关于在工作场所使用化学品所涉安全问题的第170号公约》。

(五) 实施和进展评估

SAICM的实施进展由国际化学品管理大会定期审查。由联合国环境规划署(UNEP)执行主任设立SAICM秘书处，联合国环境规划署和世界卫生组织在其各自的专门领域内共同发挥主导作用，并由环境规划署承担总体性行政职责。该秘书处与UNEP负责化学品和废物事务的分类业务部，一同设在日内瓦的同一地点，秘书处向国际化学品管理大会负责。

二、全球行动计划的要点

(一) 优先考虑活动

(1) 着眼于缩小发达国家和发展中国家与经济转型国家在健全管理化学品能力方面的差别。

(2) 推动执行各项现行协定和工作领域中规定的任务。

(3) 把重点放在现有协定和工作领域中目前尚未涉及的问题。

(4) 确保最迟到2020年：① 基于科学的风险评估结果，并根据其涉及的具体成本和效益，以及市场是否有更为安全的替代品及其功能，来确定是否不再生产或使用那些对人类健康和环境构成不可控风险的化学品；② 基于科学的风险评估结果，并根据涉及的具体成本和效益，尽最大限度减少那些对人类健康和环境构成不可控风险的化学品的无意排放所构成的风险。

(5) 着眼于那些风险不可控的化学品。

(6) 推动和化学品有关的健康和环境的风险相关知识传播,并向所有利益相关方进行分享。

(二) 强调最佳效益

强调要取得最佳效益,必须协调一致开展工作。因此所有利益相关方要共同针对全球优先事项采取适当的合作行动。这些行动包括以下几方面。

(1) 把化学品问题纳入更广泛的发展议程,例如与包括弱势群体在内的利益相关方进行磋商,制订计划,安排采取行动的优先次序。

(2) 推动批准和执行关于健康、安全、职业卫生,以及安全与环境的各项现行国际公约。

(3) 鼓励各方切实执行关于降低或控制化学品环境与健康危害的各项现行国际公认标准、工具和办法,例如全球化学品统一分类和标签制度及污染物排放和转移登记等。

(4) 推动减少引起全球关注的汞和其他化学品构成的风险,以便把这些风险降低到最低限度。

(5) 鼓励减少危险废物的数量及其毒性。

(6) 推动各方努力防止化学品和危险废物的非法运输。

(7) 推动在各区域和国家中心及其他利益相关方之间加强协调,以设法从整个环节着手处理化学品和危险废物问题。

(8) 推广替代品,以便减少和逐步淘汰剧毒农药。

(9) 推动对所有利益相关方在健全化学品管理方面开展能力建设、教育和培训以及资讯的交流。

(10) 推动所有相关行业发起自愿性工业举措,例如负责任的经营和产品指导等。

(11) 推动逐步淘汰含铅汽油。

(12) 推动对受到污染的地区进行处理。

(三) 旨在支持降低风险的举措

以保护人类健康和环境为目的,尤其是以某些特别弱势群体为优先的行动计划。例如:① 以保护妇女和儿童健康为目的的举措,如减少妊娠前、妊娠过程中婴儿、儿童和青春期少年与化学品的接触;② 以对工人的职业健康和安全保护为目的的举措,如建立国家视察制度和使用适宜的职业卫生和安全标准,以尽量减少工作场所的化学品危害;③ 作为高风险化学品,要研制和使用安全有效的替代品等，包括具有持久性、生物蓄积性和毒性的物质，持久性和生物蓄积性极高的物质，具有致癌性或诱变性或可特别对生殖系统、内分泌系统、免疫系统、神经系统产生不利影响的化学品，各种持久性有机污染物，在全球范围内引起关注的汞和其他化学品，大规模生产或使用的化学品，用途极为广泛和普遍的化学品，以及在本国范围内引起关注的其他化学品；④ 以减少危险废物的举措，包括制定国家规划和政策、提高认识和保护操作工人，以及受污染场地的确认和补救处理；⑤ 以防止污染为目的的举措，包括清除汽油中的铅；⑥ 加强处理中毒和其他化学品事故的能力。

（四）化学品知识的共享

改善针对化学品全生命周期内的任一阶段有可能接触有毒物质的人员的教育、培训和提高认识工作，以及在考虑合法商业机密的前提下，编制并传播所有有关化学品危险性的信息。其他相关举措还包括加紧监测化学品对健康和环境的影响、协调风险评估，执行全球化学品统一分类和标签制度，以及编辑和出版国家污染物排放和转移情况登记等。

（五）进一步实施相关法规

评估各国在批准和执行现有化学品和危险废物国际协定的立法情况，包括《控制危险废物越境转移及处置巴塞尔公约》《关于在国际贸易中对某些危险化学品和农药采用事先知情同意程序的鹿特丹公约》《关于持久性有机污染物的斯德哥尔摩公约》和国际劳工组织保护工人的公约，以及加强在国家和国际层面改善关于化学品安全政策和活动的协同效应。此外，要确保所有利益相关方参与，特别是确保妇女参与化学品全生命周期的管理。把化学品管理纳入发展援助、可持续发展以及扶贫计划的战略，对于更有效地加强化学品安全活动的资源非常重要。此外，发展化学品事故的备急和应急处理系统，审议有关保护区内化学品的使用问题，提供关于因化学品的生产和使用而导致人类健康和环境受损的责任和赔偿制度方面的培训，以及防止和侦查非法贩运化学品和危险废物的活动。

（六）加强能力建设

能力建设措施包括人员培训以提供必备的技能，支持在国家和区域层面以统一的方式，在化学品安全需要的整个范围系统地执行化学品管理战略方针，包括战略规划、风险评估和管理、检验、研究和控制非法贩运活动。在能力建设方面利用信息交流机制以促进协调。

（七）打击非法国际贩运活动

必须采取国家、区域和全球范围的行动，以防止和侦查化学品和危险废物的非法贩运，包括更有效地执行关于化学品和危险废物跨境转移的国际公约。

第二节 全球产品战略以及责任关怀助力 SAICM

国际化工协会联合会（International Council of Chemical Association，ICCA）于 2006 年在第一届化学品管理国际大会（International Council of Chemical Management，ICCM）上通过了实施“责任关怀全球宪章（Responsible Care Global Charter，RCGC）”和“全球产品战略（Global Product Strategy，GPS）”这两项工作，以响应和支持 SAICM。

责任关怀（Responsible Care，RC）是化工行业的自愿性举措，发源于加拿大化工业，ICCA 在 2014 年重新修订 RCGC，着重强调了全球化工行业在维护 RC 理念中的责任和义务，并将流程安全、防护措施和可持续性等列入目标。目前全球有超过 60 个国家和地区的化工协会在推动实施 RC，致力于不断提升环境健康和安全绩效，并承诺增加透明度、绩效跟踪和报告。近年来，在 ICCA 的推动下，责任关怀绩效评估方面已取得相当大的进步。

GPS 是 ICCA 为了响应 SAICM 专门提出的，也是 RCGC 的组成部分，要求各成员公司促进化学产品的安全使用，从整个生命周期进行化学品的安全监管，GPS 是一项能力共享的实践，其工作目标有以下几方面：

（1）减少发展中国家、新兴工业化国家和工业化国家之间在化学物质安全处理方面的差别。

（2）通过提供相关的可靠信息确保在整个价值链和各地区的化学品正确安全处理和使用。

（3）提高透明度，帮助成员公司向相关者提供有关销售的化学品的信息，形式简明易懂。

GPS 和 RCGC 代表了以 ICCA 为组织的全球化工行业对 SAICM 的贡献。自 2006 年迪拜会议后，RCGC 和 GPS 两项计划的实施在整个 SAICM 政策目标方面已取得了很大进展：① 确定了以进行化学安全评估的基本危害和暴露信息集成的最佳做法；② 制定了一套供成员组织和公司使用的全球产品管理指导方针；③ 采用了全球责任关怀管理流程；④ 在一些发展中国家提供了能力建设项目，包括非洲、亚太地区、拉丁美洲以及经济转型国家等。仅在中国，就有超过 500 家企业签署了 RCGC。

第三节　SAICM 的实施进展

一、SAICM 在全球的实施历程

SAICM 的实施进展由国际化学品管理大会定期审查。国际化学品管理大会到目前为止举办过 4 次，第一届即确定 SAICM 的迪拜会议。

第二届国际化学品管理大会于 2009 年在瑞士日内瓦举行，会议审议了在降低风险、知识分享、政策管理、能力建设和技术援助、非法国际贩运这五大方面，评估 SAICM 实施进展的 20 项指标。含铅涂料、产品中的化学品、电子产品全生命周期内的危险物质、纳米技术和人造纳米材料等在会上被纳入新的和正在出现的政策性议题，并确定对全氟化学品管理及安全的替代物进行研究。根据第二届国际化学品管理大会的第Ⅱ/6 号决议 5，确定成立无名额限制工作组（Open-Ended Working Group，OEWG）作为大会的附属机构，对新出现的政策问题进行讨论，无名额限制工作组在每届化学品管理大会召开前举行会议。2011 年无名额限制工作组第一次会议（OEWG 1）在塞尔维亚贝尔格莱德 Sava Center 会议中心举行。本次会议作为第三次国际化学品管理大会召开前的一次技术预备会，重点讨论了第二次国际化学品管理大会上提出的 5 个新的和正在出现的政策性议题，分别形成了议题草案，此外还包括卫生部门战略、筹备第三次国际化学品管理大会和联合国可持续发展会议等事项，会议成果提交 ICCM 3 大会审议。

2012 年 ICCM 3 在肯尼亚内罗毕举行。会议依据 ICCM 2 确定的审议新出现的政策性议题的程序，审议了 OEWG 1 提交的关于含铅涂料、产品中的化学品、电子产品全生命周期内的危险物质、纳米技术和人造纳米材料、全氟化学品管理及安全替代物等议题草案，并确定将内分泌干扰化学品（Endocrine Disrupting Chemicals，EDC）问题作为一项新的正在出现的政策性议题，邀请利益相关方进一步开展工作。

2014 年第二次 OEWG 会议在瑞士日内瓦召开。随后，2015 年 ICCM 4 也在瑞士日内瓦召开。本次会议主要审议了实现 2020 年化学品健全管理目标的进展和挑战、为实现 2020 年化学品健全管理目标所开展的工作、2020 年以后化学品与废物健全管理以及秘书处预算等议题。其中，针对实现 2020 年化学品健全管理目标所开展的工作，重点审议了含铅涂料、产品中的化学品、电气和电子产品全生命周期中的化学物质、纳米技术和人造纳米材料、内分泌干扰化学品等新出现政策性议题在闭会期间开展的工作和取得的成果。大会审议通过将环境持久性制药污染物作为一项新出现的政策问题，将高危农药作为一项关键问题，并邀请各利益相关方开展国际合作。

ICCM 4 督促所有的利益相关方通过实际行动推动包括 11 项基础工作在内的整体行动计划。从国家和地区层面来说，这 11 项基础工作是实现目标的关键环节，包括的法律框架要涵盖化学品及废物的全生命周期，建立政府、协会、产业界等利益相关方的协调机制，能透明公开地共享包括化学品分类标签体系在内的化学品信息，监测和评估化学品对健康和环境的影响等。

OEWG 3 筹备会议曾经分别于 2017 年和 2018 年在巴西利亚和斯德哥尔摩举行。2018 年的会议讨论了 2020 年后的愿景、政策原则、可衡量的目标和里程碑、实施安排、治理以及高级别政治承诺与知名度问题，并提出了备选方案。第三次 OEWG 会议于 2019 年 4 月 2—4 日在乌拉圭的蒙得维的亚举行，会议讨论侧重于两个关键领域：① ICCM 4 以来取得的进展，包括在新出现的政策问题和其他令人关切的问题上取得的进展；② 与 SAICM 方针和 2020 年后化学品和废物健全管理有关的问题。考虑针对 2020 年后化学品和废物的健全管理问题建立一个更广泛的平台，以及进一步发展该平台的计划。会议还审议了从现在到 2020 年底的秘书处的活动和预算，以及 ICCM 5 的安排。

ICCM 5 将于 2020 年 10 月 5—9 日在德国波恩举行。该会议将就 SAICM 方针以及 2020 年后化学品和废物健全管理的前进方向做出重要决定。所有利益相关方还可以借此机会庆祝 SAICM 方针自 2006 年实施以来所取得的成果。自 2006 年确立 SAICM 以来，各利益相关方在改进化学品管理方面做了大量工作。在 2015 年的第四届会议上，国际化学品管理大会认识到需要开始考虑 2020 年后的各项安排。2020 年后化学品和废物健全管理被称为 SAICM 的 2.0 版，其主要内容可参阅 SAICM 的官方网站。按照《2030 年可持续发展议程》的要求，在 2020 年后拓宽部门和利益攸关方参与的范围。增加卫生、农业、金融和工业部门在政府、国家和区域协调中心内的代表性，可以为旨在将化学品健全管理纳入政府各部门工作主流的各项努力提供支持。在非政府利益攸关方当中，继续努力与下游企业和行业以及广大民间社会沟通和接触，可以对上述途径起到进一步支持作用。

二、SAICM 在全球的实施成果

根据 SAICM 的要求，其实施进展由国际化学品管理大会定期审查。SAICM 的最新进展报告（2014—2016 年的进展）于 2019 年 4 月召开的第三次 OEWG 会议上公布。

根据在全球收到的 54 个国家政府、5 个政府间组织、3 个非政府组织、1 个民间社会组织和 2 个私营部门机构通过在线调查问卷形式提交的信息，SAICM 比较了在减少风险、知识和信息、评估各国在批准和执行现有化学品和危险废物国际协定的立法情况、能力建设和技术合作、非法国际贩运等领域在全球范围内实施的进展情况。其中突出进展体现为，在减少风险领域，42 个国家政府报告称，已经建立了污染物排放和转移登记册。根据国际污染物排放和转移登记册协调小组收集的数据（由联合国训练研究所提供），2016 年有 49 个国家建立了污染物排放和转移登记册，多于 2010 年的 39 个国家。根据斯德哥尔摩环境研究所以及瓦格宁根大学和研究所的数据，在 2016 年完全或部分执行“全球统一制度”的国家达到 60 个，高于 2010 年的 41 个国家这一基线。

截至 2016 年，《巴塞尔公约》《鹿特丹公约》和《斯德哥尔摩公约》的缔约方数目分别为 183 个、160 个和 180 个。数据显示，缔约方数目自 2010 年以来稳步增长，《斯德哥尔摩公约》《巴塞尔公约》和《鹿特丹公约》的缔约方数目分别增加了 4%、5%和 10%。2019 年 5 月 10 日，《巴塞尔公约》缔约国会议通过修订案，将塑料垃圾列入该公约的附件二“需特别考虑的废弃物”中，从此“出口国在运输受污染、混合或不可回收的塑料废物之前需获得接收国的同意”，一定程度上遏制了海洋垃圾和塑料垃圾的污染。

三、SAICM 在中国的实施进展

SAICM 作为健全化学品管理积极有效的工具，为推进发展中国家和经济转型国家提高化学品管理意识、加强化学品能力建设、提高化学品安全管理水平发挥了积极作用。我国作为化学品生产和使用大国，一贯重视化学品管理，在提升化学品管理意识、加强化学品能力建设、建立健全化学品管理体系、开展基础研究等方面做出了长期的努力。

（一）明确化学品管理的指导方针

我国早在 1994 年就通过了《中国 21 世纪议程》，其中强调：力求确保到 2020 年利用透明的、科学的风险评估和风险管理程序，尽可能减少化学品的使用和生产对人类健康和环境产生的严重有害影响。

2016 年发布的《中国落实 2030 年可持续发展议程国别方案》同样是重要的化学品管理指导方针。其中第 3 条目标提道，到 2030 年大幅减少危险化学品以及空气、水和土壤污染导致的死亡和患病人数，对应的落实举措包括：加大危险化学品污染防治力度，统筹推进工业、农业和生活废弃物资源化利用、无害化处置；改革环境治理基础制度，建立覆盖所有固定污染源的排放许可制；力争到 2020 年，建立全国统一的实时在线环境监控系统，健全环境信息公布制度；开展环保督察巡视，严格环保执法。其中第 12 条目标提道：到 2020 年，根据商定的国际框架，实现化学品和所有废物在整个存在周期的无害环境管理，并大幅减少它们排入大气以及渗漏到水和土壤中的概率，尽可能降低它们对人类健康和环境造成的负面影响。这个目标对应的举措包括对化学品和所有废物进行全生命周期的无害环境管理,降低化学品对人类健康和环境造成的不良影响,大幅度提高绿色化工技术水平。

《"十三五"生态环境保护规划》也是一个重要的指导性文件,其中的第六章强调要实行全程管控,有效防范和降低环境风险,有关夯实化学品风险防控基础部分明确指出:开展一批现有化学品危害初步筛查和风险评估,评估化学品在环境中的积累和风险情况。2017 年底前,公布优先控制化学品名录,严格限制高风险化学品的生产、使用、进口,并逐步淘汰替代品。加强有毒有害化学品环境与健康风险;到 2020 年,基本淘汰林丹、全氟辛基磺酸及其盐类和全氟辛基磺酰氟、硫丹等一批《关于持久性有机污染物的斯德哥尔摩公约》管制的化学品;强化对拟限制或禁止的持久性有机污染物替代品、最佳可行技术以及相关监测检测设备的研发;2017 年底前,完成环境激素类化学品生产使用情况调查,监控、评估水源地、农产品种植区及水产品集中养殖区风险,实行环境激素类化学品淘汰、限制、替代等措施。

防范化学品的环境风险也体现在《水污染防治行动计划》中。其中包括切实加强水环境管理,严格环境风险控制,防范环境风险。定期评估沿江河湖库工业企业、工业集聚区环境和健康风险,落实防控措施。2018—2019 年,《有毒有害大气污染物名录》《有毒有害水污染物名录(第一批)》(征求意见稿)陆续出台,目的是对高风险化学品的生产、使用进行严格限制,并逐步淘汰替代品。

(二)完善化学品管理法律法规体系

根据生态环境部 2018 年的统计,我国现有化学物质 4.5 万多种,排放标准约 80 个,涉及的化学物质 400 多种/类。为促进 SAICM 在我国的实施,近年来,我国在建立化学品环境风险法规体系上取得了一定的进展,有关部门在相关领域制定了不同的化学品管理法规。例如《危险化学品安全管理条例》《监控化学品管理条例》《消耗臭氧层物质管理条例》《农药管理条例》等。生态环境部、工业和信息化部、应急管理部等部门也在各自主管领域内发布了多个专项化学品管理法规或政策文件,如《新化学物质环境管理办法》《危险化学品登记管理办法》《危险化学品生产企业安全生产许可证实施办法》《危险化学品经营许可证管理办法》《优先控制化学品目录》《有毒有害大气污染物名录》等文件。

《危险化学品安全管理条例》是为加强危险化学品的安全管理,预防和减少危险化学品事故,保障人民群众生命财产安全,保护环境制定的国家法规。其中第一章第六条指出:环境保护主管部门负责废弃危险化学品处置的监督管理,组织危险化学品的环境危害性鉴定和环境风险程度评估,确定实施重点环境管理的危险化学品，负责危险化学品环境管理登记和新化学物质环境管理登记；依照职责分工调查相关危险化学品环境污染事故和生态破坏事件，负责危险化学品事故现场的应急环境监测。

目前，优控目录已经得到落实，生态环境部会同工业和信息化部、卫生和计划生育委员会（现卫生健康委员会）于 2017 年底联合发布了《优先控制化学品名录（第一批）》，并在其附录中给出了化学品纳入排污许可、限制使用、产品替代、清洁生产和信息公开等方面的管控要求。这是对以企业登记申报为核心的化学品登记管理制度的调整，标志着我国化学品环境管理制度变革的进步。

（三）加强基础研究和管理能力

为应对 SAICM 中近几年提出的政策性问题，我国相关部门和机构也开展了一些前期的、基础性研究工作，主要体现在以下方面。

（1）含铅涂料

在含铅涂料领域，已将“逐步减少含铅油漆、涂料、焊料的生产和使用”写入《重金属污染综合防治“十二五”规划》，把一氧化铅、四氧化三铅、醋酸铅、碱式碳酸铅、硬脂酸铅、环烷酸铅、异辛酸铅、辛酸铅、松香铅皂、铅铬黄和钼铬红颜料等含铅原料列入《“高污染、高环境风险”产品目录》。鼓励积极开发更好、更安全的替代产品，防止儿童接触含铅涂料，尽量减少对含铅涂料的职业性接触。在产品中的化学品管理方面，2009 年发布了《强制性产品认证管理规定》，将童车、电玩具、塑胶玩具、金属玩具、弹射玩具、娃娃玩具 6 种玩具列入强制性认证产品目录，只有获得认证后方可出厂、销售、进口或在其他经营活动中使用。在国家标准层面，还发布了《国家玩具安全技术规范》（GB 6675—2003）、《玩具用涂料中有害物质限量》（GB 24613—2009）、《儿童家具通用技术要求》（GB 28007—2011）等强制性标准。

（2）电气及电子产品

在电气及电子产品全生命周期中的危险物质管理方面，我国已初步形成包括国家法律、部门规章在内的法律体系，颁布了《固体废物污染环境防治法》《电子信息产品污染控制管理办法》《废弃电气电子产品回收处理管理条例》《电子废物污染环境防治管理办法》等。制定了相关配套政策，对电气和电子产品生产者、进口者和销售者的责任、产品设计方案、生产材料的使用、信息公开、废弃电子产品的回收和处理等全生命周期过程都进行了相应规定，建立了较为完善的管理体系。

（3）全氟化学品

在全氟化学品管理和研究方面，我国自 2006 年起就开展了全氟辛烷磺酸盐（PFOS）的跟踪和相关调查工作，初步掌握了其生产、使用以及替代情况。

作为斯德哥尔摩公约的缔约国，2013 年 8 月 30 日，我国通过十二届全国人民代表大会常务委员会第四次会议决定批准《〈关于持久性有机污染物的斯德哥尔摩公约〉新增列九种持久性有机污染物修正案》，正式启动了《斯德哥尔摩公约》国家实施计划（National Implementation Plan，NIP）的更新工作，将 PFOS 纳入国家实施计划中，建立更加详细的生产、使用、进出口、库存和废物等清单，开展全面的社会经济影响和替代品技术评估，制定符合公约要求的战略行动计划和限控措施。

在纳米技术和人造纳米材料方面，国家通过“国家攻关计划”“863”计划、“973”计划的实施，积极投入力量和资金，使纳米的研发水平获得了很大的提高，同时陆续发布了一些国家标准。在 EDC（雌激素和环境内分泌干扰物）研究方面，国内一些科研机构以及高校通过申请自然科学基金项目，在特定领域内开展关于部分内分泌化学品环境和健康影响的初步研究。

（四）石化行业为落实 SAICM 持续推动行业绿色发展

石化行业长期以来以落实 SAICM 为目标，努力推动行业的绿色发展，主要体现在三个方面。

（1）编制了行业绿色发展计划与绿色工艺技术目录

中国石油和化学工业联合会结合行业实际，先后编制发布了行业绿色发展计划和废水、废气、固废治理、节能低碳、安全提升、园区发展六大行动计划，从产品生态设计、绿色清洁生产、低碳循环发展、节约和高效利用资源、加大环境治理等方面提出了绿色发展的任务和措施。绿色行动计划坚持以问题为导向，强化技术支撑，体现针对性和可操作性，重点提出了技术攻关方向和需要推广的先进适用技术。此外，通过公开征集及专家评估评审，编制了《石化绿色工艺名录（2018 年版）》，涉及 20 种绿色石化工艺，经国家发展改革委、工业和信息化部批准已正式发布，以及认定了 57 项清洁生产、环境保护重点支撑技术，为引导和促进行业加快绿色发展提供了技术支撑。

（2）开展行业绿色制造创新平台和绿色制造示范体系建设

为贯彻落实《促进石化产业绿色发展指导意见》和《工业绿色发展规划》，中国石油和化学工业联合会组织绿色关键技术创新平台建设，树立了一批技术创新示范企业，开展了重大绿色技术、工艺、装备的协同创新，突破了一批绿色制备、末端治理、重大通用节能技术。修订完善了《石油和化工行业绿色工厂、绿色产品、绿色园区认定管理办法》和《石油和化工行业环境保护中心管理办法》，持续开展了绿色产品、绿色工厂、绿色园区评价和认定工作，推进绿色、环保、低碳、节能等自愿性产品认证，树立了行业绿色标杆，引领全行业提高绿色发展水平，到 2018 年共认定了 44 家行业绿色工厂和 133 项行业绿色产品。

（3）深入推进责任关怀

《2018年责任关怀白皮书》和《责任关怀三年（2018—2020）行动计划》正式发布，这是石油化工行业推动化学品可持续发展的里程碑。为了组织实施责任关怀企业和组织的评价工作，中国石油和化学工业联合会一直在努力探索建立适合中国国情的关键绩效指标（Key Performance Indicators，KPI）。此外，中国石油和化学工业联合会还进一步加强责任关怀组织和基础建设，通过责任关怀大会，针对责任关怀的六个准则分别组织培训，完善了组织建设，并组织开展经验交流活动，加强责任关怀理念推广，推进化工园区责任关怀标准体系建设，推动更多化工园区和企业承诺践行责任关怀。

第四节　我国实施化学品管理战略的对策建议

我国是化学品生产、使用及进出口大国，改革开放40多年来，我国石油化工行业规模快速增长，2017年主营业务收入达到13.8万亿元，实现利润总额8 462亿元，分别是1978年的182倍和50倍，产业规模位居世界第二，其中化学工业在2010年超越美国，位列世界第一。与此同时，化学品引发的环境问题已经成为我国环境风险的重要源头和环境管理工作面临的重大挑战。因此，进一步推动SAICM的落地实施，构建健全的化学品管理体系是我国的重要任务，未来可以考虑以下几个方面。

一、确立化学品核心管理制度

化学品环境管理既要保障环境安全、人类健康，又要考虑社会、经济利益，是一项长期而复杂的任务。欧美等发达国家普遍采用风险防控原则，从源头预防，进行全程管理，对化学品实施全面评估，对高风险物质进行重点防控。这种化学品管理原则值得借鉴，目标是构建基于有毒有害物质全生命周期的识别与防控制度体系。借鉴发达国家的经验，可以考虑以下几个步骤：① 建立现有化学物质全面筛查与评估制度；② 建立有毒有害化学物质名单及分级管理制度，发布并动态更新化学品高关注名录、优先控制名录、限制淘汰目录；③ 建立有毒有害化学物质环境信息调查制度；④ 建立有毒有害化学物质全介质综合防控制度，将有毒有害化学物质风险控制与减排纳入现行的排污许可、排放标准、环境质量标准等相关制度体系中，实施协同管理；⑤ 建立完善有毒有害化学物质信息公开制度。

二、建立部委间协调机制

虽然我国的化学品管理法规或政策的制定在近年来有一定的进展，但在国家层面缺乏化学品综合管理政策，SAICM 推行的化学品全过程环境管理制度还未建立，还不足以应对和解决化学品及相关行业发展面临的一系列已经和可能出现的环境问题。

SAICM 涵盖领域广泛，涉及环境、经济、社会、卫生和劳工等与化学品相关联的诸多领域，涉及国内众多主管部门。为保证 SAICM 的顺利实施，建议尽快建立实施 SAICM 的部际间协调机制，组建 SAICM 实施部际协调小组，明确牵头部门及各成员单位的职责，进一步加强环保、工业、卫生、农业、安全生产监督、商务、财政等部门间的沟通与合作，促进各项化学品管理政策的协调性及有效实施，全面提升我国的化学品管理能力。

三、加强基础研究和能力建设

在 SAICM 框架下不断增加内容，实施并开展 SAICM 活动对于我国而言面临着巨大挑战。如 ICCM 2 和 ICCM 3 确定的 6 项新的政策性问题，在我国涉及领域广泛，相关基础研究不足，对环境、健康及相关行业发展存在潜在风险。建议增加资金投入，加强基础研究，提高管理人员素质，组建专家、技术支持队伍，密切跟踪国际动态，引导相关产业行业健康发展。

四、鼓励工业界积极参与 SAICM 的实施

SAICM 强调政府、政府间组织、非政府机构及工业界共同参与对化学品的管理。我国化学品生产和使用企业数量众多，但化学品管理水平、生产/使用技术、环境安全意识与发达国家相比还有较大差距，一定程度上阻碍了我国相关化学品管理政策、制度的落实和实施。因此，建议以企业为主体的产业链积极参与 SAICM 的实施，使整个产业链了解 SAICM，从化学品知识的分享、化学品的替代性研发等多个环节积极主动实施 SAICM。同时，建议我国主管部门在制定相关法律、法规、政策时，扩大工业界参与的范围，逐步提升产业链在不同环节上企业的化学品风险防范意识。

阅读材料：德国化学品管理可借鉴的经验

德国引用或制定的化学品相关法规以保护环境和公民健康为根本目标，并体现了化学品全生命周期管理理念。法规覆盖面广、条文细致、可操作性强，突出强调了企业的主体责任。

德国的整个法律法规体系分为三部分，第一部分是欧盟统一执行的法律法规，包括指令、法规以及欧洲标准（European Norms）；第二部分是德国本国制定的法律、法规和技术导则，以及风险防御和保险体系；第三部分是技术标准，包括 DIN（Deutsches Institut für Normung，德国标准化协会）、ISO

(International Organization for Standardization,国际标准化组织)、VDE (Verband Deutscher Elektrotechnikere. v. ,德国测试机构和认证协会)等。

德国的化学品法规体系与我国的相比较,主要有三个不同。第一,强制性条文明确,责任清晰。政府负责法律和法规,保险公司负责风险防御和事故保险,专业的行业协会负责技术标准。第二,所有技术标准都不由政府负责,均为专业的行业制定,例如 DIN、ISO、VDE 都是深谙技术和行业情况的协会。在我国,国家标准根据政府的安排或指定,多由体制内单位负责编写,没有行业的广泛参与性,很难体现全行业利益相关方的意志,没有经历在标准制定过程中的利益博弈环节,就无法保证该标准完全适应行业现状,无法保证其落地的可操作性。第三,保险制度在我国化工项目建设中得到了较为广泛的应用,但是保险体系在整个化工行业的运营中还需要建设和推广。

此外,德国与其他欧盟国家一样,其化学品管理法规主要为 REACH,其主管部门为欧洲化学品管理局。我国化学品管理法规体系正在不断健全,有关化学品的管理也逐渐规范,一系列的法律法规、部门规章、配套标准等相继颁布,但仍然存在一些不足。例如,化学品管理法规体系较为复杂,缺乏一个综合性法规,法规之间的衔接性有待进一步加强。以《危险化学品安全管理条例》为例,法规原则性条款较多,条块分割明显,部分条款操作性不强。此外,我国的化学品由多个部门管理,危险化学品由安全生产监督管理局负责,新化学物质由生态环境部负责,易制毒化学品由公安部负责,运输由交通部负责,还涉及工业和信息化部、农业部、卫计委等多个部门,这就造成重复管理或空白管理,例如危险化学品的生产、存储和运输由于不同部门监管,有些危险化学品监管是根据危险货物分类还是 GHS 分类让企业感到无所适从。未来要构建完善的化学风险管理体系我国还有很长的路要走。

第十一章

全球内分泌干扰物管理战略与法规

20 世纪 90 年代以来，内分泌干扰物（EDs 或 EDC）（有些报道称之为环境激素）对人类健康和生态环境影响日益受到国际社会的普遍关注。特别是 1996 年，生物学家 T. Colborn 撰写的科学小说《我们被偷走的未来》（*Our Stolen Future*）极大地促进了各国政府与国际学术界对于环境内分泌干扰物的重视，并争相开展对其的研究。国际社会比较公认的对内分泌干扰物的定义是 2002 年 WHO/IPCS 提出的：能够改变内分泌系统功能从而对完整生物体或其子代、（亚）群产生有害效应的外源性物质或混合物；而潜在 EDC 指可能对完整的生物体、子代或（亚）群内分泌系统产生干扰效应的外源性物质或混合物。近二十年来，包括欧盟、美国、日本以及一些国际组织如经济合作与发展组织、世界卫生组织和联合国环境规划署等，对 EDC 进行了较全面的研究和探索，如环境中 EDC 的暴露、EDC 对人和野生动物的危害、EDC 的作用机制、优先目录的建立、EDC 的风险评价方法的建立和验证、风险管理特别是相关政策法规的制定和实施等。本章主要介绍近几年一些国家 EDC 的管理战略和法规的主要进展。

第一节　欧盟的内分泌干扰物研究战略和法规主要进展

欧盟对内分泌的监管工作开展相对较早，特别是在内分泌干扰物的监管法规的制定和实施一直处在国际前列，具有一定的前沿性和全球影响力。1999 年，为快速和有效地响应欧洲议会和民众对 EDC 影响健康和环境问题的关注，欧盟委员会基于预警原则发布了对内分泌干扰物的欧共体的战略（Community Strategy for Endocrine Disruptor）COM（1999）706。该战略构建了针对内分泌干扰物开展研究与管理的基本框架，最终目标是实现对其的科学管理，从而减少和消除对人体健康和环境的危害。为逐步实现这一目标，欧盟的 EDC 战略制定了短期、中期和长期行动。

（1）短期计划（1～2 年）

主要任务有：

① 建立进一步评估内分泌干扰作用的优先化学品名单；② 建立优先化学品名单的监测计划，评估环境暴露和危害效应；③ 识别敏感人群(如儿童)；④ 建立国际交流及合作研究机制；⑤ 加强信息公开以及与公众及利益相关方沟通。

(2) 中期计划(2～4 年)

主要任务有：

① 发展和验证国际认可的内分泌干扰效应测试和评估方法；② 发展内分泌干扰物识别和评估的测试策略；③ 协调和资助国际研究中潜在的内分泌干扰机制的研究；④ 寻找内分泌干扰物的替代品等。

(3) 长期计划(4 年以上)

主要任务是立法行为，包括更新、修改或调整现有法律来保护人类和野生动植物的健康。

自欧盟 EDC 战略实施以来已经取得了很多成就，如建立 EDC 的优先目录，最终 EDC 优先名单包括 118 种物质，需要注意的是，这不是一个最终的 EDC 名录，建立优先名录是为了对一些高生产量和/或高持久性的化学品优先进行进一步的研究、评价和管理，并通过对优先名录中物质认识的不断增加和经验的积累，来指导和完善对 EDC 的研究和管控。

在欧盟 EDC 战略的中期行动中，欧盟投入了大量资金用于支持内分泌干扰物的研究。欧盟没有建立自己的 EDC 筛选和测试方法体系，而是积极参与 OECD 化学品测试指南建立工作，努力促使在 OECD 的框架下内分泌干扰物测试方法指南的建立。自 1999 年以来，欧洲联盟的研究和技术发展框架计划一直是支持内分泌干扰物领域科学进步的关键力量。它支持了超过 50 个跨国合作项目，一共从欧盟获得超过 1.5 亿欧元的资助。这些项目旨在提高对内分泌作用机制的认识，确定暴露内分泌干扰物对人类健康和野生动植物的不利影响，并开发识别内分泌干扰物和暴露评估的工具。在“地平线 2020”(Horizon 2020)(即第八个研发框架计划 2014—2020)下，还有 5 200 万欧元用于内分泌干扰物新测试和筛选方法的项目。除了“地平线 2020”资助的研究之外，近年来研究人员还努力进一步改进内分泌干扰物识别的测试指南的可用性，并在 OECD 主持下解决在欧盟和国际层面发现的测试缺陷。欧洲委员会资助了几项研究，其研究的重点是确定测试指南中的差距，确定填补这些差距的可能方法，确定进一步发展测试指南的优先次序，以及加强现有测试指南或设计新指南。

欧盟也一直致力于 EDC 相关法规建立和完善以保障人体和动物健康以及环境安全。欧盟法律被认为是世界上最有保护性的法律，它适用于包括 EDC 的所有化学品。欧盟先后在不同的法规下制定了相应的条款对 EDC 进行管控，如杀虫剂、生物杀灭剂、化学品（“REACH”）、医疗器械和饮用水。生物杀灭剂产品的内分泌干扰物的标准于 2017 年 12 月 7 日生效[Regulation (EU) 2017/2100]。2018 年 6 月 7 日起该条例适用于所有新的和正在进行的生物杀灭剂应用；2018 年 5 月 10 日欧盟农药(Plant Protection Products, PPP)内分泌干扰物识别标准生效[Regulation (EU) 2018/605]；2018 年 11 月 10 日起法规适用于所有新的和正在进行的植保产品的申请。欧洲食品安全局(European Food Safety Authority, EFSA)和欧洲化学品管理局(European Chemicals Agency, ECHA)在欧洲委员会联合研究中心(Joint Research Centre, JRC)的支持下起草的内分泌干扰物识别标准配套指导文件(Guidance for the Identification of Endocrine Disruptor)于 2018 年 6 月 7 日发布，该文件通过设定一系列科学标准以用于农药和生物杀灭剂中对内分泌干扰物的识别。化学品方面，欧盟 REACH 法规[(EC) No 1907/2006]对内分泌干扰特性的工业化学品进行授权管理或限制(如四种邻苯二甲酸酯)。欧盟的医疗器械法规[(EU) 2017/745]和水框架指令(Directive 2000/60/EC)将 EDC 作为重点关注。

其他法规如食品接触材料、化妆品、玩具和职业工人的保护还没有制定具体的条款对 EDC 进行管控，但是对具有内分泌干扰特性的化合物是根据每种物质的具体情况进行管理(如双酚 A)。化妆品法规[(EC) No 1223/2009]第 15(4)条要求欧盟委员会在欧盟或国际社会采纳确定的内分泌干扰识别的标准后，重新审查该法规的部分管理规定。

自 1999 年欧盟 EDC 战略实施已经二十年了，内分泌干扰仍然是一项全球挑战，也是许多欧盟公民关注的问题。基于过去二十年来在内分泌干扰物领域的研究和管理等方面取得的成果、积累的知识和经验，欧盟决定更新欧盟对内分泌干扰物的战略方针，保持其先进性及确保对欧盟公民和环境的高度保护。欧盟委员会于 2018 年 11 月发布了“建立一个关于内分泌干扰物的全面欧盟框架”[COM(2018)734]。新的战略方针基于预警原则，旨在：

(1) 减少人类和环境对内分泌干扰物的总体暴露，特别注意在发育等重要时期的暴露，如胎儿发育和青春期。

(2) 加快发展全面的研究基础，支持有效和前瞻性的决策制定。

(3) 促进与所有利益相关者的积极对话、相互倾听和紧密合作。

委员会将首次通过健康检查(fitness check)全面审查适用于内分泌干扰物的相关立法。健康检查不对基于科学的欧盟化学品管理方法提出质疑，而是评估现行立法是否符合保护人类健康和环境的最终目标。

委员会认为，根据广泛接受的 WHO 的 EDC 的定义，所有相关的联盟立法中确定内分泌干扰物的方法应该一致，这称为水平方案(horizontal approach)。

这样可以避免一种物质根据某一项法律被确定为内分泌干扰物，而根据另一项法律则不是的情况发生。可以利用针对农药和生物杀灭剂制定的内分泌的鉴定标准，在欧盟立法领域建立一种识别 EDCs 的水平的方法，从而在不同的立法框架中设定最新和一致的数据要求。

第二节 美国内分泌干扰物研究战略和监管

早在 20 世纪 90 年代初，美国对内分泌干扰物的危害就有研究，1991 年发表的《温格斯普勒宣言》呼吁重视 EDCs 对人和野生动物的危害，以及对此类物质开展研究。美国对 EDC 的管理法规主要是 1996 年国会通过的《食品安全保护法》(Food Quality Protection Act, FQPA)第 408 条和《安全饮用水法》(Safe Drinking Water Act, SDWA)修订案第 1457 款，这两部法规都明确授权美国环境保护署(Enviroment Protection Agency, EPA)对潜在的内分泌干扰物通过合理的测试系统进行筛选和测试。不仅如此，FQPA 法规还明确授权 EPA 在发现某化学物质具有内分泌干扰效应的情况下，可以依法采取科学的管理行动，以保护环境安全和人体健康。同年 EPA 成立了内分泌干扰物筛选和测试咨询委员会(Endocrine Disruptor Screening and Testing Advisory Committee, EDCTAC)对美国内分泌干扰物的现状进行研究分析，并提出筛选和测试策略的建议。

根据 EDSTAC 的建议，EPA 于 1998 年启动了“内分泌干扰物筛选计划”(Endocrine Disruptor Screening Program, EDSP)。EDSP 的基本框架包括初级分类(Initial Sorting)、优先选择(Priority Setting)、一级筛选(Tier 1 Screening, T1S)、二级测试(Tier 2 Testing, T2T)。

(1) 初级分类和优先选择

EDSP 实施之初的估算，市场上流通使用的化学物质有 87 000 余种，EPA 认识到不可能对所有的化学品和混合物进行筛查，所以通过初级分类和优先选择确定筛查范围。EPA 分别于 2009 年和 2014 年公布了两批优先开展 T1S 筛查的化学品名单，第一批 67 种包括农药的活性成分及生产农药的高产量化学品，第二批有 107 种化学品包括 SDWA 下的 41 种农药的活性成分和 66 种化学物质。

(2) Tier 1 筛查(T1S)

TIS 用于识别可能与内分泌系统相互作用的物质。自 EDSP 计划实施起，EPA 就着手研究应用于 T1 筛查过程的测试方法，直至 2009 年 10 月，EPA 彻底完成了 T1S 组合方法的确定。T1S 筛查是包括多种测试方法的筛选试验组合，每个测试方法在内分泌活性的筛选作用上是互补的关系，所以能对化学物质的EATS作用进行全面筛选，具体如表11－1所示。经过第1层试验组合的筛选，不仅能发现具有与雌激素、雄激素、甲状腺激素以及类固醇生成酶系统相互作用的潜力的化学品，同时能够检测不同的作用机理如激素受体结合、转录激活、内固醇合成、丘脑—垂体—性腺轴(HPG)反馈和丘脑—垂体—甲状腺轴(HPT)反馈。2015年EPA发布第一批T1S的测试结果，其中，18种物质需要进入二级测试。

基于科学和技术的发展同时提高筛选的速率和降低测试成本，EPA在2012年提出《21世纪的内分泌干扰物筛选计划》(EDSP21)。EDSP21旨在采用高通量体外测试方法和技术以及计算机毒理学技术开展EDC的筛选。现阶段EPA研究开发雌激素受体模型并评估ToxCast™实验能否提供青春期雌性大鼠实验和鱼类短期繁殖实验类似的信息，下一步则是发展ToxCast™的雄激素受体(Androgen Receptor, AR)、类固醇合成和甲状腺生物活性的高通量模型。EPA的目标是发展一组高通量生物测试和计算方法完全代替现有的Tier 1筛选测试组合。

(3) Tier 2测试(T2T)

T2T不是测试组合，而是有针对性的长期的动物实验，其目的是确认内分泌干扰作用和剂量—反应关系综合的风险评估。Ⅱ级测试长期动物实验，包括两栖类、鸟类、哺乳类的两代毒理试验以及糠虾和鱼类生命周期实验。USEPA发布890系列测试导则用于层级筛选测试。2015年，EPA发布了EDSP对层级Ⅰ和Ⅱ的最终的测试指南。

表11－1 Series 890 ESDP测试指南

Group A－EDSP Tier 1测试指南		
体外(In Vitro)	890.1250	雌激素受体结合
	890.1300	雌激素受体转录激活
	890.1150	雄激素受体结合
	890.1550	类固醇合成
	890.1200	芳香酶合成
体内(In Vivo)	890.1600	大鼠子宫增重
	890.1400	大鼠Hershberger
	890.1450	青春期雌性大鼠甲状腺
	890.1500	青春期雄性大鼠甲状腺
	890.1350	鱼类短期繁殖
	890.1100	两栖动物变态(青蛙)

（续表）

Group B－EDSP Tier 2 测试指南		
体内(In Vivo)	890.2100	日本鹌鹑两代生殖
	890.2200	青鳉扩展一代生殖
	890.2300	幼虫两栖动物生长和发育

美国 EPA 尚未公布任何已确认的内分泌干扰物的官方清单。人类内分泌干扰物并不会被美国立即禁止或限制。考虑可产生不良影响的暴露水平与人类和野生动物的典型暴露水平之间的差异，EPA 将对内分泌干扰物进行全面的风险评估。然后，EPA 将确定该安全标准是否适合保护公众健康和环境，包括可能特别敏感的群体，或者是否应考虑限制或禁止某些化学品的使用。

第三节 日本内分泌干扰物研究战略和监管

日本是最早意识到环境激素干扰产生的健康问题的国家之一。一直以来日本高度重视并积极参与内分泌的研究。在日本，对内分泌干扰物的研究主要由日本环境省（Ministry of Environment, MOE）、经济产业省（Ministry of Economy, Trade and Industry, METI）和厚生劳动省（Ministry of Health, Labour and Welfare, MHLW）进行，由 1997 年成立的内分泌干扰物委员会进行协调，并与 OECD 紧密合作。1998 年环境省发布了内分泌干扰物的战略计划（Strategic Programs on Environmental Endocrine Disruptor，通常所说的 SPEED 98）。SPEED 98（1998—2004）的重点是对环境激素的污染情况进行调查，研究环境激素产生危害的作用机制、开发试验方法等，同时发布了 65 种疑似有内分泌干扰作用的物质并进一步评估。之后每 5 年有一个延展计划：ExTEND 2005[Extended Tasks on Endocrine Disruption, ExTEND(2005—2009)]、ExTEND 2010（2010—2015）以及正在进行的 ExTEND 2016。

日本最近的国家计划（ExTEND 2010 和 ExTEND 2016）侧重于根据 WHO/IPCS 定义下对 EDCs 的鉴定测试和评估。与美国 EDSP 类似，该计划基于双层测试策略，包括体外和体内测试。第一层测试的重点是确认物质对内分泌系统的影响。第二层旨在识别化学品内分泌干扰特性造成的不良影响。该计划通常侧重于对生殖、甲状腺系统和生长的影响。一些测试方法和指南仍在开发中。基于 ExTEND 2016 的结果，特别是第 2 层测试和评估的结果，将作为对 EDC 风险评估和风险管理的依据。

日本积极参与 OECD 的 EDC 的测试方法的开发：鱼类 21 天筛选试验（OECD TG 230）、非洲爪蟾形变试验（OECD TG 231）、大型蚤繁殖毒性试验

(OECD TG 211)、青鳉扩展的一代生殖试验(OECD TG240)、幼虫两栖动物生长和发育试验(OECD TG241)、子宫增重法(OECD TG 440)和人雌激素受体α激动剂的转录激活测试方法(OECD TG 455)。除了与OECD进行合作之外，日本与英国、美国开展双边合作研究合作，与英国每年举行会议交换EDC相关领域的信息，讨论EDC领域的前沿问题，与美国共同开发鱼类、爬行动物和无脊椎动物生长和繁殖毒性的方法。

第四节　中国内分泌干扰物研究战略和监管

中国政策性文件首次明确提到“环境激素”的是环保部2013年《化学品环境风险防控“十二五”规划》，其中首次提出对环境激素等化学污染物优先制定的环境基准、环境质量标准及相关行业排放标准。

2015年国务院《水污染防治行动计划》要求“严格控制环境激素类化学品污染。2017年底前完成环境激素类化学品生产使用情况调查，监控评估水源地、农产品种植区及水产品集中养殖区风险，实施环境激素类化学品淘汰、限制、替代等措施(环境保护部牵头，工业和信息化部、农业部等参与)”。为落实国务院《水污染防治行动计划》，2016年环保部会同工业和信息化部、卫生和计划生育委(现卫生健康委员会)制定了《优先控制化学品名录(第一批)》。最终名录包括壬基酚在内的22种固有危害属性较大、环境中可能长期存在的并可能对环境和人体健康造成较大风险的化学品。目录在制定的过程中所考量的化学物质的环境和健康的固有危害包括内分泌干扰特性，并参考欧盟、日本和国际组织发布的“疑似内分泌干扰物”以及内分泌干扰优先评估名单的名单。

2016年国务院发布《“十三五”生态环境保护规划》，规定“严格控制环境激素类化学品污染”。此外，它还列出了预期的行动：“2017年底前，完成环境激素类化学品生产使用情况调查，监控、评估水源地、农产品种植区及水产品集中养殖区风险，实行环境激素类化学品淘汰、限制、替代等措施”，没有规定技术细节。为了贯彻《“十三五”生态环境保护规划》有关精神和要求，2016年环保部与科技部联合发布关于印发《国家环境保护“十三五”科技发展规划纲要》，纲要中明确提出“化学品环境与健康风险管理技术。针对排放量大、对环境危害严重的环境激素类化学品，研究环境激素类化学品的快速筛查技术”。同时纲要提出建立“优控污染物清单与优先序”“评价环境有害因素(如重金属、抗生素、内分泌干扰物、持久性有机污染物、农药等)对生殖健康、癌症发生及儿童生长发育等的影响”。2017年，环保部发布《国家环境保护“十三五”环境与健康工作规划》，其中提出“开展环境与健康暴露评价、风险评估研究”“研究我国主要污染物、新型污染物及复合污染对健康影响的机理机制，针对环境内分泌干扰物、持久性有机物和重点重金属，研发快速、方便、准确、灵敏、经济的内暴露标志物检测技术”。

法规政策不断发展，逐渐建立了中国 EDC 的管理框架，现阶段旨在了解我国重点地区环境和人群的暴露情况、环境激素对内分泌干扰相关的疾病发病特别是儿童生长发育的影响，为后续的具体管控政策的制定提供基础。同时需要加强基础科学研究，如内分泌干扰效应的作用机制、快速检测内暴露的方法、危害筛选和风险评估的方法。

我国没有国家层面的 EDC 的评估框架，2015 年，农业农村部公布了行业标准 NY/T2873—2015“农药内分泌干扰作用评估方法”，该标准于 2016 年 4 月 1 日生效。它包括一个双层测试策略，其中包括七种体外或体内测试指南，用于评估农药对内分泌干扰的影响(见表 11－2)。

表 11－2　行业标准 NY/T2873—2015“农药内分泌干扰作用评估方法”

一阶	雌激素受体转录激活试验
	体外类固醇合成试验
	大鼠 Hershberger 结合试验
	大鼠子宫增重试验
	青春期雌性大鼠及甲状腺试验
	青春期雄性大鼠及甲状腺试验
二阶	一代生殖毒性扩展试验

第十二章
欧盟 REACH SVHC 制度及影响

高关注度物质(Substance of Very High Concern, SVHC),是授权物质候选清单(candidate list for chemical substance to be authorized),被广泛称为 SVHC 清单,是欧盟 REACH 法规下的重点监管对象。根据欧盟 REACH 法规第 75 条的规定,满足下面条件的化学物质可能被指定为 SVHC。

(1) 根据 CLP 法规,符合 1A 类和 1B 类致癌、致畸和生殖毒性(CLP)分类标准的物质。

(2) 符合 REACH 法规附件Ⅷ标准的属持久性、生物累积性和毒性的物质(PBT 物质)和高持久性、高生物累积性物质(vPvB)。

(3) 具有上述同等程度关注(an equivalent level of concern)的危害性物质。

这些物质可能具有内分泌干扰特性;或具有持久性、生物累积性和毒性;或具高持久性、高生物累积性但不符合 REACH 法规附件Ⅷ中有关 PBT 物质和 vPvB 的标准,同时有科学证据证明会对人类或环境引起严重影响的物质,按具体案例判别。

"同等程度关注"至少包括下列危害性:呼吸道致敏性、靶器官毒性、内分泌干扰特性。满足这些判断标准的物质可能会被同时列入 REACH 法规下的两个名录或其中一个名录:"候选清单"(Candidate List)即 SVHC 和"授权名录"(Authorization List)(附件ⅩⅣ)。某些符合标准的物质有可能不会出现在任何一个列表中。

第一节　授权物质候选清单(SVHC)

一、确定程序

根据 REACH 法规第 58 条的规定,潜在的 SVHC 可由国家主管部门或在欧洲委员会(EC)的请求下由欧洲化学品管理局(ECHA)依据上述提到的 SVHC 的判断标准来确定。首先,这些机构需要按照 REACH 法规 Annex

XV 规定提交提案。提案包括两部分：第一部分说明该物质为何符合上述标准；第二部分是 SVHC 候选鉴定后的后续调查，包括有关欧盟市场的数量、物质的用途和可能的替代品的信息。随后拟议物质提案将在 ECHA 网站上公布并进行公开评议。

提案公布后任何人可在 45 天咨询期内提交意见或提供信息，意见可以关于物质的性质、用途和替代品。如果没有质疑，该物质将被直接添加到候选清单中，即 SVHC。关于用途和替代品的评论是在该过程的后期阶段收集，如在推荐列入授权清单的物质时。

当收到新信息或质疑 SVHC 符合性的意见时，提案和意见都会提交成员方委员会（Member State Committee，MSC）做决议。如果委员会达成一致同意，则该物质将被添加到 SVHC 中。如果委员会意见未达成一致，则将此事提交欧盟委员会。欧盟委员会准备物质鉴定的提案草案，并随后根据第 133 条规定的委员会程序做出最终决定。ECHA 决定是否将这些物质纳入所谓的“候选清单”，候选清单中的物质有可能会进一步纳入授权清单（即 REACH 法规附录 XIV）。

自 2008 年 10 月 28 日欧洲化学品管理局首次公布第一批 SVHC ANNEX XIV 候选清单，截至 2019 年 1 月 15 日，SVHC 物质已更新 20 多次。目前正式公布的 SVHC 物质总共包含 197 项，包括多种无机物和有机物，应用遍布各个行业。

二、相关义务

（一）信息传递

生产 SVHC 的企业及制造含 SVHC 的产品的企业根据不同的产品（物质、配制品、物品）有不同的责任和义务：

（1）作为物质本身进行销售时，需要向下游用户提供化学品安全技术说明书（Safety Data Sheet，SDS），如已经完成了 EU REACH 注册，则需提供扩展安全数据表（extended Safety Data Sheet，e－SDS），以附录的形式将 REACH 注册时的使用暴露场景（exposure scenario）和风险评估结论（Risk Characterization）作为附录，附在 SDS 之后形成 e－SDS。

（2）如果混合物包含至少一个候选清单上的物质，非气态浓度至少为 0.1％（质量分数）混合物，非危害化学品混合物的供应商应根据接收者要求向其提供化学品安全技术说明书。

（3）在物品中含有候选清单中的 SVHC 质量分数大于 0.1％时，必须向物品的接收者或者应消费者要求，在 45 日免费提供保证安全使用的足够信息。

（二）通报义务

根据 REACH 法规第 7.2 条款的规定，如果企业对 SVHC 没有进行过注册或预注册，当物品中含有 SVHC 候选清单中的物质质量分数超过 0.1%，并且每个生产商或进口商的下游产品中所含该物质每年超过 1 吨时，则该生产商或进口商必须向 ECHA 进行通报。根据 REACH 第 7 条第 7 款中规定，关于 SVHC 的通报需在该物质被列入日期后 6 个月内完成。若 SVHC 在 REACH 注册时已经涵盖了下游物品并对物品的生产和使用过程进行过风险评估并且风险可控则可以豁免下游物品生产商/进口商的通报义务。

如果生产商或进口商在物品正常或合理预见的情况下使用（包括废弃处置等），能排除人类或环境暴露于含有 SVHC 物质的可能性，根据法规第 7.3 条款可以豁免通报，但应给物品的下游用户提供适当的指导说明。如果该物质已经为该用途完成注册，则无须通报。

通常通知将包括生产商或进口商的详细信息，物质的特征信息如物质名称、CAS 号、EC 号、分子式等信息，其分类和标签以及物品中物质的用途和物品用途的简要说明（第 7 条第 4 款）。然后，根据第 7 条第 5 款的规定，ECHA 可以选择审查通知，并可能要求生产者或进口商提交该 SVHC 物质的注册（如果尚未收到注册）。ECHA 发布的关于物品中的物质的详细指南指出，0.1%（质量分数）限制适用于所有制造的物品。在诸如汽车、电视、衬衫的“复杂”物品中，限制适用于每个单独组件。例如，在衬衫中，限制将分别适用于衣料、线、纽扣等。如果物质被同时列入 REACH 法规附件ⅩⅦ限制条款中，需要满足限制的相关要求。

第二节 授权清单

候选清单中的物质（SVHC）纳入授权清单（即 REACH 法规附录ⅩⅣ）。授权清单会定期更新，ECHA 定期评估候选清单中的物质，以确定哪些物质优先列入授权清单。列入的优先顺序是基于化学物质内在属性、广泛分散使用性或高产量等信息。第一份授权物质清单（称为 REACH 附件ⅩⅣ）于 2011 年 2 月公布，截至 2019 年 4 月 7 日，授权候选清单共有 43 种物质。日落日期[①]为 2021 年 4 月 1 日。SVHC 列入 REACH 法规附录ⅩⅣ需经过下列程序。

(1) 由欧洲化学品管理局（ECHA）分期分批公布优选列入附录ⅩⅣ的 SVHC 物质。

---

① 日落日期：指某个日期后，除非该用途已获得授权或属于豁免应用，否则都是被禁止的，法规将这个日期称为“日落日期”。

(2) ECHA 为这些选定的 SVHC 物质规定其需要授权的禁用日期及可以豁免授权的使用范围。

(3) ECHA 推荐列入授权清单的 SVHC 物质。此前，ECHA 邀请各利益相关方在 90 天内提交意见，基于所收到的各方意见并考虑成员方委员会的意见进行适当修改。

(4) 由欧盟委员会确定列入 REACH 法规附录ⅩⅣ的授权清单。

除非欧盟(EU)的制造商、进口商和零售商向 ECHA 申请授权，否则授权名单中的物质不允许销售或使用。申请人应提交关于该物质所带来的风险的化学品安全报告，以及对可能的替代物质或技术的分析，包括目前和未来的研究和开发过程。

一般来说，没有任何形式的"一揽子"授权。相反，注册或使用该物质的公司必须申请特定用途的授权。当物质被加入附件ⅩⅣ时，会设定"日落日期"，除非该用途已被授权，否则之后将被禁止使用。如果授权申请是在其日落日期之前至少 18 个月(称为最新申请日期)进行的，则申请人可以在日落日期之后继续使用，直至申请有了授权批准或不批准的决定。如在"最近申请日期"之后申请，申请人必须等待决定才能开始或继续使用。申请授权将收取巨额费用，但是申请本身并不能保证授权，而且授权是"有时间限制的"，到期需要再次申请授权。此外，可以在授权期间随时对其进行审核。

在 ECHA 及其风险评估和社会经济分析委员会建议下，欧盟委员会做出授权决定。简而言之，授权可以通过两种方式授予。

(1) 只要风险得到充分控制，并且符合授权条件，该物质的使用就被认为是安全的。

(2) 最大限度地减少使用该物质带来的风险，授权条件得到满足，并可证明该物质的使用在社会经济方面的重要性，且无法找到风险更低的替代物质，以此为基础证明该物质的继续使用为人类社会、经济带来的利益远远超过了对人类健康和环境所带来的风险。

无论哪种方式，申请授权的人都必须评估是否可以使用其他危害较小的物质作为可行的替代品。如果有合适的替代品，授权申请应包括逐步淘汰危险物质的计划(也称为"替代计划")。如果尚未提供替代品，则应提供旨在开发替代品的研究计划的证据。

第三节　欧盟 SVHC 的影响

SVHC 管控从长远来说可以保护人类健康和环境，减少对环境和健康高危害物质的流通和暴露，保护市场活力，增强欧盟化工业的竞争力。但就现阶段而言，随着欧盟对 SVHC 的严格管控和覆盖范围的进一步扩大，相关制造企业所面临的压力将越来越大。

出口企业应采取积极应对措施，明白自己需要履行的义务，了解企业生产产品中化学物质的应用情况，控制产品中所含有限制物质，同时要给下游用户准确提供产品中的 SVHC 物质的浓度。企业也需要培养法规专业人才，从而及时掌握和应对 SVHC 的最新动态，分析和贯彻法规不断地变化，做到提前准备并及时与上下游企业进行信息沟通。

由于企业合规的主要应对方式是检测产品中的 SVHC 含量，随着 SVHC 清单的不断增加，单纯依靠检测手段的局限性突显，往往只能发现问题而很难找出问题的根源。企业应建立严格的系统管理体系，将标准要求贯穿到产品的设计开发、物料认证、供应链开发与管理、采购、外包、制造、检验与追溯的过程控制、变更管理等关键过程，从而降低产品风险。国际上的一些行业组织和企业早在 REACH 法规实施之前就根据供应链信息传递的理念，实现对产品有害物质的有效管控，并有效运用于 REACH 法规的 SVHC 合规工作中，如国际材料数据系统（International Material Data System，IMDS）实现了汽车产业中零部件数据库的建立。

企业也应积极开展替代物质研究，在保证实现或提高产品功能的同时，减少产品中潜在危险化学物质的使用，从而降低产品对环境和健康的负面影响，提高产品的国际竞争力。

第十三章

UVCB 物质管理

第一节　UVCB 的定义

UVCB（Substances of Unknown or Variable composition, Complex reaction products or Biological materials）物质，通常指未知组分或可变组分的物质、复杂反应产物或生物材料的物质。石油类物质、芳香剂、动物脂肪及其衍生物、植物油及其衍生物、天然油类及其提取物、生物燃料等都属于 UVCB 类物质。

对于如何区分物质和混合物，根据欧盟 REACH 和 GHS 的规定，关键的判定依据是造成多组分的原因是人为添加还是工艺因素。对于 UVCB 物质，例如石油类物质，由于其来源、工艺等原因造成组分未知或多变，在合规的过程中通常被作为一个物质整体来对待，而非混合物。

第二节　美国 UVCB 物质管理

在美国有毒物质控制法（Toxic Substances Control Act, TSCA）下，美国 EPA 发布了指导文件用于鉴别 UVCB 物质，以指导注册人对 TSCA 物质名录中的 UVCB 物质进行识别和注册。该文件指出在 TSCA 下化学物质被分为类别 1 和类别 2。类别 1 指分子结构明确的物质，例如丙酮、苯、二甲基汞等。这些物质可以通过分子式、物质名称或结构片段在数据库中清晰地搜索。类别 2 又分为三个子类别。第一个子类别指分子式明确但是结构多样的物质，例如二甲苯，取代基可以有多个位置。第二个子类别指分子式明确，但是结构不明确的物质，例如 $AlCe_3NiS_7$。第三个子类别指分子式不明确、结构不固定的物质。这些就是 UVCB 物质。例如焦炉轻油（煤），它在 TSCA 物质名录中的描述为“在高温下（大于 700℃）由煤蒸馏气中提取的挥发性有机液体，主要由苯、甲苯和二甲苯组成，也可能含有其他碳氢组分”。

美国 TSCA 物质名录中含有许多 UVCB 物质，大致可分为以下 4 类。

(1) 未知组分物质

通常单纯指物质组分不明确。例如“铁矿石烧结的粉末”，指使用防污染的设备回收的在制作、打碎和处理铁矿石烧结物的过程中产生的粉尘。未知组分也可以是化学反应的产物。如果没有一个清晰的名称能够精确地表达化学物质反应后的产物的话，一般就会采用“××与××的反应产物”的命名方式。但是，单纯形成酯、盐或聚合物的反应，不建议使用这种命名法。各个反应物的商业价值也是很重要的参考指标。如果只有部分反应物有商业价值，其他反应物可以被当作杂质的话，该名称中只需要指出那些有商业价值的反应物即可。还有一种“××与××的化合物”的命名方式，一般针对酸、碱、盐以及加合物类物质，例如亚麻籽油脂肪酸与三乙胺的化合物。它指亚麻籽油脂肪酸与三乙基胺形成的铵盐。之所以被认为是 UVCB 物质，是因为亚麻籽油脂肪酸是一种生物材料。

(2) 组分可变的物质

如果烷基碳链的长度是一个范围的话，通常被认为是 UVCB 物质，例如 C8－18 醇，也包括碳链长度可变的烯烃类的物质。

(3) 复杂反应的产物

例如戊烯加氢甲酰化产物指戊烯加氢甲酰化后产生的一系列复合物，主要包括 C_5 的烯烃和石蜡，也包括 C_6 的醇和醛，以及 C_{18} 的缩醛树脂。

(4) 生物材料或生物来源的材料

例如酶、微生物等都属于 UVCB 物质。

对于天然存在的物质，如果没有经过加工，或仅经过手工、机械、重力的方法，或者溶解在水中、通过浮选、单纯加热除水、从空气中分离的物质，都会被自动列入 TSCA 化学物质名录中，作为“天然存在的物质”。对于用其他方式处理的天然物质，都归入 UVCB 物质类别。例如用溶剂萃取的生物类物质。这些物质也是被纳入 TSCA 物质名录中的。例如蜂蜡，它是从蜜蜂的蜂巢中得到的一种蜡，含有十三烷基棕榈酸酯、蜡酸和酯类，以及一些长碳链的石蜡。尽管在名称中并没有提到具体的分离或者纯化的方法，但是该物质被列入 TSCA 名录意味着采用的方法是非机械法。

对于精油类物质，TSCA 采用“××提取物和其物理改性衍生物”的命名方式，需要同时指出生物来源的种属。有时一些聚合物中也会带入生物或生物来源的材料，称为 UVCB 聚合物。例如松香与甲醛、甲醇和苯酚的聚合物，其中松香就是一种生物材料。

第三节　欧盟 UVCB 物质管理

1981 年欧盟建立“欧洲现有化学物质名录”(European Inventory of

Existing commercial Chemicals Substances, EINECS)之初，因为缺少计算机平台支撑，需要手工编纂卷宗从而进行现有化学物质的提报，工作量巨大并且烦琐。为了提高效率并与美国1979年TSCA目录相融合，欧盟委员会决定直接采纳美国TSCA下的许多化学物质(采纳了TSCA名录中物质CAS号，聚合物除外)。同时，对TSCA下的所有UVCB物质也全盘纳入，并且包括TSCA下UVCB物质的申报规则。但在UVCB物质进入名录时，没有办法记录其精确的物质名称，也没有完整的结构式和特定的分子式。只是描述它的一些笼统的特点，例如起始反应物、碳数范围、种属等。

进入21世纪后，根据《REACH和CLP法规下对物质识别和命名指导手册》(以下简称《指导手册》)，化学物质被分为两大类，一类是完全确定的物质，指根据REACH第6章第2节的鉴别参数，从定性和定量角度上可以被充分确定的物质。对于完全确定的物质，又分为单一组分物质和多组分物质。单一组分物质指从定量的角度含有一个大于80%(质量分数)的主要组分，杂质的含量允许达到20%。多组分物质指含有一个以上的主要组分，每个主要组分的含量在10%～80%，多组分物质中也允许杂质存在。另一类是UVCB物质，指根据REACH第6章第2节的鉴别参数不能被确定的物质。

UVCB物质难以鉴别的主要原因有三个：一是组分数量庞大；二是大部分都是未知的；三是其组分具有较大的可变性或难以预测性。在对UVCB物质命名时，可以从组分、来源、加工工艺几个方面加以考虑。

根据《指导手册》的规定，尽管UVCB物质组分复杂可变，在命名时还是期望尽量列出其组分和组分特性，可以采用一般的方式进行描述，例如线型脂肪酸C_8～C_{16}或乙氧基醇C_{10}～C_{14}，含有4～10个乙氧基单元。此外，也可基于已知标准样品给出化学组分的信息，还可补充索引和现有编码，甚至可从光谱图等的特征峰来获取信息。另外，由于组分和杂质之间缺少差异性，主要组分和杂质这些术语不能应用于UVCB物质。

对于UVCB物质中大于等于10%的组分，至少要给出IUPAC命名法得出的英文名称和CAS号，及其含量和含量范围。与物质的分类和持久性、生物累积性和毒性物质(Persistent, Bioaccumulative and Toxic, PBT)评估有关的组分无论浓度大小都需要按照鉴别参数进行鉴别。

对于未知组分，只能通过其表现出的化学性质等方式进行一般性的描述。另外，也可以利用物质的来源与所使用的加工工艺加以鉴别，大致分为以下三个方面：一是生物来源的物质由其种属名来进行鉴别；二是非生物来源的物质由起始物料来进行鉴别；三是加工步骤由化学反应的类型来进行鉴别，也可以使用精制步骤的类型来鉴别，如萃取、精馏等。在此原则下，反应产物的名称通常为“(起始原料的名称)的反应产物”。可以依据IUPAC命名法给出英文名称。这里提到的“反应”，推荐采用更加具体的描述，例如“酯化”“成盐”等。

具体来说，针对来源，可以分为以下两类。

(1) 来源于天然生物的 UVCB 物质

可以依据种、属、科来确定，以及相关的品系或遗传基因种类决定，也可以说明从哪些组织和器官中提取得到，例如骨髓、胰腺等。

(2) 来源于化学反应的产物

需要依据 IUPAC 命名法给出英文名称，若源于矿物质，则需要以通用术语加以描述(如陶瓷黏土、矾土等)。

针对加工过程，大致可以分为合成与提纯两类。

(1) 合成

由起始物质进行化学或生化反应产生的物质，如格氏试剂反应、磺化反应、水解、酯化、氯化等。如果反应产物不明确，可以采用起始物+反应类型的方式表示。比如亚麻油和四亚乙基五胺的环氧化反应产物。

(2) 提纯

对于从天然或矿物提纯得到的物质，其组分的化学特性不会发生变化，但是浓度不确定。提纯的方式有分馏、浓缩等。对于浓缩，与起始物质相比，更需要明确浓缩后的主要组分以及浓缩步骤。比如浓缩有机钨(六氯化钨和叔丁醇、壬基苯酚和戊二酮的反应产物)。对于提取，需要指出提取方法、使用的溶剂及其他相关的条件(如温度等)。如果是组合加工工序，还需要详细说明每一步骤。

除了上述提及的方面，UVCB 物质的鉴别参数还可以包括化学组分一般描述、色谱的指纹区信息、参考资料(如 ISO)、理化参数(如沸点)、色素索引号、AISE 数。

在指导手册中，举例并详细说明了四种子类型的 UVCB 物质可利用的鉴别参数。四种子类型的 UVCB 物质包括来源于植物并采用合成工艺、来源于化学物质或矿物质并采用合成工艺、来源于植物并采用提纯工艺、来源于化学物质或矿物质并采用提纯工艺的物质。

另外，石蜡或烯烃类长碳链的 UVCB 物质，由于碳链组成、饱和度、直链或支链、官能团的多变性，导致物质组分的复杂化。这种类型的 UVCB 物质，可以通过三个鉴别参数来进行命名。

(1) 烷基链

包含饱和度、碳链长度、碳链奇偶数、直链或支链，以及碳链的来源。例如 $C_{8\sim12}$、$C_{12\sim22}$(C_{18} 不饱和的)。

(2) 官能团

例如胺基、羧酸基。

(3) 成盐的阳离子和阴离子

例如钠离子、碳酸离子、氯离子。

根据欧盟 REACH 注册的统计，截至 2017 年 1 月，ECHA 共收到针对 11 998 种物质的 50 748 份注册。其中，69%是单一组分的物质，10%是多组分物质，21%是 UVCB 物质。部分 SVHC 清单中的化学品也属于 UVCB 物质中出现的成分，例如 2019 年 1 月有 6 种物质新增进入 SVHC 清单，其中四种（苯并[*k*]荧蒽、荧蒽、菲和芘）都属于多环芳烃家族。它们并非有意生产，而是与其他多环芳烃一起在煤和石油加工产品的 UVCB 物质中出现的成分。

第四节　中国 UVCB 物质管理

2009 年国家质量监督检验检疫总局发布了推荐性标准 GB/T 23955—2009《化学品命名通则》，内容翻译引用自欧盟 REACH 对 UVCB 物质的定义和鉴别原则，与第三节中对欧盟 UVCB 物质的描述基本一致。

《新化学物质环境管理办法》中没有明确的 UVCB 定义。《新化学物质申报登记指南》对申报物质范围的界定中提到“可变组分物质、复杂反应产物等无唯一、不能确定分子结构的化学物质，以及聚合物，属于新化学物质的，适用《办法》”。可见，类似于 UVCB 的化学物质是被纳入中国新化学物质管辖范围的。并且，在新化学物质申报表的第三部分“物质申报信息”中有物质类别的选项，用以区分有无唯一、确定分子结构。

第五节　其他国家对 UVCB 物质的部分管理措施

一、加拿大

加拿大政府在《环境保护法案 1999》框架下，针对在特定产业部门中涉及的 57 个无机物质发起了一个“筛选评估项目”，主要评估物质的人体健康危害和环境危害。对这些物质的评估也是作为“化学品管理计划”(Chemicals Management Plan, CMP)第三阶段的一部分，用于进一步的风险评估和风险管理。特定产业部门指金属加工、钢铁制造、铝的冶炼和汽车零部件生产、木浆和纸品制造以及水泥生产。57 个物质包括一些中间体、副产物或废物，都不是自然界中天然存在的物质。

该评估基于暴露特征，重点关注商业行为，同时考虑对环境和人体的现有保护措施。但是，考虑到对这些物质的有限暴露，在评估中不考虑物质的危害特性。筛选评估信息显示，这些物质对人体的风险比较低，评估结果也显示对环境的危害较低。加拿大在 2018 年 8 月发表了《特定产业部门 UVCB 类无机物质的最终筛选评估》报告，对具体物质和整个评估过程进行了详细的介绍。

尽管对这些物质的暴露不是预期的或者可以忽略，但这些物质都是 UVCB 物质，其中一些组分是已知的有危害的物质，并且列入了加拿大“有毒物质名录”，比如铅，已有联邦或自愿性的管控措施对其进行管理。

二、澳大利亚

澳大利亚政府在《工业化学品申报和评估法案 1989》(*Industrial Chemicals Notification and Assessment Act 1989*)中对化学物质进行了定义。其中就明确提到 UVCB 物质，包括定义和举例。明确 UVCB 物质也作为化学物质的一种，不作为混合物，纳入该法案的管辖范围。

第六节　石油类 UVCB 物质

石油类物质由于其原油的来源与加工工艺的不同，其产品组分不确定和复杂多变，大多被定义为 UVCB 物质。根据 GHS 第 1.3.3 节对物质的定义，石油类物质满足其定义要求，可以被看作物质，并且有其对应的 CAS 号。对于来源于石油的 UVCB 物质，鉴别通常基于油气来源、裂解工艺、主要组分、碳链长度、沸点、黏度和其他的物理化学性质。一般情况下，大于 10%的已知组分可以通过相对分子质量范围、脂肪族或芳香族、氢化程度等描述出来。低含量的组分，如果对物质危害性分类有影响的话，也需要描述其名称和含量。下面重点介绍石油类 UVCB 物质的表征、测试、GHS 分类、危害预测和风险评估等方面。

OECD 主要关注两类石油类 UVCB 物质：碳氢溶剂和基础油脂化学品。针对这两类物质，分别在 2015 年和 2017 年推出了两份指南文件《用于危害评估目的的碳氢溶剂的表征》和《用于危害评估目的的油脂化学品的表征》，指导企业之间对不同国家生产的同样组分的石油产品精确标识，从而能够正确地进行危害评估，并合理满足法规要求。对于碳氢溶剂，在 2011 年，碳氢溶剂生产商协会(The Hydrocarbon Solvent Producers Association，HSPA)提出一种替代命名体系来表征每种碳氢溶剂，定性和定量地描述其组分。

为了应对 REACH 注册，2012 年，石油公司欧洲环境健康安全组织(Conservation of Clean Air and Water in Europe，CONCAWE)发布了《REACH——石油类 UVCB 物质的特性分析》指导手册，提到如何应用现代分析手段(如紫外线、红外线、核磁等光谱技术)对石油类物质进行特性分析，并给出实例。由于石油类物质数量庞大、组分复杂多变，同时为了减少动物实验，CONCAWE 会同一些大学和研究机构，共同启动了“组别—方法”项目(Cat - App)，基于石油来源、工艺过程、理化性质、化学分析、已知毒性和生态毒性数据，以及在体外系统中的生物反应等的考虑，对石油类物质进行化学生物学分组，采用交叉参照的方法对其进行分析。该项目是 CONCAWE 人体健康评估战略的重要支撑，开发的 Cat - App 分析方法也被认为是对 UVCB 类物质分析的重要案例。

1974 年成立的国际石油工业环境保护协会(International Petroleum Industry Environmental Conservation Association，IPIECA)开发了《石油类物质运用 GHS 标准的指南》。该指南将石油物质按照其用途分为原油、石脑油、煤油、柴油等 16 大类。每一大类的物质有其对应的关键组分，即标注分子。对于石油类物质，只需找到对应的类别，并识别出关键组分，即可判断出该物质的健康危害及分类。属于同一大类中的其他物质，如果缺少数据，可以通过交叉参照(Read-across)确定该物质的健康分类。如果石油类物质中含有一些特殊的组分，本身就已经有了 GHS 分类，这些组分也应该根据证据权重、含量和法规限值，考虑其对石油类物质整体的分类贡献。总体来说，该方法快速简便，可节省大量的人力、物力，避免不必要的动物实验。但这种方法不适用于对环境危害性的分类。在 2018 年 12 月召开的联合国 GHS 会议中，IPIECA 告知 GHS 专家组成员，他们正在对指南进行修订，并在会议中展示了修订后的草稿文件。

2019 年 2 月 OECD 发布了《难测试物质的水相水生毒性测试指导文件》，第 7.9.2 节详细介绍了 UVCB 类物质的物质识别和理化性质对于测试的重要性、生态毒性测试概述、如何制备水融合部分(Water Accommodated Fractions，WAFs)以及 WAF 测试结果的报告。当然，这部分内容不仅针对石油类 UVCB 物质，还适用于其他 UVCB 物质。

一般来说，可以对全部 UVCB 物质开展试验，将获得的数据用于毒性分类和风险评估。但如果由于种种原因，没有或无法获得全部 UVCB 物质的毒性数据，可以利用一些工具进行毒性预测。例如，CONCAWE 在 2006 年开发的 PetroTox 工具是专门针对石油类 UVCB 物质的生态毒性的预测。REACH 法规指南文件中提到，对于石油加工产品，在没有整体物质实验数据的情况下可以使用该工具进行预测。该工具采用 Excel 表格模式，通过石油类物质的溶解性，并采用目标脂质模型(Target Lipid Model，TLM)和毒性单元的加和理论，来计算 UVCB 物质的毒性和生态风险值。该工具中还含有 1 462 个标准石油类碳氢物质的物理和化学性质参数，可以用于计算石油类碳氢物质在多个介质(水层、空气层和自由层)的暴露分布。该工具可以用来分析剂量反应数据、计算半数致死载荷，还可以用来分析归趋模型的结果，从而计算生态毒性和碳氢物质在水环境中排放产生的风险。PetroTox 工具发布后经过多次更新，目前可以在 CONCAWE 的网站上下载 3.06 版本的工具。另外，PETRORISK 模型也是 CONCAWE 开发的，可用于石油类 UVCB 物质的生态风险评估。

第十四章
药物和个人护理用品环境残留物法规进展

第一节　药物和个人护理用品的概念

药物和个人护理用品（Pharmaceutical and Personal Care Products，PPCPs）作为一种新兴污染物日益受到人们的关注。PPCPs 种类繁杂，包括各类抗生素、雌激素、消炎止痛药、降压药、避孕药、人工合成麝香、催眠药、减肥药、发胶、染发剂和杀菌消毒剂等。许多 PPCPs 组分具有较强的生物活性、旋光性和极性，大都以痕量浓度存在于环境中。兽类医药、农用医药、人类服用医药以及化妆品的使用是其导入环境的主要方式。由于该类物质在被去除的同时也在源源不断地被排放到环境中，人们还将其称为“伪持续性”污染物，有 50 多种 PPCPs 已经在各种环境样品和动物组织以及人的血液中被检测出，根据目前文献报道，在环境中发现的主要的 PPCPs 如表 14－1 所示。

表 14－1　环境中主要的 PPCPs 种类与代表物质

类　别	种　类	代表物质
个人药物	抗生素	诺氟沙星
		四环素
		红霉素
		磺胺甲噁唑
		阿莫西林
	镇痛药和消炎药	双氯芬酸
		布洛芬
		醋氨酚
	β-阻滞剂	美托洛尔
	细胞抑制剂	异环磷酰胺
	消毒剂	三氯生
		三氯卡班

（续表）

类　别	种　类	代表物质
个人护理品	人工合成麝香	佳乐麝香
		吐纳麝香
	杀虫剂	*N*,*N*-二乙基间甲苯甲酰胺
	防腐剂	对羟苯甲酸酯

（1）抗生素

抗生素一般指由细菌、霉菌或其他微生物在繁殖过程中产生的，能够杀灭或抑制其他微生物的一类物质及其衍生物，用于治疗敏感微生物（常为细菌或真菌）所致的感染。抗生素在畜牧业应用很多，可以作为助长剂和治疗药物。

（2）消炎止痛药

多为非甾体抗炎药，有止痛作用，与抗菌消炎有别，是水环境中经常检测到的药品之一，如双氯芬酸和布洛芬。

（3）杀菌消毒剂

消毒剂用于杀灭传播媒介上病原微生物，使其达到无害化要求，将病原微生物消灭于人体之外，切断传染病的传播途径，达到控制传染病的目的。大量的杀菌消毒剂用于医院、食品加工、个人护理用品生产等行业。主要包括甲醛、戊二醛、二氧化氯、氯气、酚类化合物、季铵盐类化合物等。

（4）人工合成麝香物质

指用合成方法得到的具有麝香香味的香料，主要用作各种化妆品和洗涤用品的添加剂。主要分为三类：大环麝香、硝基麝香、多环麝香。

（5）抗癫痫药物

卡马西平是抗癫痫药物中最具代表性的一种，也是环境中 PPCPs 中具有典型代表性的一种。由于该物质在水体中具有较高的浓度和持久性，且在城市污水处理厂中很难被降解去除，会对水环境产生潜在威胁，危害人体健康。

第二节　污染现状与危害

环境中的 PPCPs 来源多种多样，其中制药废水、生活污水、畜牧及水产养殖废水、医院废水是自然水体中 PPCPs 的主要来源。

（1）制药废水

其中存在大量难降解且具生物活性的抗生素物质，虽然目前抗生素生产厂家都建有废水处理工艺，但是这些处理工艺在设计时很少把抗生素作为控制对象，导致现行的废水处理工艺没有针对抗生素的处理环节，即使在废水处理技术十分先进的欧美国家，也不能将其完全降解，只能部分去除，残留抗生素最终流向环境。

（2）生活污水

人们日常生活中会因疾病、划伤等原因而使用到抗生素药物，市民家里常储备抗生素药物，以备不时之需。抗生素药物被服用后，除少部分被人体吸收外，大部分随粪便、尿液排出体外，之后随生活污水排入地表水体或进入污水处理厂。多数研究表明，目前国内外城市污水处理厂对抗生素的去除效果不理想，出水仍能检测到多种抗生素。

（3）牲畜及水产养殖废水

为预防牲畜、鱼类感染疾病，促进其快速生长，抗生素药物通常被用作饲料添加剂进行投食，但这些抗生素只有少量被牲畜、鱼类吸收，大部分则通过粪便直接进入环境。更为严重的是，水产养殖中相当一部分抗生素不能被鱼类所食用，大量未被食用的抗生素经沉降后富集于底泥中。近几年，随着畜牧业和养殖业的快速发展，越来越多的抗生素进入环境。

（4）医院废水

医院是环境中 PPCPs 污染的主要源头之一，不仅有大量的抗生素使用，而且有其他药物的大量使用，如免疫抑制剂、消炎止痛药，消毒剂等。以抗生素为例，根据 2000 年原国家经济贸易委员会（现国家商务部）提供的数据，仅全国 30％的城市人口消耗了高达 95％的药品，80％以上的药品流向医院。病人服用抗生素药品后，除少部分进行裂解等反应生成无活性的产物残留在机体外，90％以上是以抗生素原形或代谢产物的形式经由粪便、尿液排出体外。医院大多建有污水处理设施，但传统工艺设计中很少有针对抗生素处理的环节。一旦这些未经代谢的抗生素进入医院废水系统，即使废水中化学需氧量（Chemical Oxygen Demand，COD）、悬浮物（Supended Solids，SS）等指标处理达到《GB 18466—2005 医疗机构水污染物排放标准》，但抗生素降解很少，仍能检测到，就会随着达标排放的出水进入地表水体或城市污水处理厂。同样，市政污水处理厂没有针对性处理抗生素，抗生素去除效果有限，最终随着达标出水汇入地表水中，进入环境。

有上百种 PPCPs 在不同介质中被检出，其浓度一般在 ng/L～μg/L 水平。如张秀蓝等人分析了北京 4 家医院的医药废水发现，喹诺酮类和四环素类、大环内酯类的罗红霉素以及磺胺增效剂甲氧苄氨嘧啶等抗生素在所有医院中均有检出，21 种抗生素的浓度为 5.9～11.8 μg/L。美联社报道称，美国 24 个主要大都市的生活饮用水中含有多种抗生素成分，包括抗生素、消炎药、镇痛解热药、抗痉挛类抗生素、镇静剂以及性激素等，涉及的饮用人口为 4 100 万。荷兰饮用水中检测出了痕量(低于 100 ng/L)的抗生素、抗癫痫抗生素和 β 受体阻断剂,其浓度大部分低于 50 ng/L。

Heberer 等报道处方药双氯芬酸在德国的某污水处理厂出水中平均浓度为 2.51 μg/L,去除率仅为 17%。Carballa 等报道西班牙一家污水处理厂进水中布洛芬和萘普生质量浓度分别在 2.64～5.70 μg/L 和 1.79～4.60 μg/L,出水中布洛芬和萘普生质量浓度分别在 0.91～2.10 μg/L 和 0.80～2.60 μg/L。季铵化合物(QAC)是应用广泛的阳离子杀菌剂。有研究报道,季铵化合物在市政污水处理厂中浓度为 0.05～0.1 mg/L。杀菌剂三氯生广泛用于高效药皂、卫生洗液、除臭剂、消毒洗手液等。有研究证明,在自来水和瓶装水中也检测到了三氯生,浓度分别为 14.5 ng/L 和 9.7 ng/L。三氯生也可以从婴儿奶瓶中释放出来,据估计,成年人和婴儿每日摄入三氯生量分别为 10 ng 和 5 ng。因为 PPCPs 易吸附的特性,在污水处理厂的污泥中也有较普遍的检出。如 Gao 等报道的抗生素浓度为 0～21.0 μg/L(干重)、Huang 等报道的抗真菌药物浓度为 0～1 442 ng/g(干重)、Zhou 等报道的多环麝香类浓度为 200.1～5 088.2 ng/g(干重)。

PPCPs 在不同环境介质中的广泛存在,引起了人们对其生态系统和人体健康潜在危害的关注。广泛应用于人类及动物疾病治疗和预防的抗生素有 4 000 多种,且有逐年增长之势。PPCPs 具有较高的生物活性、缓慢的生物降解性和假性持续性,长期暴露于环境,在环境中持续积累并对野生动物和人类造成不可逆转的危害。一方面,部分 PPCPs 本身会通过饮用水和食物等渠道进入人体;另一方面,某些 PPCPs 会使细菌、病毒具有抗药性,间接危害人体的健康。大多数的 PPCPs 具有不明确的生物化学作用机制,许多与多种非治疗性受体相互作用,从而对非靶向性受体(如野生动物物种)产生潜在的不良影响。PPCPs 在环境中的毒理学危害主要包括:诱导异常生理过程和生殖损伤、癌症发病率增加、耐抗生素细菌的产生以及化学混合物在环境中产生毒性增加的可能性。如表 14-2 所示的环境中 PPCPs 的暴露剂量及其潜在危害。

表 14-2 环境中 PPCPs 潜在危害

化学物质	危害
抗生素	产生抗性菌及抗性基因
咖啡因	内分泌干扰
双氯芬酸钠	肾脏病变
卡马西平(抗癫痫药)	生物氧化作用
二甲苯氧庚酸(血脂调节剂)	藻类生长抑制

（续表）

化学物质	危害
普萘洛尔（β - blocker）	生殖能力下降
合成麝香	生物氧化作用
三氯生（抗菌药物）	藻类生长抑制

据统计，我国每年约生产21万吨抗生素，其中42%被用于医疗，48%被用于畜牧业。抗生素在水中大量长期存在，可能会衍生抗生素抗性细菌（Antibiotic-Resistant Bacteria，ARB）和基因（Antibiotic-Resistant Genes，ARGs）。暴露于环境中的抗生素可能会加速抗生素耐药基因的持续存在或转移。近年来，多重耐药细菌也被发现，它可能包含超过100个抗性基因。水平基因转移是微生物之间传递抗性基因的主要机制，这些抗性基因可以通过饮用受污染的水以及农业和水产养殖产品传播给动物和人类。2010年，国家卫生部（现国家卫生健康委员会）从全国128家医院收集了超过27万份分离细菌样本，以研究抗生素耐药性情况。结果表明，耐药率已接近80%，对公众卫生造成严重影响。

从目前PPCPs的环境污染水平来看，PPCPs造成的急性毒性可能性较低，但不能排除慢性毒性。我国因滥用抗生素而产生的抗生素耐药性水平高、增长快的问题值得特别关注。目前PPCPs的风险评估主要基于急性毒性数据，考虑暴露在环境浓度水平下的慢性毒性，更准确地评估迫在眉睫。此外，应对个人护理产品组进行更多的风险评估。

第三节　目前国内外相关管理政策

PPCPs环境污染已经成为全球性新问题，国际社会已经认识到其严重性，一些国家已经制定了PPCPs管理规定。近年来，我国相继颁布了化学品的管理条例。我国《危险化学品安全管理条例》《新化学物质环境管理办法》和《危险化学品环境管理登记办法》（现已废止）等不包括药品的环境风险评估，化妆品原料现行法规解释尚不明确，新原料需通过化妆品注册审评，按避免重复登记的原则豁免新化学物质环境管理，而现有化妆品原料并不豁免，但是药品、化妆品生产的原料及其中间体明确受新化学物质管理规定。2019年8月21日，山东省平原县环保局依据《新化学物质环境管理办法》第五条、第四十五条第（二）项等，对某药业公司未申报药物活性成分磺苄西林钠等物质的行为做出行政处罚。这是新化学物质法规实施以来第一次对国内企业处罚的公开报道，也是首次针对 API。2007 年国家药品监督管理局(CFDA)《药品注册管理办法》要求新药的研发审评需要进行非临床药物安全性评价、临床试验。CFDA 的 2010 年《化妆品安全性风险物质风险评估指南》和 2015 年《化妆品安全风险评估指南》(征求意见稿,2018 年由中国香精香料化妆品工业协会以团体标准征求意见稿公布)一样,目标是保护人的安全和健康免受危害影响,并不需要评估环境风险和次生健康风险。《GB 21904—2008 化学合成类制药工业水污染物排放标准》《GB 21907—2008 生物工程类制药工业水污染物排放标准》等现有制药工业水污染排放标准有急性毒性当量、COD、BOD、氨氮、甲醛等限值,从节水角度设定了安乃近、布洛芬、氯霉素等药物生产基准排水量,但并无对药物活性成分排放浓度的规定。

污水污泥填埋、禽畜废物土地利用和中水灌溉需要更仔细的风险评估,源头控制是一种直接有效的策略。我国环保部(现生态环境部)等联合发布并于 2010 年修正的《饮用水水源保护区污染防治管理规定》和行业标准《HJ 338—2018 饮用水水源保护区划分技术规范》等饮用水法规中尚未关注 PPCPs 污染防范。《GB 5749—2006 生活饮用水卫生标准》规定了部分植保农药限值,没有人类药物活性成分指标。

自 1969 年起,美国食品和药物监督管理局(FDA)根据《国家环境政策法案》要求对药品的环境风险进行评估,1998 年美国药物评估与研究中心发布了分级风险评估方法指南。同年,美国环境保护署颁布了修订后的法规,要求制药行业同时控制废水排放和空气排放。

2004 年欧盟指令要求人类药物和兽药审批时需要进行环境风险评估(Environmental Risk Assessment, ERA),2006 年欧洲药物管理局(EMA)第一次发布个人药物 ERA 指南,并于 2018 年进行了更新。该指南描述了人类医药产品(Human Medicinal Products, HMP)潜在环境风险和危害,规定了评估的范围及其法律依据,概述了一般的风险评估过程。对于不能排除风险的产品,该指南也概述了可能的预防和安全措施。兽药 ERA 指南于 2001 年颁布后修订数次,并在 2004 年纳入兽药审批时的风险收益分析。2000 年欧洲水框架指令(Water Framework Directive, WFD)提出:必须将水的保护范围扩大到所有水域、地表水和地下水,在规定期限内所有水域需达到令人满意的状态,并将水管理工作交给以河流流域为基础的区域当局。在成千上万的微污染物中,不是所有能测量的物质都值得测量,这与药物的活性物质有关。制定药物活性化合物的优先级排序体系非常重要,主要考虑以下四个标准:① 出现频次(流行率、检测频率);② 排泄率;③ 处理厂去除情况;④ 生态效应(生物积累、生态毒性)。作为水资源管理的统一立法,该指令也制定了需要监测的优先污染物的列表。根据这些标准,2015 年 3 月 20 日,双氯芬酸、雌激素和雌二醇这三种物质已被列入第 2015/495 号文件中 10 种其他物质的最新观察名单。

欧洲制药工业协会联合会（European Federation of Pharmaceutical Industries and Association，EFPIA）认识到环境中残留药物的风险，称之为“环境中的药物”问题（Pharmacy In the Environment，PIE），与欧洲自助药物制造商联合会（the Association of the European Self-medication industry，AESGP）、欧洲仿制药协会（Medicines for Europe，原称 EGA）合作，成立了药物生态安全监管项目，在产品安全监管的理念上推动药物健全管理，同时关注病人的需要和确保药物获得。药物生态安全监督项目包括三方面：识别和评估现有及未来药物活性成分（Active Pharmaceutical Ingredient，API）的环境风险，改善制药污水管理，拓展现有 ERA。但制药工业对把 ERA 纳入人类药物审批时的风险收益分析，以及把生产设施环境绩效纳入制药 GMP 存有很大疑虑。

WHO 等组织还不断强调监测水和饮用水的必要性，而且强调各国制订检索和妥善处置未使用或过期药品的方案。2015 年第四届国际化学品管理大会认定“环境持久性药品污染（EPPPS）”为新兴政策问题，并纳入国际化学品管理政策工作框架之下。

第四节　建议与展望

PPCPs 在中国不同的环境媒介中无处不在，可在饮用水处理厂的水源中甚至自来水中检测到。我国污水排放量巨大，污水处理效率有限，PPCPs 的环境负荷巨大。今后，我国应制定环境风险评估的相关规定以及 PPCPs 的评估指南，过期药品应通过建立药品管理和回收计划进行回收。针对我国目前抗生素生产和使用的具体情况，未来需要改善抗生素的滥用情况，以控制当前严重的抗生素耐药性。需要提高污水处理率和处理效果，尤其是在中国农村地区。应加大对饮用水源的保护力度，禁止在饮用水水源附近设置污水处理厂、畜牧业、医院、化妆品厂等可能的 PPCPs 污染源，并开展饮用水源和生活饮用水中 PPCPs 风险评估。目前大多数研究主要集中于 PPCPs 的污染特征，需要加强研究不同环境介质中 PPCPs 的转移转化机制以及控制技术。未来需要对不同类型的 PPCPs 进行急性和慢性毒性研究，以评估其潜在的生态和健康风险。

第十五章
纳米材料风险管理政策进展

第一节　纳米材料的概念和用途

一、纳米材料的概念

纳米材料指任何一维的几何尺寸处于纳米级(1～100 nm)的物质。这些材料的形状通常为圆形、管形或不规则形状,且常以聚集体形式存在。

纳米尺寸空间所涉及的物理层次是既非宏观又非微观的相对独立的介观领域。在这个领域中,纳米材料的原子排列既不同于长程有序的晶体,也不同于长程无序的"气体状"固体结构。正是这种特殊结构,纳米材料和同组成的传统材料相比,在催化、光学、磁性、力学等方面具有许多奇异的物理化学性能,因此成为材料科学和凝聚态物理领域中的研究热点。

二、纳米材料的用途

目前纳米产品大体可以分为两类:添加纳米材料的产品和纯纳米颗粒。纳米银、各种形式的碳纳米材料、纳米 ZnO、纳米 TiO_2 和 Fe_2O_3 等是已投入应用的主要纳米材料。这些材料在生物医学、药学、电子、磁学、光学、能源、环保、传感器、催化以及材料学等各个领域均有十分广泛的应用。

纳米银(Ag)和碳纳米管(CNTs)是目前应用最为广泛的纳米材料。纳米银(Ag)具有抗菌性能,该物质可添加在冰箱中,用以抑制腐生菌和真菌的生长。像纳米银一样,纳米铜被证明同样能抑制微生物的生长,被用作杀菌剂,其成本要远低于传统的杀菌剂。碳纳米管(CNTs)在工程和环保领域都有所应用。CNTs 可添加到大颗粒建筑材料中,来强化和调节水泥。CNTs 还可用来去除水中的砷酸盐、Pb^{2+}、Cu^{2+} 和 Cd^{2+},尤其对 Pb^{2+} 具有很高的吸附效率,此外还可以吸附双酚 A(BPA)等有机物。

纳米科学和纳米工程可为受污染地表水的修复提供一种低成本的方式,纳米材料(包括纳米颗粒)被应用在水质净化中,可将毒性物质(如金属离子、放射性核素、有机物、细菌、病毒等)浓度减小至 μg/L 水平,可去除地表水中的多氯联苯(PCBs)、有机氯杀虫剂和有机氯溶剂。纳米颗粒的表面特性,如疏水性和亲水性,可以加速许多污染物的分离。用于具有催化性能的纳米颗粒,较大的表面积有利于催化反应的进行,提高了化学反应的速度,对于环境修复具有重要意义

表 15-1　纳米材料的应用

纳米材料	应用
Ag	家用电器中的杀菌剂、涂料、纺织、塑料
TiO_2、ZnO	涂料、水泥、催化剂、电池
CNTs	电子、轮胎添加剂、润滑油
Pt、Pd	汽车尾气净化器、催化剂
SiO_2	耐火玻璃、油漆、陶瓷、牙科
Fe_2O_3	水泥添加剂
Fe	多氯联苯(PCBs)、有机氯杀虫剂、多环芳烃(PAH)降解
Fe_3O_4	生化分析、污染物的去除、生物调控
Al_2O_3	电池、消防、金属、生物吸附剂
Fe/Ni、Fe/Co、Fe/Pd	环境修复、有毒物质或混合物去除

第二节　纳米材料风险

在纳米材料和纳米产品的生产、使用和处理过程中,纳米材料难免会通过各种途径进入环境,其独特的物理、化学特性如极小的粒径导致表面结合力和化学活性显著增强,这将可能给生态环境带来难以预料的影响。因此,社会各界在肯定纳米材料正面效益的同时,对其可能的负面环境影响和生态效应也给予越来越多的关注。研究显示,一些纳米材料具有一定的生物毒性,属于一类潜在的新型污染物。

一、纳米材料环境污染现状

纳米 TiO_2 是目前报道较多的一类纳米材料,广泛应用于催化反应与光催化反应。Robichaud 预测 2025 年全世界生产 TiO_2 总量将达到 250 万吨。已有报道显示,纳米 TiO_2 可以从外墙建筑涂料滤出并进入地表水等环境。Gondikas 等曾对多瑙河进行了为期 12 个月的监测,在水中检测到了 TiO_2 纳米颗粒,发现其在夏季浓度最高,达到 27.1 $\mu g/L$。Kiser 等研究污水处理厂中

TiO_2 的去除与释放，发现污水中 Ti 的含量为 5～3 000 mg/L，并且污泥还可以积累 Ti(1～6 mg Ti/mg)。所以进入环境中的纳米 TiO_2 一部分会沉积在底泥中，一部分会成为悬浮在水体中的微粒而被水生生物摄食，潜在的环境风险也在逐渐释放。

无论是地表径流中的还是污水处理厂进出水中的纳米材料，大部分都会汇入沉积物，在地表土壤或水体沉积物中累积。纳米 ZnO、Ag 等的普遍使用导致纳米材料的环境风险状况不断加剧。

二、纳米材料对生物体的危害

进入环境中的纳米材料对动植物和人类的生命健康都会构成一定的威胁。由于粒径的减少，纳米材料进入生物体和细胞的概率增加。纳米材料一旦进入生物体内，由于增强的化学活性，会与生物体内的生物大分子相互作用，并可能在生物体内不断积累，最终产生毒性效应。

呼吸系统是生物体与外界环境接触的一个主要媒介，是纳米颗粒侵入人体的重要入口，Oberdörster 等用 PTFE 燃烧产生的烟雾模拟纳米颗粒物气相混合物，对大鼠进行染毒处理，纳米颗粒浓度达到 50 mg/m^3，仅 15 min，大鼠就出现急性毒性反应。Zhu 等发现，Fe_2O_3 颗粒可以引起肺损伤，同时，相比于 280 nm 的 Fe_2O_3 颗粒，22nm 的更易引起肺泡毛细血管通透性增加和细胞裂解，并显著导致凝血系统的紊乱。Meng 通过小鼠实验发现肾脏是纳米铜颗粒作用的靶器官之一，并且纳米铜会与体内生物物质碰撞，反应活性很强。

人体皮肤拥有巨大的表面积，纳米颗粒接触人体皮肤的主要途径是含有各种功能成分纳米颗粒的化妆品和防晒剂等产品的使用。Shvedova 等发现，暴露在单壁碳纳米管材料的环境中 18 h，人表皮角质细胞的氧化应激反应加速，细胞会发生功能性变化，同时细胞的超微结构也会变化，对生产工人、研究者、消费者等暴露人群造成皮肤毒性。

另外，研究者已发现纳米颗粒能够通过嗅觉神经进入神经系统，Oberdörster 等采用 ^{13}C 标记的碳纳米材料进行大鼠吸入暴露实验，发现在中枢神经系统中有 25 nm 的碳纳米颗粒。

自 2000 年来，美国环境保护局(EPA)收集了各种关于纳米毒性的数据进行分析，并测定纳米材料毒性。通常包括以下几步。

(1) 确定危险物质的暴露量。参照流行病学研究，用统计学手段建立染病群体与某致病因素的量化联系，科学家们通常用动物来进行此类试验。

(2) 动物试验完成后，根据对动物体健康产生有害作用的有毒物质的剂量，估算出相应的对人体健康产生有害作用的暴露量。

(3) 估算出人体暴露于纳米材料的潜在水平。

(4) 对比估算出的暴露剂量，确定风险较低地使用纳米材料的剂量。

在仔细研究这些数据后，EPA 发现有关各种纳米材料的健康风险的研究具有很大的不确定性，这些不确定性聚集起来，就形成了评估人体健康风险时极大的不确定性，这对于相关法律的确立有相当大的影响。

第三节 国内外纳米材料管理政策

随着纳米技术的蓬勃发展，现有法规可能不适用于所有纳米产品的监管，各个领域的科学家都不可避免地承认需要开展安全性研究，制定新的政策标准。OECD 也成立了制造纳米材料工作组(Working Party on Manufactured Nanomaterials, WPMN)，以促进对纳米材料风险的理解、评估和立法框架建设。

一、美国

2005 年美国政府颁布《21 世纪纳米技术研发法案》。同年美国 EPA 公布《纳米技术白皮书》，为纳米技术和纳米材料的环境管理做了准备。2006 年 EPA 援引《联邦杀虫剂、杀菌剂和灭鼠剂法案》规定含纳米银颗粒商品均为杀虫剂。2007 年 EPA 和美国食品药品监管局(FDA)强制要求使用纳米颗粒的公司提供检测方法报告。

根据《有毒物质控制法案》(TSCA)，纳米材料属于“化学物质”，需要接受 EPA 监管。EPA 首先重视针对纳米材料信息收集，然后适用同样监管普通化学物质的生产前申报流程(Premarket Notification, PMN)。2005 年至今，EPA 收到了 160 多个纳米尺度材料的申请，EPA 帮助制造商判断其是否属于“新化学物质”。2017 年 TSCA 纳米材料申报实施法规发布，规范生产、进口或加工过纳米材料的企业的申报。此外，美国 FDA2011 年发布指南草案，制定了 FDA 监管产品涉及纳米技术时需考虑的角度，FDA 也规定了食品、化妆品、脂质体的行业指导原则，但没有强制性。

二、欧盟

2004 年 3 月召开的欧盟纳米技术风险会议标志着欧盟科技界对纳米技术风险与危害的关注。2004 年 12 月，欧盟在布鲁塞尔公布了《欧洲纳米战略》，把研究纳米生物环境健康效应问题的重要性列在欧洲纳米发展战略的第三位。2005 年 5 月，欧盟出资支持成立欧洲理论光谱中心(European Theoretical Spectroscopy Facility, ETSF)，旨在推动整个欧洲大陆在纳米技术领域的合作，尤其是加强纳米药物安全性的研究。另外，欧盟框架计划(FP)是当今世界最大的官方科技计划之一，FP7已将纳米科技和纳米安全作为重要的一部分。

欧盟包括注册、评估、许可和限制流程的REACH法规最初并未专门考虑纳米材料，换言之，REACH仅针对化学组成监管，如果一种物质既有体相形式(bulk form)的产品，也有纳米材料，后者的特殊风险将被忽略。随着对纳米风险的进一步认识，2011年欧盟委员会通过对纳米材料的法规定义。欧盟委员会在2012年《第二次纳米材料法规审议》和2013年《REACH审议》中确定，REACH和CLP是纳米材料风险管理的最佳法规框架。欧洲化学品管理署(ECHA)专门成立了纳米材料工作组(ECHA-NMWG)负责纳米材料在REACH下注册的法规和科学技术指南。如果物质中含有颗粒形态，且物质粒径大小在1～100 nm的占总数的50%以上，即初步认为是纳米材料，这个定义适用于REACH、BPR、化妆品、食品和食品接触材料。比表面积在60 m^2/cm^3以上者也被认为归属于纳米材料。2017年ECHA发布了五份指导性文件以期帮助企业在2018年注册截止期之前做好包含纳米材料在内的注册卷宗，包括信息要求和化学品安全评估指南(QSAR和化学品分类指南)—纳米特定附录，为同一物质的纳米形式和非纳米形式之间以及不同纳米形式分组之间危害数据使用提供了建议，有助于区分物质的不同纳米形式。2018年12月，欧盟委员会通过(EU)2018/1881修订REACH法规附录，对纳米材料提出新要求，明确了如何注册纳米态的物质，新规定将于2020年1月1日起实施。欧盟CLP法规没有针对纳米材料的条款，“纳米”本身也不被认为是本质危害，但认识到目前的测试方法并不一定适用于纳米材料，纳米材料具有不一样的性质，因此需要发展针对性测试方法。《欧盟化妆品法规1223/2009》中引入了纳米材料条款，规定了纳米材料标签要求，尚无其他针对性监管。欧洲化妆品盥洗用品及香水协会(the European Cosmetic and Perfumery Association, COLIPA)致力于在化妆品领域将有意制造、不溶性生物持久性作为定义纳米材料的必要性质，以协助监管部门针对性进行风险管理。欧盟生物杀灭剂法规(Biocidal Product Regulation, BPR)有专门针对纳米材料的条款，所有BPR下的批准不包括同一化学物质的纳米形式，除非特别注明。纳米材料需要特定的风险评估，纳米材料产品不适用任何简化程序，此外标签上必须注明“纳米”，成员方必须监视和报告纳米材料在生物杀灭剂使用的风险表现。欧洲医药管理局(EMA)建立了一系列适合纳米医药的安全性、有效性和稳定性评价方法指南原则，除考虑纳米材料化学成分外，还考虑其形态学特征(如尺寸、形状)以及表面特性等，在进行临床试验前，应先对其稳定性和生物等效性进行研究。

三、中国

中国在大力推进纳米技术研究和产业化的同时，也开展了纳米安全性的研究，目前的研究缺乏对纳米材料生产、使用、转化等整个生命周期的了解，对通过吸入途径进入体内的纳米材料的安全性问题研究较多，其他暴露途径研究很少，缺乏理想的基准物质，缺乏合适的体外实验毒理学终点及确定剂量的标准。2001 年，科技部将“纳米材料标准及数据库”列入基础性重大研究项目，2003 年经国家标准委批准成立了全国纳米材料标准化联合工作组。2005 年我国成立了全国纳米技术标准化技术委员会。2005 年国家质量监督检验检疫总局（现国家市场监督管理总局）和国家标准委联合发布了 7 项纳米材料标准，这是世界上首次以国家标准形式发布的纳米材料标准。这 7 项纳米材料标准的发布和实施成为我国纳米产业发展的重要里程碑，其中包括 1 项术语标准、2 项检测方法标准和 4 项产品标准。2008 年上海颁布实施首个纳米地方标准《光催化材料活性评价技术规范》，但该规范着眼于自清洁和抗菌性能材料性能测试，尚未关注危害识别与风险评估领域。

我国国家标准《GB/T 33715—2017 纳米技术 纳米技术职业场所健康和安全指南》参考了 ISO/TR 12285：2008，根据《ISO/TS 12901 - 1—2012 纳米技术 适用于工程纳米材料的职业风险管理》制定的国内标准也正在讨论中，以管控从业人员的职业暴露风险与潜在健康危害。《GB/T 37129—2018 纳米技术 纳米材料风险评估》描述了对人造纳米材料研发与使用的潜在风险进行识别、评估、处理、决策和沟通的完整过程，以保护公众、消费者、从业人员以及环境的健康与安全，该标准提出的产品监管和风险管理全过程并非只适用于纳米材料，但是通过聚焦与纳米技术有关的特定信息和问题，对公认的方法提供了尽可能的补充。专门关于纳米材料的环境标准尚付之阙如。目前的新化学物质管理法规、化学品危害性分类与信息传递等法规标准并未考虑纳米材料的特殊风险。

四、建议与展望

面临纳米技术的风险和挑战，全球性的共识至关重要。国际上普遍认为纳米技术的未来发展主要瓶颈能否取得突破，很大程度上取决于纳米安全性知识体系与评价方法，“没有安全数据，就没有市场”的方针已成为发达国家的国家战略。在众多化学品风险领域，需要根据情况针对纳米风险制定特定的管控措施。为了实现这个目标，需要建立透明的机制、网络和会议，促进各种信息资源的分享，促进公众、公共部门和私人企业之间的协作，这样大家都能够在适当的时机降低风险，抓住发展机遇。如果全世界的研究团体、企业和监管部门能够建立和充分利用良好环境，积极作为，迎接挑战，那么相信我们能够期待一个安全的纳米技术时代的到来。

第十六章
微塑料产品法规与环境政策动态

第一节 微塑料及其危害

微塑料(microplastics),也称为塑料微粒,一般指粒径小于 5 mm 的塑料物,可以以不同形状存在于淡水、土壤、海洋以及化妆品、食品、动物体内和人体中。微塑料分为初生微塑料和次生微塑料,初生微塑料指生产出来时就是微小的物料,进入生活消费品或作为工业应用中的残余部分进入环境,如个人护理品和化妆品(PCCPs)中的微珠或者柔珠(microbeads),或研磨剂等工业材料;次生微塑料由较大的塑料被紫外线照射、机械力分裂、风化致破解后形成。

欧盟化学品管理署(ECHA)2019 年 1 月在其《微塑料限制提议》的报告中指出,海洋塑料的污染引起了民众关注,"微塑料"被广泛认识和重视,但在科学意义上不能反映各种合成聚合物的类似污染,暂时继续称为"微塑料"。实际上轮胎橡胶磨损后的颗粒是环境中微塑料的主要贡献者之一,用于混合物中起清洗、清洁等摩擦作用的"微珠"也是主要来源之一,但只是其中一种微塑料,另外洗衣废水中的合成纤维、油漆涂料粉刷后逸散的微粒等也被认为是重要的微塑料污染源。ECHA 建议法定微塑料为颗粒状的固态聚合物,其中质量比 1%以上为粒径在 1 nm～5 mm,如果是纤维则为长度为 3 nm～15 mm 且长度与直径比大于 3 者,该定义排除了自然界可降解的聚合物。欧洲化学工业协会(CEFIC)认为该定义过于宽泛。欧盟理事会之前已要求 ECHA 将生物可降解性、水环境中的固体状态等纳入定义标准。预计"微塑料"名词本身和定义标准会随着科学认识的大众化、立法语言一致准确性的要求而发生变化。

微塑料迁移性强,将海洋作为其重要汇聚点,一部分经过水汽循环进入淡水和人类饮用水,难以被常规净水系统去除,可能造成小型生物体摄食障碍和生态系统化学污染损害;另一部分沉降海底积蓄。除了自身危害,微塑料也是一些有毒物质的载体,例如重金属和持久性有机物,其吸附污染后通过水产品和食盐等食物链富集、传递,影响人体健康。根据研究报道,一些细菌和病毒可能通过微塑料进行迁移进入生物体;海洋藻类和浮游动物的生长也可能受到微塑料威胁。但是,这些危害性都有别于大型塑料的随意废弃造成海洋动物误食或缠绕造成的危害。联合国海洋环境保护科学问题联合专家组发布的《海洋中微塑料的来源、归宿和影响：全球评估》认为次生来源是海洋微塑料的主要组成部分，因此一般性塑料污染尤其是一次性塑料用品的管理问题是微塑料环境管理的重要前置性话题，提示了微塑料污染防治的方向。此外，微塑料在土壤中的残留、迁移、归趋以及对土壤生态系统、食物链的影响还需要更多的研究，为普通民众、从业者和决策者提供判断依据。

1972 年 E.J. Carpenter 和 J. K. L. Smith 在 *Science* 杂志上首次报道了海洋环境中的小型塑料颗粒。2004 年 Richard Thompson 首次提出“微塑料”的概念，用来描述海洋中的塑料小颗粒。近年来微塑料的污染与危害越来越引起联合国、各国政府和学术界重视，塑料禁令似乎是迈向更清洁、更绿色未来的一步，“减塑”发挥阶段性缓冲作用，废物分类、回收利用也将成为社会生活模式的一部分。一方面微塑料的环境影响和控制得到广泛重视，另一方面也有学者提出目前不成熟的塑料替代方案可能导致更大的环境破坏，如温室气体排放量增加两倍。这增加了评估和管控微塑料问题的复杂性。同时，也有学者和产业界致力于研发能满足当前使用性能的可生物降解塑料，塑料成为自然界物质循环中的一部分，将大大减轻微塑料污染的压力，在立法上也会提出区分性的建议：可生物降解塑料是否不应该属于禁用范围，应该有较少的监管要求。在科研力量将目光集中在对微塑料的海洋污染性以及迁移危害性的研究上时，对政策制定者而言，海洋垃圾（即大型塑料）的污染与微塑料的危害同样值得关注。2018 年 11 月中国和加拿大政府签署关于应对海洋垃圾和塑料的联合声明，让微塑料风险对环境与人类的挑战充分引起民众注意。

第二节 微塑料国际政策动态

一、联合国

2014 年首届联合国环境大会通过了有关海洋塑料碎片和微塑料的决议，表达国际社会对微塑料对于海洋环境、渔业资源、旅游业以及经济发展负面影响的关切，并呼吁采取行动，加强监管力度，特别是从源头上杜绝使用微塑料。2015 年第二届联合国环境大会上，微塑料污染被列入环境与生态科学研究领域的第二大科学问题，成为与全球气候变化、臭氧耗竭和海洋酸化并列的重大全球环境问题。同年联合国发布报告《化妆品中的塑料：我们是否在通过使用个人护理产品来污染海洋环境?》。2016 年 5 月联合国环境规划署发布了《海洋微塑料污染全球评估报告》，敦促各沿海国家尽快加强海洋微塑料的科学研究和相关法规的制定工作。2017 年 2 月联合国环境规划署发起了全球运动，呼吁在2022年前消除海洋垃圾的主要来源：化妆品中的塑料微珠成分以及一次性塑料制品的过量使用。2017年6月首届联合国海洋大会通过《我们的海洋、我们的未来：行动呼吁》文件，呼吁各国减少使用塑料、预防和显著减少塑料和微塑料等各种海洋污染。2018年联合国环境规划署发布《防治海洋塑料垃圾和微塑料：对相关国际、区域和次区域治理战略和办法有效性的评估——决策者摘要》，并将当年世界环境日主题定为"塑战速决"，呼吁各国齐心协力对抗一次性塑料污染问题。

联合国发布的报告《一次性塑料和微塑料的法律限制：国家法律和法规的全球审查》中表示，截至2018年7月，全球192个被调查的国家中，127个国家颁布了某种形式的国家法律法规限制一次性塑料和微塑料，65个国家尚未限制。有8个国家立法通过了微珠禁令，包括加拿大、法国、意大利、韩国、新西兰、瑞典、英国和美国。在8个限制微珠使用和/或制造的法律或法规的国家中，7个国家仅包括一部分被记录为含有微珠的个人护理产品，新西兰的微珠法不仅包括个人护理冲洗产品，还规范了家用、汽车和工业清洁产品。

二、其他国际组织和国际公约

2018年在接受《卫报》采访时，世界卫生组织发言人认为尚无证据证明微塑料对人体健康的影响，但在多个瓶装饮用水中检测出微塑料后，表示要研究饮用水中塑料的潜在风险。世界卫生组织正在起草的《环境、健康和气候变化全球策略》(*WHO global strategy on health, environment and climate change*)中把电子废物、纳米材料、微塑料和内分泌干扰物列为四个新出现的需要关注的问题。

2017年由8个发达国家和12个重要经济体组成的二十国集团(G20)通过了《G20海洋垃圾行动计划》，承诺将采取行动，显著减少塑料微珠和一次性塑料袋的使用；实施来源减少措施，例如注重产品创新、产品设计和消费行为(产品使用)的可持续材料管理；显著减少生产和运输期间塑料小球(颗粒)的损失。塑料行业的领导组织世界塑料协会(World Plastics Council, WPC)随后宣布支持该计划，并承诺实施。

一般塑料领域，《国际防止船舶造成污染公约》(*International Convention for the Prevention of Pollution from Ships*, MARPOL)附则Ⅴ——防止船舶垃圾污染规则对海洋垃圾污染进行了规定，其2016年修正案主要涉及船舶垃圾的分类、排放和记录，其新增附录1第7条将"塑料"认定为"对海洋环境有害的物质(Harmful to Marine Environment, HME)"，附录2第3部分更是将塑料作为禁止倾倒的A类海洋垃圾。废物管理领域唯一的全球性国际公约《控制危险废物越境转移及其处置巴塞尔公约》尚未把塑料废物纳入范围。2018

年9月挪威提出建议，将塑料废物列入受《巴塞尔公约》贸易管制的废物清单，增加公约在塑料废物的效力及可追溯性。专注化学品管理的《斯德哥尔摩公约》和《鹿特丹公约》也开始关注微塑料问题，但远未被公约纳为监管范围。

三、欧洲

2015年10月欧洲化妆品及个人护理用品协会建议在2020年前停止在磨砂及清洁用的冲洗式化妆品和个人护理用品中添加塑料微粒。欧盟委员会发布了关于欧盟生态标签中六种洗涤剂产品组的修订标准，所有申请生态标签的洗涤剂不得含有塑料微珠。

欧盟理事会于2018年1月通过《欧洲战略：循环经济中的塑料》(*A European Strategy for Plastics in a Circular Economy*)，对塑料产品的设计、鼓励回收利用、生产者延伸责任、收集与分类、码头接受海洋垃圾设施、废水处理能力等提出政策指引，并指出有意添加微塑料的产品是容易控制的环节，在化妆品行业已经有自发行动，数个成员方已经逐步禁止。该战略将在法规层面具体执行。传统的污水管理规定如工业排放指令(IED)和市政污水处理指令(UWWTD)中也将考虑微塑料污染控制。2019年3月27日欧盟议会通过《一次性塑料指令》(Single Use Plastic, SUP)，涵盖减少消费、市场限制、产品设计要求、标志、生产者职责延伸(Extended Producer Resposibility, EPR)、收集物分离、采取措施增强意识等内容，禁止一次性塑料产品，允许成员方采取单边措施禁止某些包装。SUP中“产生者”包括制造、进口、销售者等；“塑料”的定义与一般理解不同，指含有依据REACH第3(5)条定义的聚合物者，包括生物塑料和生物可降解塑料，但排除了油漆、油墨和胶黏剂。欧盟还将修订《包装与包装废物指令》，配套实施。欧盟食品安全局(EFSA)也开始评估食物中微塑料的现有证据。

光降解塑料与热氧降解塑料是否能在环境中彻底降解一直存在争议。2017年欧盟发布《关于可氧化降解塑料使用的环境影响的补充研究》报告，认为可氧化降解塑料(oxo-plastics)随着时间的推移最终将分解为微塑料，因此2018年与微塑料一起纳入欧盟化学品管理署(ECHA)征求意见限制的范围。ECHA根据REACH第69(1)条于2019年1月发布关于限制产品中有意添加微塑料的建议并提出标签和报告的要求，同时发布限制建议的还有甲醛、硅氧烷D4/D5/D6。ECHA关于微塑料的限制有最长达6年的缓冲期，适用于各种化妆品、医疗器械包括体外诊断用品、洗涤剂、化肥、农业和园艺业的种子处理及植保产品和生物杀灭剂。微塑料等新兴化学品风险并不是REACH法规框架设计好的管理范围，在成文法为主故法律体系稳性较强、环境和健康意识领先因而社会推动力巨大的欧盟，法规如何演进以应对科学揭示的新风险、同时协调不同社会利益和经济发展因素，值得关注。

法国从 2016 年禁止一次性塑料袋制品，取而代之的将是可降解袋和可堆肥袋。从 2018 年 1 月起，所有含有塑料微珠的化妆品都将下架。2020 年 1 月 1 日起，家用塑料棉花棒也将禁止销售，一次性塑料餐具将限制使用。2018 年 1 月英国禁止生产含塑料微珠洗护产品，5 月北爱尔兰发布《环境保护（塑料微珠）北爱尔兰法规 2018》，禁止将直径小于 5 mm 的塑料微珠用于个人护理产品的成分，7 月起英格兰和苏格兰关于销售含有塑料微珠的冲洗型化妆品和个人护理产品的禁令正式生效，如面部磨砂、肥皂、牙膏和沐浴凝胶等含有塑料微珠的产品。英国影子政府工党环境部要求即使英国脱欧（Brexit）后，同样在英国执行欧盟“塑料战略”。意大利 2019 年 1 月起禁止使用塑料、不可生物降解和不可堆肥的耳朵清洁棒，2020 年 1 月起禁止化妆品中使用微塑料颗粒。瑞典 2018 年 7 月起禁止销售含塑料微粒的漂洗型化妆品，但含单独天然聚合物（未经合成、未发生化学改性的长链分子）的产品除外。在欧盟采取措施之前，丹麦将暂时禁止在冲洗化妆品中加入塑料微珠，并考虑将禁令扩大到所有化妆品。

四、美国和加拿大

2015 年美国通过《无微珠水域法案》（*Microbead-Free Waters Act*），立法禁止生产和营销人为添加塑料微粒的冲洗型化妆品，禁止生产和销售包含塑料微粒的香皂、牙膏、身体乳等产品。此前，加利福尼亚、康涅狄格以及新泽西等州均已颁布实施个人护理用品中不允许添加塑料微珠的规定，伊利诺伊州把禁令扩展到非处方药。

2015 年加拿大议会把微珠列为《加拿大环境保护法》下的有毒物质名单。2016 年加拿大发布《化妆品中塑料微珠法规》，全面禁止生产、进口或销售含有塑料微珠的化妆品。

五、其他国家和地区

2014 年澳大利亚卫生、化妆品和特殊产品工业组织 Accord 开始关注该物质对环境的影响，并启动淘汰该物质包括其在化妆品中使用的项目。2017 年新西兰政府宣布 2018 年起禁止销售含有微珠的个人护理等用品。2017 年韩国全面禁止化妆品中使用微小塑料颗粒，2018 年起禁止销售含有塑料微珠的化妆品。2018 年中国台湾地区正式禁止生产和进口含微珠产品，7 月起禁售。2018 年日本通过修订《海洋垃圾处置》法规，要求企业和生产者减少微塑料在产品中的应用，尤其是个人护理品和化妆品，但未全部禁止。根据前述 ECHA2019 年 1 月的报告，印度和巴西也有意禁止微珠加入化妆品、家用洗涤剂中。

第三节　微塑料管理国内政策与法规

一、一般性塑料环境管理政策与法规

20 世纪 90 年代，郑州等地已经颁布禁止生产销售使用非降解塑料餐具和非降解塑料食品袋、垃圾袋等规定。国家经济贸易委员会（现国家商务部）于 2001 年发布《关于立即停止生产一次性发泡塑料餐具的紧急通知》；2007 年国务院办公厅发布“限塑令”，在商品零售场所不得免费提供塑料购物袋，并禁止生产、销售、使用厚度小于 0.025 mm 的塑料购物袋。此后各地相继颁布相应地方条例、规章，禁止或限制私用不可降解的一次性餐具以及其他不可降解的一次性塑料制品及其复合制品。以上规范重在控制可见塑料物的环境污染，尚未认识到塑料污染分解后微塑料的严重问题，替代物生命周期的污染问题如何对比评估也不够清楚。2013 年国家发展改革委员会从多角度认为一次性发泡塑料餐具可以符合国家食品包装用具相关标准，有利于节能，从《产业结构调整指导目录》的淘汰类目录中将其删除，一次性发泡餐具重新合法化。2012 年《中华人民共和国清洁生产促进法》和 2009 年《中华人民共和国循环经济促进法》有一般性产品和包装物回收利用的规定，前者明确提出要在其生命周期中考虑对人体健康和环境的影响，后者的修订法建议中也纳入了生命周期视角。

我国曾长期允许进口废塑料用作工业原料，曾颁布《废塑料回收与再生利用污染控制技术规范》《废塑料加工利用污染防治管理规定》《废塑料综合利用行业规范条件》《进口可用作原料的固体废物环境保护控制标准——废塑料》等规定。为进一步规范固体废物进口管理，防治环境污染，生态环境部、商务部、发展改革委、海关总署将工业来源废塑料等 16 个品种固体废物从《限制进口类可用作原料的固体废物目录》调入《禁止进口固体废物目录》，自 2018 年 12 月 31 日起执行。这大大减少了废塑料在我国加工利用中造成的二次污染。

中华人民共和国海事局于 2018 年 1 月 23 日印发了关于执行《国际防止船舶造成污染公约》附则Ⅴ 2016 年修正案的通知，与 MARPOL 接轨，禁止向海洋倾倒塑料垃圾。

2018 年 11 月，中国政府和加拿大政府签署《关于应对海洋垃圾和塑料的联合声明》，双方承诺将以可持续的全生命周期法管理塑料，努力减少不必要的一次性塑料制品的使用，并充分考虑其替代品的环境影响；支持开展与供应链伙伴以及与其他国家政府的合作，加大努力应对海洋塑料垃圾；提高从源头管控塑料垃圾进入海洋环境的能力，加强对塑料垃圾的收集、再利用、再循环、回收和（或）环境无害化处置；全面遵守《巴塞尔公约》确定的原则精神；引导新型塑料及替代品的开发和合理使用，确保对健康和环境无害；减少化妆品和个人护理消费品中塑料微珠的使用，并处理其他来源的微塑料。

二、添加微塑料的产品法规和微塑料环境政策法规

根据“国产非特殊用途化妆品备案服务平台”，有相当部分产品在使用塑料微珠，包括聚乙烯、聚丙烯、丙烯酸（酯）类共聚物等。目前我国现行的 2015 年版《化妆品安全技术规范》、国家药品监督管理局（现国家市场监督管理总局）发布的 2018 年修订征求意见稿，均无微珠或微塑料限用规定。环境保护部发布的《环境保护综合名录（2017 年）》将“添加塑料微珠的化妆品清洁用品”“塑料微珠添加剂”列入“高污染、高环境危险”产品名录，双高目录不是限制性要求，而是结合税收等环境经济政策，并引导公众消费，督促企业自发淘汰的行政指导政策，或者作为其他部门制订管理制度的技术依据。

环境监测领域，现已隶属生态环境部的国家海洋环境监测中心 2017 年编制了《海洋微塑料监测技术规程（试行）》，辽宁省还颁布了《DB21T 2751—2017 海水中微塑料检测——红外显微镜法》，在技术支持法规上开始了准备。

微塑料的环境行为、健康危害、剂量—效应关系等尚缺乏足够的资料和证据。塑料等聚合物种类众多，其中使用繁多的添加剂，通过再生塑料等途径进入玩具家具和食品接触材料等容易迁移人体的产品，而不少聚合物添加剂正被国际公约识别为需要禁止的高度有害物质。从化学品风险全局角度，微塑料风险跨越 PPCPs 领域产品应用安全、生态环境保护等不同领域，涉及广泛的合成聚合物而非狭义的“塑料”，预计政策发展将采取直接管制、非市场手段引导及激励措施，限制微塑料包括微珠在工业和生活产品中的应用、鼓励更加天然且可降解的材料、区分有意添加和聚合物降解的不同、加强塑料包装管理、鼓励塑料垃圾回收、加强对再生塑料利用的健康风险评估、控制、探索生产者延伸责任、限制填埋、控制废塑料越境转移、加强可降解塑料研发与应用、开展水中微塑料的污染治理和水与土壤环境微塑料监测、在食品安全标准中考虑微塑料的影响，并制定协调高效的法规和管理制度。我国应积极参与和推进三大环境公约的谈判和发展，充分利用国际和国家间合作机制，共同应对这一跨国性化学品污染问题，减少和控制微塑料导致的渔业水产、海洋和土壤生态以及居民身体健康风险。

第十七章
污染物释放与转移申报制度

第一节　PRTR 的概念和发展历史

一、PRTR 的概念

污染物释放与转移申报(Pollutant Release and Transfer Register, PRTR)制度,是针对化学污染物进行严格管理而实施的制度。它包含企业对释放到大气、水体和土壤中的指定化学污染物及其污染物的转移而进行的报告和登记工作,并将相关数据进行信息公开。它包含固定污染源的释放(例如工厂烟囱)以及移动污染源的释放(例如汽车等)的报告。

PRTR 的基本核心内容包含四个方面:① 建立化学污染物排放的清单及申报门槛;② 排放和转移的媒介(如大气、水、土壤)、估算的方法和综合性报告;③ 由固定或移动污染源汇总成的污染物信息数据库;④ 环境信息公开,即污染物资料和数据可以为公众所获得。

从 PRTR 制度的执行程序上来说,一般首先是政府制定列入清单的技术标准和程序,征求利益相关方的意见后出台化学污染物清单。同时,政府设置纳入申报的企业类型以及申报物质阈限值,并对重点企业进行管控。此外,政府还开发出一系列指南性文件,确保申报信息的可靠性和完整性。然后,企业根据具体要求,向政府报告对环境排放和转移某种化学污染物的年度总量。通常这些数据可以通过一定的估算方法来获得,例如检测法、物料平衡法、排污系数法、工程估算法等。随后,计算后的数据以报告的形式在公开的平台上公布,以供公众查询。最终,PRTR 制度使管理部门能够有效掌握有毒有害化学污染物的环境释放与转移情况,从而制定有针对性的管理措施。

PRTR 制度要求政府公开五类环境信息,即污染物排放和转移的主体、名称和类型、排放或转移数量、可能造成的环境影响、地理分布信息。环境信息公开作为继指令性控制手段和经济手段之后出现的一种新型环境管理手段,不仅监管成本较低,而且保障公众环境知情权,意义重大。这些信息的公开,提高了公众在化学品管理中的参与程度,发挥了更大的公众监督作用,也为实现公民的环境参与权和监督权设置了法律保护。

无论从法律角度还是从市场因素来看,PRTR 制度便于更多的利益相关方参与对污染物排放的监督行动中,也有利于污染型企业主动对排放行为实行自律。因为与企业利益相关的机构和主体如投资者、银行、消费者等,随时可以了解和掌握企业排污的信息,及时通过市场选择行为对企业污染物排放进行牵制,甚至用法律手段及时制止。对违反条例的企业,政府可以制定相应的处罚规定,采取必要措施以确保处罚规定是有效和适当的。

二、PRTR 的国际发展历史及其法律基础

1976 年联合国环境规划署(UNEP)在瑞士日内瓦成立了国际潜在有毒化学品登记中心(the International Register of Potentially Toxic Chemicals, IRPTC)。这是首次由一个国际系统来收集、确认和交换危险化学品的信息平台。

1992 年在巴西里约热内卢召开的"环境与发展"大会,通过了可持续发展战略《21 世纪议程》。其中提到有毒化学品和危险废料的无害环境管理,包括防止在国际上非法贩运有毒化学品和危险废料,确定了"广泛构建化学有毒物质目录"的共识。大会通过的《里约宣言》中提出,"个人有权从国家及环境机构得到有关化学物质信息",并且"广泛利用国家信息参与环境决策"。呼吁各国政府与工业界和公众合作,改善污染物排放的数据库。

1998 年在丹麦奥胡斯召开的第四届"欧洲环境"部长级会议上,联合国欧洲经济委员会(the United Nations Economic Commission for Europe, UNECE)通过了《在环境问题上获得信息、公众参与决策和诉诸法律的公约》(简称《奥胡斯公约》或"*Aarhus Convention*"),2001 年 10 月 30 日正式执行。《奥胡斯公约》明确要求各缔约方在酌情考虑国际进程的前提下,逐步在国家层面建立污染物清单或登记制度。建议在会后拟定关于污染物释放和转移登记清单的适当文书。该公约同时提到公众对环境信息的知情权,也包含公众对环境政策和管理办法的参与决策权。

2003 年在乌克兰首都基辅召开的缔约方特别会议上,包括法国、德国、比利时等 36 个成员方和欧盟签署了《基辅污染物释放与转移登记制度议定书》(简称《基辅协定》或"*Kiev Protocol*"),力求在国际社会建立起统一的 PRTR 制度。《基辅协定》是首个关于 PRTR 制度的具有法律约束力的国际文书。公约指出对 86 个污染物或类别进行管理。2009 年 10 月 8 日,《基辅协定》正式生效,它是一个开放的国际议定书,所有国家都可以加入,包括当时还没有批准《奥胡斯公约》的国家,以及非联合国欧洲经济委员会(United Nations Economic Commission for Europe, UNECE)成员的国家。

为响应1992年联合国环境与发展大会的号召，加强政府间在化学品安全方面的合作与协作，1995年成立了“机构间化学品健全管理规划”(The Inter-Organization Programme for the Sound Management of Chemicals，IOMC)。参与机构包括FAO、ILO、UNDP、UNEP、UNIDO、UNITAR、WHO、WorldBank和OECD。IOMC的目的是促进参与机构之间对化学品健全管理政策的协调、合作和分工。由参与机构建立的“PRTR协调小组”从1996年开始召开年度会议，讨论和协调各个国际组织机构在PRTR施行中的任务和工作计划。2005年，新的组织“国际PRTR协调小组”取代了IOMC“PRTR协调小组”，继续参与对各国PRTR制度施行工作的协调任务。同时，也向国际化学品管理会议(International Conference on Chemicals Management，ICCM)进行汇报，对各个国家的PRTR制度施行情况进行分析跟踪。作为国际化学品管理战略(Strategic Approach to International Chemicals Management，SAICM)执行计划的一部分，区域性的SAICM会议也会给协调小组提供信息交流和经验分享的机会。

OECD是PRTR制度的积极参与者和推广者。它的工作包括开发可操作的工具和编制指导手册以帮助成员方施行PRTR、对非OECD成员方开展技术服务、与相关国际组织进行密切合作。1996年，OECD采纳了《关于实行PRTR制度的建议》(2003年修订，2018年OECD发布了新版的《关于建立和推行PRTR制度的建议》[C(2018)5])，呼吁各国建立PRTR制度，并发布了《PRTR——环境政策与可持续发展工具》指导手册。1998年，OECD发布了PRTR执行蓝图和一系列描述PRTR特点的技术报告。

2010年5月，通过对澳大利亚、加拿大、美国、日本、欧盟等五国和地区PRTR名单进行研究，OECD发布了“污染物标准化名单”(简称“长化学品名单”)，共涉及持久性有机污染物(POPs)、多环芳烃(PAHs)、温室气体(GHGs)等13个类别的1 184种化学物质。随后以长化学品名单为基础，将大多数OECD成员方赞同毒性最强的或与环境关系密切的商用化学品确定为一个共同名单(简称“短化学品名单”)，共126种化学物质。长化学品名单和短化学品名单作为环境管理工具，为新建立PRTR制度的国家和已建立PRTR制度的国家对该制度的修订完善提供了参考和帮助。

在OECD和UNEP化学品处的合作下，联合国训练研究所(The United Nations Insitute for Training and Research，UNITAR)实施了PRTR培训和能力建设计划，提供一系列PRTR指导准则，建立PRTR信息网络。协助各国制定和实施PRTR制度。通过该网络可以获得各个施行国家的PRTR相关信息。

三、PRTR 制度的国际影响及实施概况

联合国气候变化框架公约（United Nations Framework Convention on Climate Change, UNFCCC）要求缔约方建立国家层面温室气体排放和消除清单。该清单中的许多物质通常都是该国家 PRTR 清单中的污染物。

联合国环境规划署《水俣公约》（2017 年 8 月施行）中提到，PRTR 制度下所收集的数据可以作为汞及其汞化合物的释放和废弃年报告量统计制度的参考。另外，PRTR 支持的环境信息的公开和交流也是《水俣公约》的考量。

《斯德哥尔摩公约》明确承认 PRTR 对持久性有机污染物（POPs）释放的信息收集和公开的作用。PRTR 制度同样支持该公约的其他目标，例如促进公众知情，教育和提高公众意识，定期更新行动计划等。

截至 2015 年底，全球已有超过 50 个国家（地区）先后建立了 PRTR 制度，其中不乏美国、日本、澳大利亚、欧盟等具有国际影响力的国家和经济体。

从各个主要国家和经济体施行 PRTR 的时间轨迹看，荷兰于 1974 年建立的排放目录制度（Emission Inventory System, EIS），可以看作 PRTR 制度的雏形。当时要求企业登记的化学物质达 900 种，到 1999 年才减为 180 种。

1986 年，美国实施等同于 PRTR 制度的"有毒物质排放清单（Toxics Release Inventory, TRI）"制度。

1990 年，英国开始实施《化学物质排放目录（CRI）》制度，后在 1998 年改为污染目录（Pollution Invertory）。

1993 年，加拿大实施《国家污染物质排放目录（NPRI）》制度。

1998 年，澳大利亚颁布《国家环境保护措施条例》，开始实施 NPI NEPM 制度。

1999 年，日本颁布了《促进掌握特定化学物质环境排放量及改善其管理法》，即 PRTR 法。

2006 年，欧盟通过了《关于建立欧洲污染物释放与转移登记制度的法规》，即 E - PRTR 制度。

第二节　主要国家和经济体的 PRTR 制度

一、欧盟

1996 年 9 月，欧盟委员会颁布了《综合污染预防与控制指令》（96/61/EC）（*Integrated Pollution Prevention and Control*，简称 IPPC 指令），在欧盟范围内推行最佳可行技术和许可证制度的管理手段，用于防止和减少污染物排放。

根据该指令第 15 条的规定，欧盟委员会于 2000 年 7 月通过了 2000/479/EC 指令，决定实施“欧洲污染物排放登记”制度（European Polluting Emissions Register，EPER）。根据此项决议，欧盟各成员国企业必须就 50 个种类的化学污染物环境释放情况向主管当局进行登记。同时，此项指令还要求欧盟每三年公布一次欧盟境内主要污染物排放源名单。因此，欧盟于 2003 年和 2006 年分别公布了 2001 年和 2004 年的污染物排放情况。报告公布在欧洲环保署的网站上供公众查询。

2003 年 5 月，在基辅召开的第五次欧洲环境部长级会议上通过了联合国欧洲经济委员会（UNECE）起草的《基辅协定》。为履行协定的义务，欧盟将现行的 EPER 制度提升为《欧洲污染物排放和转移登记》（即 E－PRTR）制度，并于 2006 年颁布了法规（EC）No. 166/2006。

E－PRTR 目录清单纳入了 91 种类污染物质，包含温室气体、其他气体、重金属、农药、氯化有机物、其他有机物和无机物 7 个大类。E－PRTR 同时列出了 65 种经济活动类型，涉及 9 个产业部门。在此范围内的企业，当污染物的释放和转移的数量超过了限值，就必须向所在国家主管部门提交化学污染物向水、大气、土壤的释放、转移和处置的相关数据。主管当局对其进行数据完整性、一致性和可靠性的审查。审查通过的数据，通过统一的软件向欧盟委员会和欧洲环保局进行提交。数据汇编后，被制作成分析报告，最终在 E－PRTR 网站进行信息公开。社会组织、管理部门以及公众可以通过检索的方式查阅该数据。

E－PRTR[①] 制度在欧盟范围内有毒有害化学污染物的管控与减量方面发挥了重要的作用。

二、日本

作为 OECD 成员之一，日本政府接受了 OECD 委员会的建议，于 1996 年 10 月成立了 PRTR 技术咨询委员会，开展建立 PRTR 制度的研究工作。1997 年 5 月撰写了 PRTR 技术咨询委员会报告。在报告框架下，开展了一个实施 PRTR 制度的试点项目。同时，日本经济组织联盟和日本化学工业协会也鼓励相关企业自愿为 PRTR 的实施做出贡献。1998 年日本环境省总干事向中央环境理事会提交“日本未来对化学物质的环境风险的措施”研究报告。1998 年 11 月，理事会就 PRTR 基本框架完成临时报告。基于该框架，日本环境省联合经济产业省于 1999 年向日本议会提交了关于制定 PRTR 法规的议案。1999 年日本政府颁布了《促进掌握特定化学物质环境排放量及改善管理法》，在日本国

---

① 更多关于欧盟 E－PRTR 的具体内容，可以参考以下网站：https：//prtr. eea. europa. eu。

内建立了化学物质 PRTR 申报制度。日本的 PRTR 制度不仅是一项有效的化学品环境管理工具，还在政府、企业经营者和公众之间建立起一个风险沟通的平台，共同对有毒有害化学物质环境污染进行有效管控。

日本环境省与经济产业省联合负责 PRTR 法规的实施工作，并进行整体设计与规划。其 PRTR 法规将 2002 年作为第一个申报年份，所有符合 PRTR 申报条件的企业必须向政府提交 2001 年度特定化学物质的环境释放与转移数量。企业在经营活动中生产或使用 PRTR 物质清单中第Ⅰ类指定化学物质，并且数量超过了规定的相应限值时，必须向所在都道府县的地方主管部门进行报告与登记。地方主管部门将区域数据再提交至相应的中央政府主管部门，由其将全国的数据进行汇总分析，并向社会公众公开。

日本 PRTR 制度下，需要申报的物质被称作"第Ⅰ类指定化学物质"(Class Ⅰ Designated Chemical Substances)。该类物质的指定是基于日本药品事务和食品卫生委员会(隶属于厚生劳动省，Minstry of Health, Labour and Welfare, MHLW)、化学物质委员会(隶属于经济产业省，Minstry of Economy, Trade and Industry, METI)和中央环境委员会(隶属于环境省，Minstry of the Environment, MOE)的建议。同时考虑物质本身的固有危害和暴露情况，企业在经营活动中，需要为合作伙伴提供一份化学品安全说明书，介绍使用这些物质的注意事项和预防措施。2008 年 11 月，《PRTR 法》被进行了修订，"第Ⅰ类指定化学物质"由原先的 354 种增加至 462 种。涉及金属业、制造业、危废处理业等 24 个申报行业。2008 年增加了医疗服务行业其中包括了 15 种"特定Ⅰ类指定化学物质"(见表 17-1)，均为致癌性物质。申报限值为每年 0.5 吨。其余非特定物质的申报限值为每年 1 吨。并且，在计算生产使用的第Ⅰ类或特定Ⅰ类指定化学物质数量时，只有在产品或原材料中此类物质的含量大于 1%(第Ⅰ类指定化学物质)或 0.1%(特定Ⅰ类指定化学物质)时，才予以考虑。

表 17-1 日本特定Ⅰ类指定化学物质

CAS 号	物质名称
1332-21-4	石棉
75-21-8	环氧乙烷
	镉及其镉化合物
	铬(Ⅵ)化合物
75-01-4	氯乙烯
	二噁英

（续表）

CAS号	物质名称
	铅化合物
	镍化合物
	砷及其无机化合物
106-99-0	1,3-丁二烯
75-26-3	溴丙烷
	铍及其化合物
98-07-7	苯亚甲基三氯化物
71-43-2	苯
50-00-0	甲醛

以下网址供查询"第Ⅰ类指定化学物质"的清单、类别、固有危害和申报限值：http：//www. env. go. jp/en/chemi/prtr/substances/index. html。

政府在统计"第Ⅰ类指定化学物质"的排放量之余，还对未囊括在申报范围内的行业的环境排放量进行预测，涉及农业、涂料、化妆品等十余个行业。

2004年，日本环境省、经济产业省组织工业协会等部门联合编制了多个工业行业的计算手册，开发了相应的估算软件、申报系统等工具，以帮助企业进行PRTR申报，尽可能减少企业的申报难度。

在日本PRTR法规中，同时提出了"第Ⅱ类指定化学物质"。物质的数量在2008年的修订中，由原先的81种增加至100种。该类物质尽管不受到PRTR制度的管辖，但是需要遵循SDS的要求。针对"第Ⅰ类指定化学物质"和"第Ⅱ类指定化学物质"，强制性纳入了日本《JIS 7252 基于GHS的化学品分类方法》和《JIS7253 基于GHS的化学品危害性公示-标签和SDS》的管辖范围，要求对共562个物质编制符合GHS标准的SDS和标签。

三、加拿大

加拿大"国家污染物释放清单"（National Pollutant Release Inventory，NPRI）制度是加拿大对应PRTR制度设立的国家制度。作为OECD成员方之一，加拿大政府早在1991年就接受了OECD的建议，并于1992年成立了多方利益相关者咨询委员会（Multi-stakeholder Advisory Committee，MAC），为PRTR的实施提供技术支持。1993年3月，加拿大环境部在加拿大公报中发布声明，正式建立了NPRI申报制度。

1999年，加拿大出台的《环境保护法》（*the Canadian Environmental*

Protection Act，CEPA)针对化学品信息收集进行了相应的规定，要求生产、使用某些化学品的企业向环境部申报化学品环境释放、转移、处理和循环利用情况。同时，还要求环境部建立和公布一份化学污染物的环境释放与转移国家清单。CEPA1999 的这些条款，构成了建立加拿大 NPRI 制度的法律基础。

加拿大 NPRI 制度要求 7 000 多个工业设施对污染物的释放、废弃和转移进行申报，其中包括生产工业品、矿山、油气产品的工厂，也包括电厂和污水处理厂①。截至 2018 年，NPRI 申报物质清单上有 324 种物质，分为五个大类。第一大类分为 1A 和 1B 两个小类。第 1A 类是“重点物质”，构成了 NPRI 清单的主要部分，也是 NPRI 清单建立之初就已经纳入的物质。第 1B 类是“可替代有阈值物质”，比第 1A 类物质申报阈值低，但是少量就会对环境和人类健康产生重大影响的物质。第二大类是多环芳烃类物质。第三大类是工业过程中带来的副产物多氯二苯并对二噁英、多氯代二苯并呋喃和六氯苯，它们常常作为污染物存在于农药、溶剂或木材防腐剂中。第四大类是标准空气污染物，通常由燃烧源释放，可能导致或促成空气问题，如烟雾和酸雨。第五大类是挥发性有机污染物(VOC)。

加拿大 NPRI 制度申报的时间节点是每年 6 月 1 日。企业向环境保护主管部门提交上一年度清单物质环境释放、转移和处置的相关数据。就 2017 年的申报数据统计，共有 7 001 家企业提交了申报。涉及物质总量超过 490 万吨。其中，超过 320 万吨是直接向环境排放的污染物，超过 160 万吨是进入垃圾填埋场的，超过 28 万吨是从设施现场转移先进行处理，再最终废弃或回收的。据统计，从 2008 年到 2017 年，NPRI 申报的释放到环境中的污染物量下降了大约 21%(约 84 万吨)。其中，释放到大气中的污染物量下降了 22%，释放到水和土壤中的污染物量分别增长了 8%和 109%。废弃和转移的污染物的量下降了 4%，其中，厂外废弃处置的量下降了 81%，现场废弃处置的量下降了 14%，厂外转移用于回收的量下降了 16%。

四、澳大利亚

1995 年至 1996 年，澳大利亚环境保护委员会(The National Environment Protection Council，NEPC)开始着手研究国家污染物清单(National Pollutant Inventory，NPI)，并建立了项目小组。同时由工业界和环保组织等建立的非政府咨询工作组负责确保工业界、环保界和社区的意见能及时反馈到环保委员会。独立的技术咨询工作组负责制定 NPI 申报清单的物质的纳入方法。1998

① 对申报设施的具体要求、申报物质清单和申报限值，可以参考以下网站：https：//www. canada. ca/en/services/environment/pollution-waste-management/national-pollutant-release-inventory. html。

年2月，澳大利亚正式颁布了《国家环境保护措施条例》(*National Environment Protection Measure*，NEPM)，并开始实施NPI NEPM制度。

澳大利亚NPI NEPM制度的建立，期望达成三个环境目标：保护和改善大气和水体质量；减少有害废弃物带来的环境影响；改善资源的循环利用。NPI NEPM制度有效跟踪了污染物，提高了公众和工业界对排放到环境中有毒有害物质的类型和数量的认知，间接鼓励企业使用清洁生产技术减少排放和废弃物的产生，从而促进了环境质量的提高。同时，增强了企业与社区公众的互相了解，协助政府制定更加优化的环境政策。

在NPI NEPM制度中，物质是否纳入清单的考量标准有环境影响、人体健康影响和环境暴露情况三个。三个指标换算成风险分数，用该分数的高低来判断是否纳入清单。通过筛选420个候选物质，澳大利亚NPI清单最终共包含了93种有毒物质，这些申报物质被分为总挥发有机物、汞及其化合物、总氮和总磷等6个不同的类别。除了航空、石油零售、单纯从事农业生产等企业外，原则上所有涉及NPI清单上的企业都需要履行申报义务。

2007年9月，澳大利亚正式颁布《国家温室气体与能源报告法》。由于该法将温室气体和能源报告的任务纳入其中管理，因此NPI清单于2008年移除了该类物质。

在制度的执行上，NPI NEPM提供的框架，还需要转化成各个州和地区环保部门的地方法律法规①。具体法律法规名称和执行部门如下。

(1) 澳大利亚联邦：通过行政手段执行该制度。

(2) 首都直辖区：1997年修订的《环境保护法案》，由环境、气候变化、能源和水利部门执行。

(3) 新南威尔士：《环境保护基础法规2009》，由当地环境保护管理局执行。

(4) 北部地区：在《废弃物管理和污染物控制法案2003》的管辖下颁布的《环境保护令(EPO)》，由北部地区环境保护管理局执行。

(5) 昆士兰：《环境保护法规2008》，由当地环境和科学管理局来执行。

(6) 南澳大利亚：《环境保护法1993》，由当地环境保护管理局执行，施行了与NPI NEPM类似的《环境保护政策2008》(*Environment Protection Policy 2008*，NPI EPP)，要求企业进行NPI申报。

(7) 塔斯马尼亚：《塔斯马尼亚州政策与项目法案1993》。

(8) 维多利亚：在《环境保护法案1970》的要求下于1998年制定的《工业废弃物管理政策》(*Industry Waste Management Policy*，IWMP NPI)，由环境保护管理局执行。

---

① 关于澳大利亚执行NPI NEPM的具体情况，可以参考以下网站：http://www.npi.gov.au/。

(9) 西澳大利亚:《环境保护法案 1986》下属《环境保护法规 1998》(NEPM NPI),由水利和环境法规部执行。

五、美国

受印度博帕尔甲基异氰酸酯泄漏事件和美国西弗吉尼亚化学品泄漏事件的影响,美国国会于 1986 年 10 月颁布了《应急计划和社区知情权法》(*Emergency Planning & Community Right-to-Know Act*, EPCRA),作为美国《超级基金修正和再授权法》第三部分内容。EPCRA 法吸收了美国 EPA 的自愿性化工应急响应项目经验,建立了针对危害化学物质的地方应急管理机构和多项制度体系,包括极危险物质(Extremely Hazardous Substances, EHSs)的预案备案和泄漏报告制度(40 CFR 355,涉及 356 种急性毒性化学物质)、MSDS 报告制度、库存化学品年度报告制度。EPCRA 法与《环境应对、赔偿和责任综合法》(*Comprehensive Environmental Response, Compensation and Liability Act*, CERCLA)、《污染防治法》(*Pollution Prevention Act*, PPA)第 6607 章以及《清洁空气法》(*Clean Air Act*, CAA)第 112 章(r)一起,构成了美国对有毒化学物质申报管理制度的法律基础。

EPCRA 法第 313 章规定,企业有义务减少有毒化学物质对环境的不良影响,并且必须向公众披露有毒化学物质的相关信息,从而引入了"有毒化学物质排放清单(Toxics Release Inventory, TRI)"制度,于 1987 年开始施行。之后,美国于 1990 年颁布的《污染防治法》第 6607 章的规定,进一步拓展了 TRI 申报的要求,企业在申报时还需要通报其对有毒废物的处理情况以及源头削减的措施。

美国 TRI 制度是由法律、总统令、若干最终规则和相关通知建立的一种具有强制性的行政手段。首先,EPCRA 和 PPA 赋予美国环保局建立并实施 PRTR 的权利。其次,《总统令 12856——符合知情权法和污染防治法的规定》《总统令 13148——引领环境管理绿化政府行为》等要求企业需遵循 TRI 规定。再次,美国通过规则制定程序,不断提出建议规则,颁布最终规则来调整 TRI 实施的内容。最后,美国还通过发布通知告知信息收集要求等事项。通过上述行政手段,使得 TRI 制度得以顺利启动实行。

TRI 的受控物质清单涵盖了三大类:致癌物、对人体健康有严重急性影响和慢性影响的物质、对环境有严重影响的物质。后经十几次扩充和删减,截至 2018 年末,已有 650 多种单列化学品和类别化学品。EPCRA 中明确赋予 EPA 权利,允许其增减清单上的有毒物质。借鉴 OSHA HCS,TRI 受控物质清单中的致癌物披露阈值是 0.1%,其他的非致癌物质的披露阈值为 1.0%。PBT 物质没有设置披露阈值,但是对整体申报量限值有具体规定,为 10 磅①或 100 磅。对于使用受控物质,申报量限值均为每年 10 000 磅。对于生产与加工,1987 年(第 1 年)的申报量限值为 75 000 磅;1988 年(第 2 年)的申报量限值为 50 000 磅;1989 年(第 3 年)及以后的申报量限值为每年 25 000 磅。

按照 EPCRA 的要求,TRI 受控企业必须满足三个条件,一是企业规模在 10 名全职员工以上;二是在一个年度内生产、加工或使用受控物质达到申报量限值以上;三是企业代码落入 TRI 规定的申报企业代码范围内。一开始,EPCRA 对受控企业的识别采用的是四位数的 SIC 代码(Standard Industrial Classification,美国标准工业分类),在 2006 年改为六位数的 NAICS 代码(North American Industry Classification System,北美工业分类体系)。该代码每五年更新一次。目前企业使用的是 2017 版的 NAICS 代码。EPA 在其网站上明确列出了纳入 TRI 管辖的受控企业的 NAICS 代码。1993 年,克林顿总统签署法令(EO 2856),要求所有联邦机构遵守 EPCRA 第 313 章的要求。这意味着所有联邦机构,不论其 NAICS 代码是否被列入,都必须按照 TRI 所设的申报量限值进行 TRI 申报。从行业分布来看,受控企业包含了 9 大类约 40 小类,包括煤矿和金属矿业、电力和供水等公用设施、食品和化学品等制造业、废弃物处理等。

TRI 制度下的排放指任何有毒物质通过溢漏、泄漏、抽吸、喷出、排出、浸出、倾泻、处理(包括废弃容器)等途径进入环境。排放信息明确要求区分通过有组织与无组织进入大气中的分量及总量;通过直接排入受纳水体与纳管排入公共污水处理厂的分量及总量;工厂内处理与转移出工厂处理固体废物的分量及总量。计算排放量的方法主要是物料衡算法、排放因子、工程核算等估算技术方法,也包括传统的采样分析环境监测技术方法。

美国 TRI 年报的截止时间为每年 7 月 1 日。企业需将 TRI 表格直接递交至 EPA。7 月至 10 月 EPA 会进行数据质量审核、处理和分析,12 月至次年 1 月在网站上公布《TRI 国家分析报告》(*TRI National Analysis*)。据统计,2016 年共有 21 629 家企业进行了 TRI 申报。其排放入大气、水体和土壤中的化学品量为 34 亿磅,其中土壤填埋占比 66%。总排放量与 2006 年相比减少了 21%,其中大气排放量减少了 58%(约 8.29 亿磅)。并且,有 87%申报的化学废弃物是通过循环利用、能量回收和后处理来实现管理的,而非直接排放进环境中。这也是受到《污染防治法》规制影响的结果。

针对 TRI 申报制度,美国 EPA 开发了一系列应用软件和系统。企业可以通过 EPA 的 Central Data Exchange(CDX)平台的 TRI-MadeEasy web 应用(TRI - ME),提交电子文档进行 TRI 数据申报。TRI Explorer 工具可以查询

---

① 1 磅≈4.54×10^{-4} 吨。

按照地域、企业、行业类型、化学物质等细分的各个排放数据。TRI Pollution Prevention Search Tool 可以查询各企业针对某一种有毒化学品在污染防治方面的数据以及采取的措施，也可以查询针对某一类型有毒化学物质的同类企业（母公司）之间的排放数据的比较。my Right-To-Know(myRTK)工具以地图的形式对公众展示了社区附近的污染源，并且提供污染物对人体健康的影响、企业如何管理有毒化学物质以及企业运作和合规情况的信息。该工具也可以装在移动设备上供公众方便使用。EPA 的另外一个软件 Risk-Screening Environmental Indicators(RSEI)Model 从 TRI 申报的数据中提取信息，除了有毒化学物质排放的信息，还有该物质在环境中的归趋和转移、物质相关毒性和潜在人体暴露的信息。利用 RSEI 得到的评估分数有利于政策制定者、研究机构和社区进行初筛，以便进行下一步研究。

美国污染物防治和毒物办公室（Office of Pollution Prevention & Toxics, OPPT）和固废应急办公室（Office of Solid Waste and Emergency Response, OSWER）也分别基于 TRI 信息开展了两个自愿项目：33/50 有毒污染物排放降低项目（涉及 12 种有机物、5 种金属，于 20 世纪 90 年代初开始）和优先危害化学组分（Priority Chemicals, PC）废弃物削减项目（The national waste minimization program，涉及 28 种有机物、3 种金属，于 20 世纪 90 年代末开始），并取得成功。尽管 TRI 制度是强制的，但它与其他联邦环境保护法案或条例的不同在于，TRI 的初衷是致力于信息公开，而不是制定标准去规定企业运作。但它同样达到了保护环境的目的。废物处理处置从原来的环保部门末端治理以及“命令—控制”管理模式向企业源头削减、企业自主削减模式转变。

TRI 制度①在信息公开领域的成功，推动了 OECD 在其成员方中大力推广以 TRI 为原型的化学污染物释放与转移登记 PRTR 制度。TRI 综合水、气体、固废于一体的管理模式甚至引发美国对多介质污染物与水气固分割管理机构模式的讨论。

美国 TRI 制度也有其局限性，它表现在：每年报告的数据是估计而非监测而来；排放数据只是报告一年的总数，并不能反映即时排放的浓度信息，不能得知企业排放的高峰时段和排放速率；TRI 数据只是排放量的信息，并没有考虑公众的暴露情况；估算数据的方法可能因时而异、因厂而异等。

六、中国

截至 2018 年，我国还没有针对化学污染物释放和转移登记制度进行单独

① 更多关于美国 TRI 制度的具体情况，可以参考以下网站：https://www.epa.gov/toxics-release-inventory-tri-program。

立法。

早在2008年，我国考虑引入PRTR制度，开展了PRTR试点工作。2008年至2009年，环境保护部（现更名为生态环境部）牵头组织化学品登记中心，并联合上海市环保局、天津市环保局开展PRTR制度研究和登记试点工作，选择了30余家有代表性的电镀业和汽车制造业企业，针对甲苯、二甲苯、硼及其化合物、锌及其化合物等21种化学物质展开试点。此次试点工作形成了《试点行业物质清单》《行业填报指南》等29个报告文件，并对申报中存在的问题进行了及时总结，为我国后续全面实施PRTR制度积累了宝贵经验。例如，2013年至2015年在天津泰达滨海新区开展了"中欧环境治理项目——天津滨海新区企业环境信息公开试点项目"，100多家企业在其网站上公布了主要污染物的排放和转移情况。

2011年修订的《危险化学品安全管理条例》（国务院第591号令）第六条提到，由环境保护主管部门负责废弃危险化学品处置的监督管理，组织危险化学品的环境危害性鉴定和环境风险程度评估，确定实施重点环境管理的危险化学品，负责危险化学品环境管理登记。第十六条提到，生产危险化学品的企业，应当将该危险化学品向环境中释放等相关信息向环境保护主管部门报告。环境保护主管部门可以根据情况采取相应的环境风险控制措施。这是我国首次在国务院行政法规中明确要对"重点环境管理的危险化学品"进行管理。

为了贯彻落实国务院第591号令的规定，2012年10月10日环保部公布了《危险化学品环境管理登记办法（试行）》（环保部第22号令，以下简称《办法》），于2013年3月1日起正式实施。按照《办法》规定，生产使用危险化学品的企业，需要向当地环保部门申请办理"危险化学品生产使用环境管理登记证"。涉及重点环境管理危险化学品的，还需要办理"重点环境管理危险化学品生产使用登记证"。进出口企业，涉及中国严格限制进出口的危险化学品目录的危险化学品时，需要办理"危险化学品进出口环境管理登记"。2013年3月，环保部又发布了《重点环境管理危险化学品环境风险评估报告编制指南（试行）》等四项配套文件，进一步指导环境管理登记和环境风险评估报告的编写工作。为加快实施中国PRTR，2013年7月15日，环保部印发了《重点环境管理危险化学品及其特征化学污染物释放与转移报告表》和《重点环境管理危险化学品环境风险防控管理计划》的通知（环办〔2013〕75号）；2014年4月3日，印发了《重点环境管理危险化学品目录》（环办〔2014〕33号），列入了84种重点环境管理危险化学品。2015年10月，发布了关于《办法》修订的征求意见稿。但是紧随其后的2016年2月，国务院发布了《关于第二批取消152项中央指定地方实施行政审批事项的决定》，其中就包括了取消危险化学品生产使用环境管理登记证核发。这也意味着环保部第22号令中规定的一项重要行政管理事项的废除。2016 年 7 月 13 日，环保部发布了《关于废止部分环保部门规章和规范性文件的决定》。至此，《危险化学品环境管理登记办法（试行）》被最终废止。

尽管环保部第 22 号令现已废止，但是各界普遍将国务院第 591 号令和环保部第 22 号令解读成中国 PRTR 制度建立的法规基础和雏形。与 PRTR 制度的基本要求类似，环保部第 22 号令第三条提到，环境保护主管部门确定实施重点环境管理的危险化学品，制定、公布《重点环境管理危险化学品目录》，并适时调整，类似 PRTR 制度中的管理清单。第二十条提到，重点环境管理危险化学品的生产使用企业，需要每年向当地环保部门填报重点环境管理危险化学品释放和转移报告表、环境风险防控管理计划。报告表包括污染物的排放、处置和回收利用的情况，以及相关的核算数据等内容，类似 PRTR 制度中的年报要求和估算方法。第二十二条提到，危险化学品生产使用企业需要向公众公布其危险化学品的品种、特性、污染物排放等相关数据，重点环境管理危险化学品还应当公布其特征污染物的释放和转移信息及监测结果，类似 PRTR 制度中的信息公开要求。

但是，与国际上的 PRTR 制度相比，我国拟建立的 PRTR 制度还存在以下一些问题。

首先，22 号令的法律地位仅为环境保护部的部门规章，相比法律级别较低。

其次，在重点环境管理危险化学品目录中，仅仅列入了 84 种化学品。与其他国家的 PRTR 制度管控清单相比，列入数量较少，管控范围较窄。仍然有许多排放量大并且有毒有害的物质未纳入管理范围。并且，目录中并未对物质的具体类别、活动类型、行业监管对象以及排放阈值进行详细的规定。

再次，2008 年 5 月起施行的《环境信息公开办法（试行）》中提及环保部门应当建立健全环保信息公开制度。2015 年 1 月 1 日起施行的《企业事业单位环境信息公开办法》进一步对企事业单位的环境信息公开提出了规定，要求建立“重点排污单位名录”。2016 年 11 月，国务院印发的《“十三五”生态环境保护规划》，提出要全面推进环境信息公开，保障公众环境知情权。至此，我国还需要加快信息公开平台的建设。

我国目前对污染物的排放进行管理，主要是采用排污许可制度。2016 年 11 月，国务院印发的《控制污染物排放许可制实施方案》明确了排污许可制度的顶层设计和总体思路，构建以排污许可制为核心的固定污染源环境管理制度。2018 年 1 月，环保部印发了《排污许可管理办法（试行）》，详细规定了排污许可证的核发程序和管理办法。在此制度下纳入管理的污染物，主要涉及列入各自名录的大气、水和土壤污染物。2018 年 1 月 1 日施行的修订后的《中华人民共和国水污染防治法》要求建立“有毒有害水污染物名录”。2019 年 1 月 1

日起施行的《中华人民共和国土壤污染防治法》提到将公布“重点控制的土壤有毒有害物质名录”。2019 年 1 月 23 日，生态环境部发布了《有毒有害大气污染物名录(2018 年)》，其中包括 6 种挥发性有机污染物(VOCs)、5 种(类)重金属和类金属及其化合物。

除了政府部门的强制规定和企业的主体参与，一些第三方的环保组织和媒体也是污染物防治工作的重要力量，其对环境政策的研究工作和信息公开诉求方面的推动是值得关注的。公众环境研究中心(Institute of Public and Environmental Affairs, IPE)是一家在北京注册成立的公益环境研究机构。它开发并运营蔚蓝地图数据库(以前称为“中国污染地图数据库”)，将来源于官方的信息在平台公布，包括了空气质量、水质、废气源和废水源情况的实时地图，以及企业环境信息数据库。2018 年 5 月，IPE 与国际 POPs 消除网络(IPEN)共同发布《PRTR：建立中国的污染物排放与转移登记制度》报告，详细介绍了 IPE 在国际 PRTR 制度研究和中国 PRTR 制度建立所做的工作，探讨通过 PRTR 信息披露制度加强有害化学品管控，以及 IPE 自行建立的 PRTR 清单和信息填报公开平台。

第十八章
高产量化学品（HPV）项目

第一节　高产量化学品的概念和发展历史

一、高产量化学品的概念

高产量(High Production Volume, HPV)化学品,通常意义是在某一国家年产量或进口量在1 000吨以上的化学品①,也是根据这一原则各个国家制定的HPV化学品清单中的化学品。对清单中的化学品进行人体健康和环境影响评估的数据库,被称为HPV化学品数据库,包括HPV化学品的基本理化数据、哺乳动物的健康效应数据、生态毒性数据和环境归趋数据等4类,以及基于暴露的风险评估数据。该数据库为国际机构和国家层面制定化学品安全管理相关政策提供重要的技术支持。

二、高产量化学品的国际发展历史

1987年,OECD理事会通过了《关于系统调查研究现有化学品的决定和建议》〔C(87)90〕,强调要加强各成员方化学品管理相关政策,以便对现有化学品进行系统性的调查和评估。成员方一致同意从产量大的化学品着手进行,也就是HPV化学品,具体指至少在一个OECD成员方年产量在1 000吨以上的化学品②。《关于系统调查研究现有化学品的决定和建议》中提到计划建立专家组,以基于对人体健康和环境影响的标准和暴露的标准进行化学品筛选。暴露筛选标准包括工作场所的暴露、一般人群暴露和环境暴露,也包括基于效应的暴露(人体效应和环境效应)。内容还包括建立优先评估流程、推荐数据来源等。1991年,OECD各成员方同意采取分担的方式开始对HPV化学品进行数

---

① 根据OECD的规定,HPV化学品指年产量或进口量在1 000吨以上的化学品。根据美国HPV挑战计划的规定,美国HPV化学品指年生产量或进口量大于等于100万磅(约450吨)的化学品。

② 纳入OECD发布的1995 HPV化学品清单中的化学品,指在至少一个成员方内生产量达10 000吨以上,或者在两个或两个以上成员方内产量达1 000吨以上的化学品。纳入2004 HPV化学品清单中的化学品,指在至少一个成员方年产量达1 000吨以上的化学品。

据收集的工作。

OECD在执行HPV化学品项目过程中，发布了一系列指南文件，指导成员方的HPV计划实施。依据OECD1991年发布的《关于对现有化学品合作调查与降低风险的决定和建立》〔C(90)163〕，为了对数据收集进行规范化和统一化，OECD发布了“筛选信息数据集”(Screening Information Data Set，SIDS)，对提交的人体健康和环境影响数据终点、SIDS卷宗做出规定。数据要求包括化学品基本物质识别信息、理化信息、环境归趋、生态毒性数据和哺乳动物毒性数据。部分具体数据要求见表18-1。

表18-1 筛选信息数据集SIDS的部分数据要求

物质识别信息	理化信息	环境归趋	生态毒性数据	哺乳动物毒性数据
CAS号	熔点	光解性	急性鱼毒	经口毒性
OECD名称或IUPAC名称	沸点	水中稳定性	大型水蚤急性毒性	经皮毒性
分子式和相对分子质量	密度	土壤中稳定性	水藻急性毒性	吸入毒性
结构式	蒸气压	环境中监测数据	微生物毒性	腐蚀/刺激性
负责评估的国家	分配系数	在环境介质中的转运	慢性鱼毒	皮肤致敏性
发起评估的公司	水溶性	在环境中的分布情况	陆生植物毒性	重复毒性
化学品类别	表面张力	BOD-5，COD或BOD-5/COD比率	对土壤生物毒性	体外基因毒性
化学品物理性状	闪点	降解性	对沉积物生物毒性	致癌性
纯度和杂质	自燃性	污泥处理能力	生物效应监测	生殖毒性
添加剂	燃烧性		生物转化和动力学	人体暴露史
暴露源	爆炸性			
分类和标签	氧化性			
职业暴露限值				

SIDS的建立同时参考了OECD现有的测试导则和良好实验室规范(Good Laboratory Practice，GLP)，以使得需要额外测试的数据在OECD的数据互认原则下被各个成员方接受。在20世纪90年代后期，OECD成员方也逐渐将定量构效关系(Quantitative Structure-Activity Relationship，QSAR)的数据纳入评估。

从 HPV 项目施行的程序上来说，首先，OECD 成员方对进口量或产量大于 1 000 吨的化学品进行提报。OECD 不定期发布 HPV 化学品清单，列出提报的化学品，供成员方筛选并纳入本国 HPV 施行项目。1995 年发布的清单含有 20 个成员方提报的 2 500 多种化学品。2004 年的清单含有 24 个成员方提报的 4 800 多种化学品。

其次，需要对 HPV 化学品进行研究。首先是收集现有信息，以便获得足够的数据以满足 SIDS 的要求。然后根据 SIDS 数据要求制作"SIDS 初步评价报告"(SIDS Initial Assessment Report, SIAR)。除了基础数据，报告还包含该化学品的风险评估结果和下一步行动的建议。专家组对 SIAR 进行讨论，决定是否通过或者需要进一步补充资料。在数据不足的情况下，要求进行额外的测试。这些专家组成员包括来自 OECD 之外的国际组织、联合国国际化学品安全署(International Programme on Chemical Safety, IPCS)提名的非 OECD 成员方、化学品安全政府间论坛(Intergovernmental Forum on Chemical Safety, IFCS)以及制造企业。最终通过的 SIAR 最初由联合国国际潜在有毒化学品登记中心(International Register of Potentially Toxic Chemicals, IRPTC)发布，后改为联合国环境规划署对外发布。

1998 年，部分全球化学品企业，通过国际化学品协会 ICCA，计划在 2013 年前对 OECD HPV 清单中的 1 000 种化学品进行优先研究。为了提高研究效率，最大程度发挥企业能力，OECD 成员方同意将研究重点集中在化学品的危害性信息收集和评估上，剔除暴露信息收集和评估，将其转至国家或地区层面的其他项目中，或者作为"后 SIDS"项目再去优先考虑。一些商业协会和环保 NGO 组织也积极加入合作研究。该计划的最终完成量为 921 个。

截至 2011 年，共有 1 377 种 HPV 化学品在 OECD 层面进行了研究，其中 914 种化学品研究任务是企业贡献的。共发布了 804 份最终报告。所有的数据和评估报告都可以在 OECD eChemPortal 平台上查询。另外，在 OECD"现有化学品数据库"(Existing Chemical Database)和联合国环境规划署 SIDS 数据库①也可以查询相关数据和报告。

在 HPV 项目实施多年后，许多国家或地区实施了更加复杂的化学品评估项目。导致 OECD HPV 项目需要重新考虑如何更加节约资源避免重复测试，如何整合测试和评估方法等。因此，在 2011 年，HPV 项目被 OECD"化学品评估合作项目"(Cooperative Chemicals Assessment Programme, CoCAP)所替代。CoCAP 项目关注点集中在以下四个方面。

---

① 该数据库维护截至日期为 2007 年 4 月。

（1）细化并发布关于化学品危害性评估的统一结果

CoCAP 对化学品评估目标不仅包括 SIDS 中提到的危害性评估终点，也包括非 SIDS 危害终点，以期提高数据的可利用性和收集效率。一些特殊类型的化学品也在该项目中有所提及，例如金属无机物、油品衍生物和聚合物等。企业可以通过发起国提交基于 SIDS 的风评报告，也可以通过“商业和工业咨询委员会”（Business and Industry Advisory Committee，BIAC）直接提交 OECD。

目前，该项目所有评估过的化学品，以及评估结果可以通过 OECD“现有化学品数据库”查询。OECD 范围内达成一致的危害性评估数据也通过 OECD“化学品全球信息入口”eChemPortal 进行发布。

（2）开发并应用整合的测试和评估方法

OECD 认为对化学品进行类别化并运用 Read Across 和 QSAR 评估方法是行之有效的。因此 CoCAP 通过一系列的培训和合作等活动，重点推广使用该方法。

（3）避免重复测试

由于国家或地区层面的化学品评估项目的增多，为了避免对化学品重复测试，OECD eChemPortal 平台持续更新已有化学品危害和评估数据。同时，CoCAP 通过提高各个国家和地区对未来化学品评估项目计划的分享力度，以求达到避免重复测试的目的。

（4）在成员方之间建立经验交流平台

CoCAP 项目搭建了一个供成员方信息交流的平台。交流话题包括“国家/地区和企业开发的危害评估方法”“优先评估物质清单”“化学品清单的归类”“GHS 分类”“暴露于多个化学品的效应”“内分泌干扰物评估”和“纳米材料评估案例”等。

（5）OECD《化学品评估手册》做了相应的修订，增加了一些章节，包括介绍 CoCAP、对数据收集流程的介绍、化学品对人体和环境危害评估指南、如何编写评估报告和简介等。

由欧盟 ECHA 开发的 IUCLID 数据库是 CoCAP 项目主要的数字化工具。录入数据后能自动生成报告，满足 CoCAP 对 SIDS 卷宗的要求。

HPV 项目以及随后的 CoCAP 项目，都致力于发布统一的指南文件，撰写统一格式的报告，以保证各个成员国/地区的一致性。随着各个国家/地区自有化学品管理政策的不断出台，OECD 可以方便地与之进行协同合作，包括欧盟 REACH、美国 HPV 挑战计划、加拿大 CEPA 1999 项目、日本 HPV 挑战计划。OECD 在其网站上公布了与这些国家/地区化学品管理政策的具体分析比对研究结果。

第二节 主要国家和经济体的 HPV 项目

一、欧盟

1993 年欧盟颁布了《关于现有化学物质风险评价和控制条例》(EEC 793/93),其任务之一是对"现有"化学物质进行信息收集。该任务通过以下三个步骤实现:第一步,对附录Ⅰ中列入的、年生产量或进口量超过 1 000 吨的化学物质进行信息收集,即高产量物质 HPVs,计划在 1994 年 6 月 4 日前完成。第二步,对没有列入附录Ⅰ的、年生产量或进口量超过 1 000 吨的化学物质进行信息收集,计划在 1995 年 6 月 4 日前完成。第三步,对年生产量或进口量在 10 吨至 1 000 吨的物质进行信息收集,即低产量物质(Low Production Volume Chemicals, LPVCs),计划在 1996 年 6 月 4 日至 1998 年 6 月 4 日执行。

欧盟共统计出 2 465 种 HPV 化学物质。以"基本数据集"(base-set)为原则区分优先级,调查发现只有 3%的 HPV 物质有完整的数据,14%的物质有基本数据集,大部分物质缺乏基本数据或者根本没有数据。

基本情况调查之后,欧盟没有施行自己的 HPV 计划或者项目。1998 年,为了响应 OECD 的 HPV 项目,ICCA 发起的 HPV 启动项目(HPV Initiative),共认领了 1 000 种化学物质。欧盟化学品工业协会 Cefic 鼓励欧盟的企业积极参与,认领 HPV 物质并收集数据进行评估。

二、日本

作为 OECD 成员国,日本积极参与了 OECD HPV 项目。为此,也为了加快日本国内对现有化学品的评估,2005 年 6 月 1 日,日本厚生劳动省(MHLW)、经济产业省(METI)、环境省(MOE)联合发起了"日本高产量化学品挑战计划"(JP HPV Challenge Program)。参照 1992 年 OECD HPV 计划以及 1998 年美国 HPV 挑战计划的模式,日本政府和企业联合对高产量化学物质进行安全数据的收集,企业自愿提交 HPV 化学物质的信息,计划在 2008 年底完成。收集到的信息需要进行审查,审查通过后将通过网络向公众公开。

日本 HPV 化学物质指在日本国内年生产或进口量超过 1 000 吨的、具有 CAS 号的有机化学物质(不包括聚合物)。基于经济产业省 2001 年所做的"化学物质的进口/生产数量调查(2001)",日本政府挑选出了 652 种高产量"目标物质"(Target Chemicals)。这些目标物质被分成 3 类:第一类是通过 OECD HPV 和美国 HPV 项目已经完成信息收集的物质;第二类是 OECD HPV 和美国 HPV 正在进行或即将进行信息收集的物质;第三类是没有进行信息收集的物质。为了避免重复测试,第三类物质是日本 HPV 挑战计划关注的重点目标物质,当时该类物质约有 140 种。当然,针对第一类和第二类,同时也是 OECD HPV 项目的物质,日本 HPV 挑战计划也参与其中并有所贡献。

日本 HPV 挑战计划信息收集模式参考了 OECD SIDS 的要求。收集的数据包括物理化学性质、环境归趋和途径、生态毒理和健康效应。日本 HPV 挑战计划中,企业是自愿参与的。企业首先对目标物质进行识别并向政府提交"注册信"成为"赞助者";然后针对认领的物质提交测试计划,此时政府对数据的可靠性进行审核,如有必要,企业需进行下一步的测试;最终撰写物质信息报告并向政府提交。政府除了负责筛选目标物质、跟踪并及时汇报项目进展情况,也负责对"赞助者"收集到的数据和信息可靠性进行审核。日本经济产业省负责审核物理化学性质数据、环境归趋和途径的数据;环境省负责审核生态毒理数据;厚生劳动省负责人体健康效应数据。同时,政府自身也对年产量小于 1 000 吨的物质数据和信息进行收集。

所有收集到的信息,通过 J - CHECK(Japan Chemicals Collaborative Knowledge Database)系统平台对外公布。J - CHECK 是与 OECD eChemPortal 系统相互链接的。截止到 2013 年末,即项目结束时,共有 446 种目标物质完成信息收集并公布在 J - CHECK 上。

三、美国

美国于 1976 年开始执行"有毒物质控制法",调查发现,大量的化学品缺乏人体毒性和环境数据。1997 年,环境保护组织 Environmental Defense Fund(名称后改为 Environmental Defense)发布了一篇报道[①],称 70%以上的高产量工业化学品缺少充足的数据用于危害评估。1998 年 10 月 9 日,美国 EPA、环保组织 Environmental Defense Fund、美国石油学会(American Petroleum Institute, API)和美国化学委员会(American Chemistry Council, ACC)联合发起了"高产量化学品挑战计划",对收录 TSCA 名录的 HPV 化学品的人体毒性和环境影响数据进行收集和必要的测试,以弥补数据的缺陷,并为管理部门与公众提供 HPV 化学品最基本的危害信息。该计划是美国 EPA"化学品知情权"(Chemical-Right-to-Know, ChemRTK)的重要里程碑项目,计划在 2005 年之前将涉及的所有化学品数据予以公布。

在美国 HPV 挑战计划中,"高产量化学品"指年生产量或进口量大于等于 100 万磅(约 450 吨)的化学品,特别指有机化学品,但不包括聚合物。它以

---

① 报道题为《毒性的无知》(*Toxic Ignorance*)。

1990 年 TSCA 现有物质名录为基础，同时根据“名录更新报告”（Inventory Update Reporting，IUR）①所收集到的化学品信息，建立了高产量化学品清单。初期列入了 2 782 种化学品，被称为“1990 HPV 挑战计划化学品清单”（1990 HPV Challenge Program Chemical List）②。

企业自愿认领 HPV 清单中的化学品，并提供理化性质、人体健康和环境危害信息等数据。EPA 鼓励企业提交之前从未公布过的数据，同时对化学品进行类别化管理以减少额外测试量。企业撰写的概述报告（Robust Summary）以及额外测试的计划书（Test Plan）须提交 EPA，进行为期 120 天的审核并在公开网站上征求意见。在此期间内，如果 EPA 能够收集到更充分的数据，该化学品将不会被要求进一步测试。对于类别化学品，可以提交“类别评估文件”（Category Assessment Document，CAD）。EPA 对数据进行审核后制作每种化学品“筛选级”（Screening-Level）危害特性信息，以阐明 EPA 对该化学品数据的观点和额外需要补充的数据资料。

美国 HPV 挑战计划中，数据收集的模式参考了 OECD SIDS 的要求。包括 6 个基本筛选测试终点（急性毒性、反复毒性、生殖和发育毒性、突变性、生态毒性和环境归趋）、基本暴露信息（工作场所暴露、暴露水平等）。尽管美国 HPV 挑战计划没有正式采纳 OECD HPV 项目中关于编写基于 SIDS 数据的初步评价报告（SIAR）流程，但是鼓励发起人按照 SIAR 的要求来编写评估报告，以便于该报告能同时被 OECD HPV 项目所接纳。

为了帮助发起人更好地收集数据，识别满足“筛选级”的基本数据，并且减少不必要的重复测试，特别是动物测试，美国 EPA 还发布了一系列指导文件。例如《构效关系 SAR 数据》《开发类别化学品》《封闭系统中间体的测试导则》以及《从 HPV 清单中剔除不再是 HPV 的化学品并且不会再次被列入的化学品的步骤》等。

据统计，截至 2004 年，401 家工业企业参与了该挑战计划，建立了 103 个讨论论坛，认领了 2 222 种 HPV 化学品，其中约 1 371 种是由 HPV 挑战计划直接认领完成的，另外 351 种是通过国际化学品协会 ICCA 的 HPV 计划间接完成的。在企业直接认领的 HPV 化学品中，针对 1 266 种化学品提交了 353 个测试计划。同时，EPA 发现“1990HPV 挑战计划化学品清单”中的许多未认领化学品已经不再大量进口或生产。因此通过发起“不再被认定为 HPV”（No

---

① IUR 于 2011 年 8 月更名为“化学品数据报告”（Chemical Data Reporting，CDR）。

② 1994 年的 HPV 增补清单包括 500 种 HPV 化学品，但是该清单中的化学品最初没有正式纳入 HPV 挑战计划化学品清单，而是由企业发起人自愿进行数据收集工作。后文在提到项目成果统计数据时，这部分化学品是被纳入其中的。1990 年之后 IUR 新识别出的高产量化学品也没有再被纳入 HPV 挑战计划化学品清单中。

Longer HPV)的分析项目来制定指导原则,判定到底哪些化学品不应该再被认定为 HPV。通过该项目,共识别出 330 种化学品,被称为"孤儿化学品"(Orphan Chemicals)。针对"孤儿化学品",EPA 根据 SIDS 的要求、TSCA 法规第 4 章对测试的要求以及第 8 章初步评估和信息报告(Preliminary Assessment and Information Reporting, PAIR)和健康及安全数据报告(Health and Safety Data Reporting, HaSDR)的要求,制定了一系列测试规则(Test Rule)和最终测试规则(Final Rule),分阶段来进行数据收集。

在美国 HPV 挑战计划中,为了便于公众参与和获取信息,EPA 于 2006 年设计开发了高产量化学品信息系统(High Production Volume Information System, HPVIS),作为信息发布平台,HPVIS 收录了发起者提交的概述报告和测试计划,供公众评议;也收录了挑战计划中涉及的高产量化学品的基本危害数据和环境归趋信息,供公众参考。这些信息为管理者和公众在健康保护和环境保护行动中的决定提供了充分的数据支持。

HPV 挑战计划所收集的数据,不仅为 EPA 开展化学品风险识别和风险管理提供了科学依据,也为 EPA 的其他管理行动(例如制定水环境质量标准、TRI 清单建立、减少化学品暴露等)提供了支持。HPV 挑战计划后期,EPA 与"国家污染防治和毒物咨询委员会"(National Pollution Prevention and Toxics Advisory Committee, NPPTAC)以及它下属的 HPV 工作小组合作,制定了进一步的筛选方案,以期对化学品进行优先化管控。2007 年发布了针对 101 种 HPV 化学品的危害特性数据。

继 HPV 挑战计划之后,美国 EPA 于 2008 年实施了"化学品评估和管理项目"(Chemical Assessment and Management Program, ChAMP)①,以期达成北美"安全及繁荣伙伴关系"(Security and Prosperity Partnership, SPP)的承诺。根据 HPV SIDS 的数据研究得出化学品的危害特性,以及根据 HPV 和 IUR 数据研究得出化学品的暴露特性。通过"基于风险的优先评价"(Risk-based prioritization, RBPs)将化学品定性为"高、中、低"三个风险优先级别,对其分别制定相应的风险管控措施。

参考文献:

[1] Boyd G R, Palmeri J M, Zhang S, et al. Pharmaceuticals and personal care products

① "安全及繁荣伙伴关系"(Security and Prosperity Partnership, SPP)于 2005 年 3 月发起,旨在促进北美地区美国、加拿大和墨西哥三国工业化学品的生产和使用安全。美国计划对 6 750 种现有化学品进行评估。作为支持,EPA 于 2008 年施行了"化学品评估和管理项目"(Chemical Assessment and Management Program, ChAMP)。该项目也将任务延伸至年产量和进口量在 25 000 磅至 100 万磅之间的化学品(Moderate Product Volume, MPV)。还包括针对无机物的 HPV 项目。

(PPCPs) and endocrine disrupting chemicals (EDCs) in stormwater canals and Bayou St. John in New Orleans, Louisiana, USA. Science of the Total Environment, 2004, 333(1-3): 137-148.

[2] 王琦,武俊梅,彭晶倩,等. 饮用水系统中药物和个人护理用品的研究进展. 环境化学, 2018,37(3): 453-461.

[3] Schaider L A, Ackerman J M, Rudel R A. Septic systems as sources of organic wastewater compounds in domestic drinking water wells in a shallow sand and gravel aquifer. Science of the Total Environment, 2016, 547: 470-481.

[4] 胡冠九,陈素兰,穆肃,等. 江苏省某市典型饮用水水源中抗生素质量浓度特征. 水资源保护,2016,32(3): 84-88.

[5] Zhuo Wang, Xi-Hui Zhang, Yong Huang, et al. Comprehensive evaluation of pharmaceuticals and personal care products (PPCPs) in typical highly urbanized regions across China. Environmental Pollution, 2015, 204: 223-232.

[6] 姜蕾,蔡海芸,卢宁. 黄浦江上游水体中抗生素的分布特征与生态风险. 净水技术, 2014,33(A02): 81-85.

[7] 张秀蓝,张烃,董亮,等. 固相萃取/液相色谱-串联质谱法检测医院废水中 21 种抗生素药物残留. 分析测试学报,2012,31(4): 453-458.

[8] 黄开金. 纳米材料的制备及应用. 北京: 冶金工业出版社,2009.

[9] 胡长伟. 纳米材料的生态毒性效应与环境释放风险. 济南: 山东人民出版社,2015.

[10] 李海燕,王明秀,张晓然. 纳米复合材料中纳米颗粒的释放行为及环境残留. 生态环境学报,2016,25(7): 1244-1252.

[11] 卢晓静,李俊芳,杨海. 国际纳米材料法规及标准进展. 材料导报 A: 综述篇,2011,25(3): 97-100.

[12] 张天龙. 纳米材料 REACH 注册及监管机制研究. 标准科学,2013(1): 44-47.

[13] Richard C, Thompson. Lost at Sea: Where Is All the Plastic? Science, 304(5672): 838.

[14] 邹艳琴,李钟瑞. 个人护理品和化妆品中塑料微珠的危害与法规要求. 日用化学品科学,2015,38(10): 1-4.

[15] 王莹,穆景利. 全球探索海洋微塑料治理. 中国海洋报,2018-01-24.

[16] 李莹莹. 海洋微塑料污染防治问题初探. 西安电子科技大学学报(社会科学版),2018, 28(1): 70-76.

[17] 邓义祥,雷坤,安立会,等. 我国塑料垃圾和微塑料污染源头控制对策. 中国科学院院刊,2018,33(10): 1042-1051.

[18] 钭晓东,赵文萍. 深海塑料污染国际治理机制研究——人类命运共同体的深海落实. 中国地质大学学报(社会科学版),2019,19(1): 59-70.

[19] 李道季,海洋微塑料污染状况及其应对措施建议. 环境科学研究,2019,32(2): 197-202.

[20] 吴卫星. 中国化学品环境立法的完善方向. 南京工业大学学报(社会科学版),2013,12

(2)：44 - 48.

[21] 于相毅，毛岩，孙锦业. 美日欧 PRTR 制度比较研究及对我国的启示. 环境科学与技术，2015，38(2)：195 - 205.

[22] 李巽平，杨萍. 论环境传播中的信息公开制与公众参与机制——兼论联合国 PRTR 制度对我国环境传播的启示. 湖南大众传媒职业技术学院学报，2015，15(6)：20 - 24.

[23] 霍立彬，刘晓建，聂晶磊. 4 个国家污染物释放与转移登记制度介绍. 中国毒理学会第六届全国毒理学大会论文摘要，2013.

[24] 田宇，王玉晶，于丽娜，等. 污染物释放与转移登记制度的国外经验及启示. 环境保护，2016，44(15)：73 - 76.

[25] 李政禹. 国际化学品安全管理战略. 北京：化学工业出版社安全科学与工程出版中心，2006.

[26] 于相毅，孙锦业，毛岩. 国外化学品管理及其主要行动计划. 北京：中国环境出版社，2014.

[27] 赵小进，刘凯，陈红燕，等. 美国 TRI 制度对中国 PRTR 制度实施的启示. 环境科学与管理，2016，41(2)：9 - 12.

[28] 于丽娜，田宇，刘晓建，等. 社区知情权法中 TRI 与 EHS 两项有毒化学品环境管理制度的比较研究. 精细与专用化学品，2017(9)：9 - 13.

[29] 于丽娜，兰孝峰，金晶，等. 美国联邦实施的 TRI 与 RMP 两部有毒化学品环境管理制度之比较. 现代化工，2017(02)：7 - 10+12.

第三篇

化学品贸易合规与进出口管制

第十九章 化学品归类与编码协调制度简介

化学品归类在进出口通关的过程中产生争议的概率较高。化学品归类不仅需要懂得海关商品归类理论，还需要掌握一定的商品知识。查验过程中出现的争议产品，有些会被海关要求核验之后才可以明确产品的归类。部分化学品被列入禁止进出口商品名录、两用物项进出口名录、有毒化学品名录，名录和海关编码做关联方便进出口环节海关监管，如果归类不正确，进出口化学品未能遵守海关监管，企业会受到相关的行政处罚、企业降级影响后续商品顺利通关甚至导致刑事责任。本章主要探讨海关归类的相关理论和最佳实践。

第一节　商品名称及编码协调制度

商品名称及编码协调制度简称为“协调制度”或“HS”，由世界海关组织(World Customs Organization，WCO)1988 年参考主要国家海关商品分类制度而建立。协调制度包括大约 5 000 个商品组，每个商品组由 6 位数字组成。目前协调制度被世界上 200 多个国家和地区及经济体作为本国海关税则和国际贸易统计的基础。

协调制度通常来说每 4 至 6 年进行一次全面修订。我国于 1992 年正式加入世界海关组织，以协调制度为基础制定了《中华人民共和国海关进出口税则》和《中华人民共和国统计商品目录》。协调制度经历了 1988 年版、1992 年版、1996 年版、2002 年版、2007 年版、2012 年版和 2017 年版。目前各国税则采用的均为 2017 版协调制度。2017 版协调制度较以往相比共有 242 组修订，修订考虑了环境保护、生态可持续发展、科学技术的新变化、国际贸易新业态。

协调制度统一了商品归类原则，极大程度上解决了同一个商品在不同的国家因为语言文化或其他因素不同而导致的归类差异。协调制度除了用于商品归类外，还可用于海关税则、国际贸易统计、原产地规则、国际贸易谈判、贸易管制等。

随着科技的发展以及贸易模式的变化，新的事物不断产生，旧产品由于技术的更新发展而不断被淘汰，世界海关组织及时更新协调制度，以确保协调制度可以最大程度地满足归类的需求。为了解决各国在归类上的争端，世界海关组织成立了协调制度委员会，就各国的归类争议做出相关决定，并对协调制度的解释性说明进行修改以确保协调制度与时俱进。比方说我国海关于 2018 年通过协调制度委员会成功地对大疆无人机的归类做出了明确的归类决定，“无人机”最后被归为“会飞的照相机”而不是“带照相机的飞行器”。如果归类成飞行器，由于飞行器的管制比照相机的管制更加严格，不利于产品在进口国顺利打开市场。

协调制度由五部分组成。

1. 归类总原则

归类总原则是协调制度的总指导，当归类出现争议的时候，归类总原则总是可以在最大程度上解决归类的争端，是指导并保证商品归类统一的法律依据。归类总原则共有六条，使用的顺序是规则一优先于规则二，规则二优先于规则三……必须依次使用。

规则一

类、章及分章的标题，仅为查找方便而设。具有法律效力的归类，应按品目条文和有关类注或章注确定，如品目、类注或章注无其他规定，按以下规则确定。

规则二

(1) 品目所列货品，应包括该项货品的不完整品或未制成品，只要在进口或出口时该项不完整品或未制成品具有完整品或制成品的基本特征；还应包括该项货品的完整品或制成品（或按本款可作为完整品或制成品归类的货品）在进口或出口时的未组装件或拆散件。

(2) 品目中所列材料或物质，应视为包括该种材料或物质与其他材料或物质混合或组合的物品。品目所列某种材料或物质构成的货品，应视为包括全部或部分由该种材料或物质构成的货品。由一种以上材料或物质构成的货品，应按规则三归类。

规则三

当货品按规则二(2)或由于其他原因看起来可归入两个或两个以上品目时，应按以下规则归类。

(1) 列名比较具体的品目，优先于列名一般的品目。但是，如果两个或两个以上品目都仅述及混合或组合货品所含的某部分材料或物质，或零售的成套货品中的某些货品，即使其中某个品目对该货品描述得更为全面、详细，这些货品在有关品目的列名应视为同样具体。

(2) 混合物、不同材料构成或不同部件组成的组合物以及零售的成套货品，如果不能按规则三(1)归类时，在本款可适用的条件下，应按构成货品基本特征的材料或部件归类。

(3) 货品不能按规则三(1)或(2)归类时,应按号列顺序归入其可归入的最末一个品目。

规则四

根据上述规则无法归类的货品,应归入与其最相类似的品目。

规则五

除上述规则外,本规则适用于下列货品的归类。

(1) 制成特殊形状仅适用于盛装某个或某套物品并适合长期使用的,如照相机套、乐器盒、枪套、绘图仪器盒、项链盒及类似容器,如果与所装物品同时进口或出口,并通常与所装物品一同出售的,应与所装物品一并归类。但本款不适用于本身构成整个货品基本特征的容器。

(2) 除规则五(1)规定的以外,与所装货品同时进口或出口的包装材料或包装容器,如果通常是用来包装这类货品的,应与所装货品一并归类。但明显可重复使用的包装材料和包装容器可不受本款限制。

规则六

货品在某一品目项下各子目的法定归类,应按子目条文或有关的子目注释以及以上各条规则来确定,但子目的比较只能在同一数级上进行。除协调制度条文另有规定的以外,有关的类注、章注也适用于本规则。

2. 类注、章注释、子目注释

协调制度的 5 000 多个商品组按照生产部类、自然属性和不同功能用途等分为 21 类、97 章。协调制度第 1 至第 4 位称为品目,第 5 位开始称为子目,第 5 位是一级子目,第 6 位是二级子目。部分国家在协调制度 6 位数的基础上把本国的税则增加至 8～10 位,这部分称为本国子目,是协调制度采用国开发的本国子目,区别于协调制度的第 5 位和第 6 位子目。

例如 2902.11 代表环己烷,表示环己烷是第 29 章下第 2 个品目,是 2902 品目下第 1 个 1 级子目的第 1 个 2 级子目。

29.02	**环烃**
	—环烷烃、环烯及环萜烯
2902.11	——环己烷
	——其他

在每个类、章下面均有类注、章注和子目注释。在进行产品归类的时候,需要仔细阅读和理解类注、章注和子目注释,以判断产品是否属于相关类、章节。同时各个类注、章注和子目注释会对产品的适用范围做出解释,也会明确指出相关章节不包括的产品,如果产品被排除在相关类和章节,需要去其他的类和

章节进行归类分析和判断。

例如第 29 章是有机化学品，章注 1 对于此章节适用的产品进行了说明，章注 2 对于此章不包括的产品进行了解释；例如乙醇不属于第 29 章(乙醇属于第 22 章)。同时在第 29 章的章注中含有子目注释，对第 29 章下涵盖的子目进行了相关规定。

为了使任何产品都能在协调制度里找到对应的归类，协调制度设置了“兜底”条款，即使是新生事物，也能在协调制度里找到对应的归类。第六类化学产品的最后的品目号“38.24”就包括了其他税号未列名化学工业及其相关工业的化学产品及配制品。

3. 商品名称和编码表

商品名称和编码表是协调制度占篇幅最大的部分，对世界上所有的产品进行了名称定义和编码安排。

4. 协调制度注释

协调制度注释是经过海关合作理事会批准成为协调制度不可或缺的补充，它不是《协调制度公约》的组成部分。《协调制度注释》由世界海关组织出版，中国海关将此注释翻译成《进出口税则商品及品目注释》。

5. 归类意见汇编

归类意见汇编也不是《协调制度公约》的组成部分，归类意见汇编是由协调制度委员会编制的，它包含了协调制度委员会制定的对一些重要和有难度的归类所做出的决定，原则上归类意见汇编是不具备法律效力的，但它是协调制度归类的辅助工具。

第二节 商品归类

根据海关总署令第 158 号《中华人民共和国海关进出口货物商品归类管理规定》，商品归类指在《商品名称及编码协调制度公约》商品分类目录体系下，以《中华人民共和国进出口税则》为基础，按照《进出口税则商品及品目注释》《中华人民共和国进出口税则本国子目注释》以及海关总署发布的关于商品归类的行政裁定、商品归类决定的要求，确定进出口货物商品编码的活动。

1.《中华人民共和国进出口税则》

《中华人民共和国进出口税则》是在商品协调制度的基础上，我国海关针对本国税收征管的实际需求，在协调制度 6 位数编码的基础上增列了第 7 和第 8 位本国子目形成的中国进出口商品分类目录，再加上关税税率即形成了税则文本。《中华人民共和国进出口税则》每年由中国海关出版社出版，企业可以通过查询税则得知相关商品在新的一年税率的变化，或者也可以于每年 12 月中旬左右关注财政部的网站得知第二年的关税调整方案。比如有的税则编码在新的一年会进行合并或者拆分，企业需要提前确认公司产品在新的税则下的归类，防止次年1月1日之后由于编码取消而导致清关延误。为了鼓励特定产品进口，部分产品会被列入暂定税率目录，企业如果有产品在暂定税率目录之内，可以及时重新进行成本核算和调整相关采购策略，享受暂定税率带来的优惠。根据国务院关税税则委员会关于2019年进出口暂定税率等调整方案的通知，2019年1月1日起对706项商品实施进口暂定税率，丙烯、乙烯、初级聚乙烯化工产品暂定税率分别为1%、1%、3%，这对于化工企业来说是利好消息。

2.《进出口税则商品及品目注释》

《进出口税则商品及品目注释》是中国海关根据世界海关组织《商品名称及编码协调制度注释》编制的。目前《进出口税则商品及品目注释》最新版本是2017版，由中国海关出版社出版发行，于2017年1月1日起生效执行。世界海关组织对2017年版《商品名称及编码协调制度注释》后续又进行了部分修订，中国海关根据世界海关组织修订内容同步调整了我国2017年版《商品名称及编码协调制度注释》的相关内容，最新的调整内容可以从海关总署公告2017年第36号(关于发布2017版《进出口税则商品及品目注释》修订(第一、二期)的公告)附件1和2中查询，修订内容自2017年9月1日起执行。企业可以随时关注海关总署相关公告获取最新的税制注释更新信息，确保企业的归类参考最新的注释。

3. 中华人民共和国进出口税则本国子目注释

海关税则商品编码的第7、8位为中国海关根据本国贸易特征和进出口需求而增列的本国子目，为了对本国子目做出相关解释，中国海关编制了《中华人民共和国进出口税则本国子目注释》。为了明确本国子目所述及的商品范围，企业在归类时应依据《中华人民共和国进出口税则本国子目注释》对商品归类的过程中子目的范围确定进行分析。本国子目注释每年由中国海关出版社出版发行，海关总署会定期发布相关公告调整和废止部分内容，企业可以密切关注海关总署相关公告内容获取最新的本国子目注释的更新信息。

4. 行政裁定

根据海关总署令第92号《中华人民共和国海关行政裁定管理暂行办法》，海关行政裁定指海关在货物实际进出口前，对于对外贸易经营者的申请，依据有关海关法律、行政法规和规章，对与实际进出口活动有关的海关事务做出的具有普遍约束力的决定，行政裁定由海关总署统一对外公布，行政裁定具有海关规章的同等效力。海关总署公告2015年第28号(关于公布商品归类行政裁定的公告)上海日东光学有限公司提交的商品名称为“偏光片(偏光板)”的商品归类行政裁定申请是我国海关做出的第一个行政裁定。截止到目前，海关总署总共做出了 26 个归类行政裁定，涉及化学品的行政裁定为四溴双酚 A，海关总署行政裁定结果是应归入 29081990，裁定编号 C0004，于 2015 年 9 月 14 日生效，相关公告为中华人民共和国海关总署公告 2015 年第 41 号。

5. 预归类

在海关注册登记的进出口货物经营单位，可以在货物实际进出口的 45 日前，向直属海关申请就其拟进出口的货物预先进行商品归类。直属海关对于预归类申请在税则中有明确规定的，在接受申请之日起 15 个工作日内制发《中华人民共和国海关商品预归类决定书》。《预归类决定书》在直属海关所辖关区使用。但是由于海关总署令第 236 号(关于公布《中华人民共和国海关预裁定管理暂行办法》)的公布和实施，中国海关从 2018 年 2 月 1 日开始不接受企业预归类申请，并且自 2019 年 1 月 1 日起，各直属海关以往制发的《中华人民共和国海关商品预归类决定书》已停止使用。

6. 归类决定

海关总署可以对海关内部疑难问题或监控过程中发现的需要公开统一规范的商品归类问题做出具有普遍约束力的商品归类决定。商品归类决定是由海关主动作出并公布的，归类决定由海关总署以《中华人民共和国海关总署商品归类决定汇编》的形式出版发行，企业可自行购买该书作为日常归类活动的参考书籍。

7. 预裁定

根据海关总署令第 236 号(关于公布《中华人民共和国海关预裁定管理暂行办法》)第三条的规定，在货物实际进出口前，申请人可以就下列海关事务申请预裁定。

(1) 进出口货物的商品归类；

(2) 进出口货物的原产地或者原产资格；

(3) 进口货物完税价格相关要素、估价方法；

(4) 海关总署规定的其他海关事务。

所以企业对于归类可申请预裁定，预裁定决定有效期为 3 年，预裁定决定对于其生效前已经实际进出口的货物没有溯及力。除涉及商业秘密外，海关可以对外公开预裁定决定的内容。自 2018 年 2 月 1 日起，企业可以通过电子口岸“海关事务联系系统”(QP 系统)或“互联网＋海关”提交《中华人民共和国海关预裁定申请书》以及相关材料。由于预裁定的生效，海关总署自 2018 年 2 月 1 日起不再受理海关预归类的申请。预裁定的生效可以在一定程度上解决企业对于归类的需求，企业可以合理利用预裁定制度，得到海关官方的对于产品归类的确认，同时由于预裁定可以通过网络进行申请，给企业带来了极大的便利。每家企业的情况不同，是否需要申请预裁定，视企业情况而定。对于归类非常有把握的企业，可以申请预裁定，但是一旦预裁定的结果和企业之前的归类不一致，在预裁定书下达之后，企业需要按照预裁定书的决定向海关申报。如果产品有税差，或者新的海关归类可能涉及进出口管制，而申请进出口许可证，企业需要合理评估预裁定的利弊之后再做决定。自从海关总署实行全国通关一体化之后，海关成立了税管中心和风控中心，海关可以把更多的执法资源投入归类预裁定的审核和批准，已经有越来越多的企业成功申请到归类预裁定，享受政策的红利。

第三节　化学品归类

税则的第六类是化工产品，第六类共有十一章，包括几乎所有的化学工业产品以及以化学工业产品为原料的相关工业的产品。无机化学品在第二十八章（包括部分有机化学品），第二十九章主要是有机化学品。从第三十章到第三十八章，包括药品、化肥、燃料、颜料、涂料、香料、表面活性剂及其制品、蛋白质、炸药、感光材料、杂项化学产品。矿产品在第二十五到第二十七章。第三十九章、第四十章分别为塑料、橡胶及其制品，其中很多产品需要注明成分、含量、单体种类、单体比例，实际申报中只要申报内容能明确归类即可，如“氯乙烯”可不必申报单体含量，而“乙烯—丙烯聚合物”需申报两个单体各自的含量。化纤在第五十四到第五十五章。石膏、石棉、陶瓷、玻璃等在第六十八到第七十章。农药主要分布在第二十九章、第三十八章，也有少数在其他章节。

对于化工产品而言，知道产品的成分含量是确定商品归类的第一要素。对于单一化学品，需要知道分子式、结构式、CAS 号、重要的理化指标（如熔点、沸点等）、用途等。对于有特定用途的化工制品，需要知道包装形式、有效成分、用途、具体的作用方式及作用原理及各组分在使用过程中的各自作用，比如催化剂，要了解它在哪道工序被使用，催化原理是什么，如何起作用，同时要了解商品中其他成分的组成及含量，以及分别起到的作用。

例如，氯化聚氯乙烯是在聚氯乙烯基础上氯化而得，即聚氯乙烯的改性产物，根据第 39 章子目注释一（一）3：化学改性聚合物如未在其他子目具体列名，应列入名为“其他”的子目内，因此，氯化聚氯乙烯应列入“39049000 其他”项下。

第四节　化学品归类最佳实践

商品归类是贸易合规、海关实务等日常工作的基础，商品归类不仅需要企业人员熟悉税则，还需要具备丰富的商品知识，最后加上持续不断的实践。对于化工行业来说，有些企业会把商品归类的工作交给研发、技术或者工程部门，由于科研技术工作者、工程师具备较丰富的商品知识，如果能配合有效的商品归类知识的培训，可以在最大程度上确保归类的准确性。有些公司为了确保归类的独立性和公正性，将归类外包给第三方专业公司，由其进行全球归类，可以在最大程度上确保归类的独立性，不会受到企业的影响和干扰，从而做出对企业有利，但合规风险大的归类。

化学品归类主要有以下几种方式。

1. 巧用各种归类 App

可以手机下载中国海关归类化验 App，这是海关总署关税司、天津归类分中心开发的一款 App，提供海关最新归类，用户可实时查询化验信息。App 支持关键字查询功能，企业可以更加快捷地找到和本企业相同的产品的归类信息作参考，同时 App 可以查询到相关税则商品及品目注释、本国子目查询、归类预裁定进度查询等，极大地方便了企业开展日常归类工作，真正做到了"掌上归类"。

2. 巧用相关公众号

企业可以关注天津归类分中心等公众号，专业性强的公众号里有高品质的商品归类知识介绍。

3. 合理使用归类管理软件

有些公司特别是化工行业 SKU（Stock Keeping Unit，库存量单位）比较多，用 Excel 管理企业的归类数据会比较烦琐费时，可以购买贸易合规软件公司提供的归类软件或者平台，在统一平台上进行全球归类，同时可以进行全球归类数据分析，如果前六位编码不一致，可以进行相关原因分析，查找是由于当地海关有相关的归类决定还是由于归类错误。同时可以开放权限给合作的报关行和运输公司，报关行和运输公司可以实时地进入系统查询企业相关归类信息。本丛书第一册《化学品危害性分类与信息传递和危险货物安全法规》第二十一章"化学品合规信息管理系统"中介绍了一些国际贸易合规电子化系统，可供读者参考。

4. 参考《危险化学品归类指南》

如果企业化学品中危险化学品比较多，可以参考《危险化学品归类指南》，该书由中国海关出版社出版，海关总署关税司组织全国海关进出口商品归类中心天津、广州分中心开展对危险化学品的归类与化验研究，以《危险化学品目录（2015 版）》为基础，参照《危险化学品目录（2015 版）实施指南（试行）》中的附件《危险化学品分类信息表》，确定了 2 826 项具体商品的归类，可以帮助企业在实际进出口过程中对危险化学品做出正确的归类。

第二十章
化学品进出口管制机制

第一节 概 述

贸易合规(Trade Compliance)指在各项贸易安排和交易符合国际和国内相关法律法规的要求。其中,各国政府在进出口环节对货物贸易、技术贸易、服务贸易会根据情形采取禁止和限制措施,对于出口采取的禁止或者限制性措施称为出口管制(Export Control)。

1996 年修订的《中华人民共和国对外贸易法》第 16 条指出,国家基于下列原因,可以限制或者禁止有关货物、技术的进口或者出口:为维护国家安全、社会公共利益或者公共道德;为保护人的健康或者安全,保护动物、植物的生命或者健康,保护环境;其他法律法规中列出的原因。

出口管制中,军品、核用品、生物武器、化学武器、导弹等相关物项的管理更为特殊,涉及国际政治形势、反对大规模杀伤性武器及装载工具扩散、反恐怖主义等国家安全和安保要求。其中管制的化学品很多同时也是民用化学品,这对化学品贸易的合规带来了挑战。化学品贸易合规与其他化学品风险管理存在很多交叉关系,也体现在其他法律体系中,而狭义的"贸易合规"常指涉及两用物项的出口管制,即通常化学品风险管理法规不涉及的部分。

本章将介绍化学品出口管制相关的国际公约、联合国安全理事会相关决议、国际多边出口管制制度、美国和中国出口管制制度。主要关注两用物项部分,但国际公约部分仍简述其他类化学品公约。

第二节 国 际 公 约

1.《禁止化学武器公约》

《禁止化学武器公约》全称是《关于禁止发展、生产、储存和使用化学武器及销毁此种武器的公约》,宗旨和目标是全面禁止和彻底销毁所有化学武器,组织负责消除化学武器的祸患、开展核查以便在规定的时限内销毁所宣布的库存化学武器。该公约于 1997 年生效,截至 2018 年 11 月公约第四次审议大会时共有成员方 193 个，联合国会员国中仅以色列、朝鲜、埃及和南苏丹四国未加入。其中以色列已签署，等待批准，南苏丹已提交加入公约的报告。公约将审议 25 年前列入附表化学品在附表位置是否恰当，是否应增加或删除任何有毒化学品或者特定前体，并关注了所谓“失能化学品”或影响中枢神经系统（Central Nervous System, CNS）化学品。

2. 三大毒品管制公约

用化学方法制造毒品需要用到化学原料和配剂，其中很多也是常用的工业化学品。化学品贸易合规与毒品管制密切相关，尤其是 1988 年《禁止非法贩运麻醉药品和精神药品公约》（又称“八八公约”），该公约为执行 1961 年《麻醉品单一公约》和 1971 年《精神药物公约》提供了强有力的补充。三大公约对麻精药品的分类、管制范围、管制措施、国际贩运等内容进行了规定，但一些新精神活性物质（又称“策划药”或“实验室毒品”）尚未纳入公约管制。“八八公约”1990 年生效，现有 87 个签约国，共 190 个国家处于合作中。

根据“八八公约”第十二条，附表一和表二列出的是经常用于非法制造麻醉药品或精神药物的物质，并授予国际麻醉品管制局在科学上的决定权，根据公约要求编制《经常用于非法制造受国际管制的麻醉药品和精神药物的前体和化学品清单》，用作确定所列物质的工具，对表一和表二物质增加、删除、变更。管制和行政当局在核查与进出口许可证申请书等有关的化学品名称时需要使用本清单，执法当局会使用清单来核查化学品货物的随货单证和进一步鉴定在非法工厂缴获的化学品等。

3. 环境保护类化学品公约

这些公约在本书第一篇中已有更加具体的介绍，这里仅就其化学品进出口管制相关内容再次予以明确。

《关于在国际贸易中对某些危险化学品和农药采用事先知情同意程序的鹿特丹公约》目的是对国际贸易中危险化学品和农药采取事先知情同意的原则，以保护人类健康和环境免受危害。所谓事先知情同意指对于禁用或者严格限用的化学品和农药的出口，需事前通知进口国家，并取得其同意后才能出口。我国生态环境部负责工业化学品的履约，农业部农药检定所负责农药履约具体工作。该公约中的部分管制化学品被收录至商务部、海关总署、生态环境部公布的《禁止进口货物目录》（第六批）和《禁止出口货物目录》（第三批）的公告，其他被收录至《中国严格限制的有毒化学品名录》，生态环境部负责签发有毒化学品进（出）口环境管理放行通知单。进出口经营者应交验有毒化学品进（出）口环境管理放行通知单，向海关办理进出口手续。

《关于持久性有机污染物的斯德哥尔摩公约》主要目的是保护人类健康和环境免受持久性有机污染物的危害。持久性有机污染物指可以长期存在于环境中的化学品，它们可以远程传播并在生物体内的脂肪中累积，对人类和野生生物产生危害。与《鹿特丹公约》一样，该公约管制的部分化学品被收录至商务部、海关总署、原国家环保总局公布的《禁止进口货物目录》（第六批）和《禁止出口货物目录》（第三批）的公告，其他被收录至《中国严格限制的有毒化学品名录》。进出口经营者需向生态环境部申请办理有毒化学品进（出）口环境管理放行通知单，向海关办理进出口手续。

《控制危险废物越境转移及其处置巴塞尔公约》目标是保护人类健康和环境免遭危险废物的不利影响，对危险废物的国际贸易做出了相关规定。

依据《关于汞的水俣公约》，2017 年 8 月 16 日起，汞在我国被列入管制名录，企业需办理有毒化学品进（出）口环境管理放行通知单方可进出口，同时一部分含汞产品（含汞体温计和含汞血压计的生产除外）被列入禁止进出口名录，自 2021 年 1 月 1 日起禁止进出口。

《关于消耗臭氧层物质的蒙特利尔议定书》旨在保护人类健康和环境免受可能破坏臭氧层的人类活动造成的不利影响。为履行《关于消耗臭氧层物质的蒙特利尔议定书》及其修正案，我国制定了《消耗臭氧层物质管理条例》和《消耗臭氧层物质进出口管理办法》，管制名录为《中国进出口受控消耗臭氧层物质名录》，凡从事《中国进出口受控消耗臭氧层物质名录》中所列物质进出口业务的企业，需由国家消耗臭氧层物质进出口管理办公室批准后，向商务部授权的发证机构申领进出口许可证，持进出口许可证办理通关手续。

第三节　联合国安全理事会决议

安全理事会是联合国主要机关之一。根据《联合国宪章》，安全理事会负有维护国际和平与安全的首要责任。安理会有 15 个理事国，所有理事国都有义务履行安理会的决定，我国是常任理事国。联合国安理会做出众多涉及国际安保的决议影响敏感物品和技术的国际贸易，也成为化学品进出口管制的上位要求。

1. 联合国安全理事会第 1540(2004)号决议

根据联合国安全理事会第 1540（2004）号决议，安全理事会决定各国应不向企图开发、获取、制造、拥有、运输、转移或使用核生化武器及其运载工具的非国家行为者（尤其是为恐怖主义目的）提供任何形式的支持。该决议要求各国应采取和实施相关法律及其他有效措施，以防止这些武器及其运载工具扩散到非国家行为体，尤其是以恐怖主义为目的的扩散。

2. 联合国安理会第 2371 号决议

根据联合国安理会第 2371 号决议，从 2018 年 12 月 5 日起部分可用于大规模杀伤性武器的化学品被禁止向朝鲜出口，相关国内执行为中华人民共和国商务部、工业和信息化部、国家国防科技工业局、国家原子能机构、海关总署公告 2018 年第 17 号。

3. 联合国安理会第 2397 号决议

根据联合国安理会第 2397 号决议，自 2018 年 1 月 6 日起禁止从朝鲜进口氧化镁等产品，相关国内执行为中华人民共和国商务部、海关总署公告 2018 年第 4 号。

第四节 多边出口管制机制

目前全球有四个多边出口管制机制，这四个出口管制机制由成员方自愿加入，对成员方不具备约束力。每个出口管制机制侧重管制一部分特定商品、技术和软件。一些国家是这些出口管制机制的成员方，在本国出国管制立法和清单制定的过程中借鉴和参考了出口管制机制的要求。四个出口管制机制如下。

1. 导弹及其技术控制制度

导弹及其技术控制制度（Missile Technology Control Regime, MTCR）于 1987 年成立，防止可运载大规模杀伤性武器（Weapons of Mass Destruction, WMD）的导弹和无人驾驶航空飞行器及相关技术的扩散，截止到 2019 年 9 月有 35 个成员国，中国不是其成员国。

2. 澳大利亚集团

澳大利亚集团（Australia Group, AG）是一家非官方组织，其成立宗旨是帮助出口国或转运国最大限度地降低为生化武器扩散推波助澜的风险。目前澳大利亚集团截止到 2019 年 9 月有 43 个成员国，中国不是其成员国。

3. 瓦森纳安排

瓦森纳安排（Wassenaar Arrangement, WA）的建立是为了通过提高常规武器和两用物品技术转让的透明度并以更大责任促进区域和国际安全与稳定，防止不稳定积累，同时防止恐怖分子获得这些物品。瓦森纳安排截止到 2019 年 9 月有 42 个成员国，中国不是其成员国。

4. 核供应国集团

核供应国集团（Nuclear Suppliers Group, NSG）是一个由有核供应能力国家组成的集团，寻求通过实施核出口和核相关出口两套准则，为不扩散核武器作出贡献。核供应国集团截止到 2019 年 9 月有 48 个成员国，中国是成员国之一。

出口管制是日常国际贸易合规管理过程中一个非常重要的部分，目前部分国家和地区通过专门立法的形式确立了本国和地区的出口管制法律体系，如美国的出口管制法、欧盟的出口管制法等。

第五节　美国出口管制法规

随着近期中国某知名通信设备生产商及其关联方被美国政府列入“实体清单”(Entity List)，社会各界对于美国出口管制的关注越来越多。为电子产业链提供化学品的公司也受其影响，如生产有机硅树脂、半导体研磨浆料、光刻胶、电镀化学品、显示用薄膜、电子特气等的公司。某美国化工公司随后对此发表公开信，以说明在不同的法律体系下的反应。“实体清单”于 1997 年开始由美国商务部工业与安全局(Bureau of Industry & Security, BIS)公布，参与大规模杀伤性武器扩散活动的最终用户被列入实体清单，出口商在未得到许可之前，不得帮助这些实体获取受管制物项。此前，中国有 40 余家企业、研究所及大学被列入该清单，相对集中在航天、电子科技、通信等行业。BIS 对列入实体清单的出口申请采取推定否定，常被业界看作“黑名单”。

出口管制一直是美国用以维护经济、技术优势，捍卫国家安全利益，参与国际活动，推行外交政策的重要工具之一。美国出口管制制度本身相当复杂，违反后果严峻，同时美国冲突法中饱受争议的“长臂管辖”将司法管辖权在一定程度上扩张到国外，另外考虑美国经济的广泛影响力，各国大型商业企业与美国领土或者美国管辖的利益有着千丝万缕的联系，即使身处美国之外，如果违反其出口管制法规，也会涉及较高的民事、行政处罚甚至个人刑事风险，公司实体和个人也可能会被美国列入实体清单，从而无法从美国或者其他国家的受制企业进口所需的高科技产品和技术，甚至无法持续经营。美国在很多高科技行业中有一定的核心竞争力，对于关键产品供应链有一定的市场控制力，美国出口管制体系对于全球经济活动和化学品贸易有着较大的影响。

一、两用物项出口管制法规

1949 年美国颁布《出口管制法》，1969 年改为《出口管理法》(*Export Administration Act*, EAA)，规定了两用物项方面的出口管制。该法于 2001 年过期失效，数年以来通过临时法案维持其建立的制度效力。该法与《武器出口管制法》《国际突发事件经济权力法》及其相关修正案一起构成了美国出口管制的法律基础。两用物项指不仅具有民事应用，同时也具有恐怖主义以及军事或大规模杀伤性武器相关应用的物项。美国出口管制涉及的两用物项包括商品、技术和软件。

1996 年美国商务部颁布实施了《出口管理条例》(*Export Administration Regulations*, EAR)，同时公布了《商业管制清单》(*Commerce Control List*)和《商业国家列表》(*Commerce Country Chart*)，对受到出口管制的具体产品和技

术(主要是军民两用产品和相关技术)以及禁运国(如古巴、伊朗、利比亚、朝鲜、叙利亚等)进行了具体规定。EAR 主要围绕四个方面:国家、主体、产品和用途。美国出口管理条例将全球各国分为 A、B、C、D、E 组,E 组下分 E1 和 E2 组。E 组为禁运国。中国、俄罗斯、委内瑞拉等属于被认为对美国有潜在威胁的 D 组。该条例规定由 BIS 负责对两用物项和部分军事物项的出口、再出口和国内转移的监管。

2018 年美国总统签署《出口管制改革法案》(*Export Control Reform Act*, ECRA),扩大了出口管制的范围,增加了对新兴技术和基础技术的出口管制。新兴和基础技术范围包括人工智能、机器人、增强现实和虚拟现实技术、金融技术、网络技术、高级航天技术等。该法案扭转了奥巴马政府在出口领域的去管制趋势,强化和巩固了美国出口管制的法律基础,BIS 的进一步立法措施更加体现了现政府"出口管制"的技术已不必与军事防务或者恐怖主义有关,仅仅是纯粹的民用高科技技术也可能受到出口管制。同时,美国还修订了《外商投资风险评估现代化法案》(*Foreign Investment Risk Review Modernization Act*, FIRRMA),扩大了美国外国投资委员会的权力范围,使其拥有对种类广泛的各种交易进行分析、监控和预算安排的权利,不再局限于公司收购交易。2018 年美国的出口管制立法和公开的意见咨询过程实际上已经揭示了 2019 年高科技行业出口管制的法律实务国际争端。

(一) 受 EAR 管辖

首先需要了解交易物项或者活动是否受到美国出口管制条例的管辖(Subject to EAR)。以下物项和活动是受到出口管制条例管辖的。

(1) 任何在美国境内的物项(包括美国对外贸易区内的物项以及中转途经美国的物项)。从这点上看,即使物项原产国不是美国,如果此物项目前位于美国境内,也受到美国出口管制法的管辖。受到管辖不代表一定需要申请许可证,是否需要申请许可证是个复杂的判断过程,牵涉物项本身在商业管制清单上的分类、出口的目的地、产品的最终用途和最终用户等。

(2) 所有原产于美国的物项,无论位于世界何地。

(3) 含有受管制美国原产商品的外国制造商品,含有受管制美国原产软件的外国制造商品,含有受管制美国原产软件的外国制造软件和含有受管制美国原产技术的外国制造技术。这个规定把美国两用物项的管理规定从管制美国原产物项的范围扩大到其他国家原产的物项。所以,他国出口产品到美国的禁运国或者禁止的最终用户的时候,需审核产品是否含有美国受管制物项并且超过了特定的含量。

(4) 使用美国技术或软件生产的某些外国制造直接产品。

(5) 在美国境外的工厂生产的商品，如果该工厂或该工厂的主要部件是美国原产技术或软件的直接产物。

美国政府将公司列入实体清单之后，部分企业决定停止或暂停与这些公司的商业合作，理由是公司受到美国出口管理条例的管辖。这个时候需视情况分析到底哪些产品受管辖，哪些不受管辖，并非一家美国公司及其海外的所有分支机构及子公司生产的所有产品都受美国出口管理条例的管辖从而无法和实体清单上的公司交易。

(二) 一般禁止

一般禁止指一般情况下这种行为是禁止的，既然是禁止的，那么在出口或再出口和境外转移的时候，需要事先获得许可或者授权。一般禁止包括以下10种情况。

(1) 向已列入名单的国家出口和再出口受管制物项。

(2) 再出口和从国外出口含有美国管制物项的外国制造品，其含量超过最低含量标准。

(3) 再出口和从国外出口国外制造的美国技术和软件的直接产品。

(4) 从事被拒绝令禁止的行为。在美国无法强制非美国实体支付罚金的案件中，美国政府可能通过颁发拒绝令切断非美国企业(拒绝令对象)在美国的供应链。

(5) 向被禁止最终用户或用于被禁止最终用途的出口和再出口。

(6) 向禁运目的地出口或再出口任何物项。

(7) 支持扩散活动。

(8) 不得转运经过某些国家或者经停卸货。这些国家包括亚美尼亚、阿塞拜疆、白俄罗斯、柬埔寨、古巴、格鲁吉亚、哈萨克斯坦、吉尔吉斯斯坦、老挝、蒙古、朝鲜、俄罗斯、塔吉克斯坦、土库曼斯坦、乌克兰、乌兹别克斯坦、越南。

(9) 违反任何许可证或许可证例外的命令、条款或条件。

(10) 明知正在违反或即将违反规定的情况下继续进行交易。

一般禁止中的第一条到第三条针对商业管制清单上的物项，不适用于EAR99物项，在一定条件下如果满足许可证例外的情形，可以适用许可证例外。一般禁止的其余条目针对的是受美国出口管制条例管辖的物项和特定活动，无许可证例外可以适用，但是如果涉及供应短缺或者出口目的国为禁运国的情况，可以参考相关章节在有限的情况下适用许可证例外。

(三) 广义的出口概念

“一般禁止”涉及出口、再出口，美国出口管制条例中对出口的定义比较广，有出口、再出口、视同出口和国内转移。

出口：指向美国境外实质运送、转移来源于美国的受管制物项。

再出口：再出口指将一个受出口管制条例管辖的物项从一个外国国家运输或转移至另一个外国国家。当出口管制条例管辖的技术、软件或源代码从一个外国国家披露给另一个外国国家时，也被视为发生了再出口。

视同出口：将受管制的技术披露给位于美国境内或者境外的外国人，虽然没有发生实际离境行为，但是也被视为出口，因为等同于向该外国人的国籍所属国出口。

国内转移：受出口管制条例管辖的物项在美国境外的国家国内转移也需遵循出口管制条例的规定，因为国内转移的过程中最终用户甚至最终用途都发生了变化，需要重新审视出口管理条例的规定。

（四）商业管制清单

如果所涉及的物项和活动受到出口管制条例的管辖，接下来就要明确物项的出口管制分类编号。商业管制清单（CCL）列出了美国需出口管制的物项，出口管制分类编号有五位，由数字和字母混合组成。

工业与安全局将受管制物项分成十大类，出口管制分类编号的第一位代表了物项对应的类别，分别是：

0 表示核材料、设施和设备以及杂项；

1 表示材料、化学品、微生物和毒素；

2 表示材料加工；

3 表示电子产品；

4 表示电脑；

5 表示电信和信息安全；

6 表示激光器和传感器；

7 表示导航和航空电子设备；

8 表示海洋；

9 表示推进系统、航天器和相关设备。

受管制的化学品属于第二类，出口管制分类编码以 1 开头。

工业与安全局将受管制物项在十个大类的基础上分成五个组别，出口管制分类编号第二位代表了管制物项所属的组别，由字母 A、B、C、D、E 组成。

A 表示设备、组件、零件；

B 表示测试、检验和生产设备；

C 表示材料；

D 表示软件；

E 表示技术。

出口管制分类编号第三位是数字,具体说明此物项受到管制的原因。

0 表示国家安全原因;

1 表示导弹技术原因;

2 表示核不扩散原因;

3 表示生化武器原因;

5 表示美国商务部批准的保障国家安全或外交政策的管制物项;

6 600 系列,表示受控物项为瓦森纳协定军品清单或者之前在美国军品管制清单上的物项;

9 表示反恐、犯罪管制、地区稳定、短缺供应、联合国制裁等原因。

出口管制分类编号第四位是数字,进一步加强说明管制的理由,因为有的时候一些物项是由于多重原因受到管制。

出口管制分类编号第五位是数字,是同类产品的序号,以示区别。

如果交易的物项找不到对应的出口管制分类编码,并且也不属于美国其他机构排他性管辖的产品,譬如不在美国的《美国防务目录》上,则对应的商品出口分类编码就是 EAR99。EAR99 是兜底的编码,所有受到出口管制条例管辖、但不在商业管制清单上的产品用 EAR99 表示。EAR99 的物项本身不是受管制物项,但是不代表此物项出口的时候不需要申请许可证,需结合目的国、最终用户最终用途等情况综合判断是否需要向美国政府申请许可证。

(五) 商业国家列表

在正确对物项进行分类之后,如果物项出现在商业管制清单上,需要结合商业国家列表(Commerce Country Chart, CCC)来判断是否需要申请许可证。商业国家列表覆盖了基本所有的出口管制编码,少部分出口管制分类编码在商业管制清单上会单独指明哪些特定国家需要许可证。一些出口管制编码如果涉及短缺供应,需要参考出口管制条例对应的章节做出是否需要申请许可证的判断,无须参考商业国家列表。

商业国家列表未列出古巴、伊朗、朝鲜和叙利亚,这部分需要参考出口管制条例相关章节。对于伊拉克和俄罗斯需结合商业国家列表和相关章节分析。

比如 1A001,具体描述为由含氟化合物制成的零部件,管制理由是商业国家列表 NS(National Security,国家安全或国家安保)第二列和 AT(Anti Terrorism,反恐)第一列,如果产品出口的目的地是中国,在商业国家列表上,中国的 NS 第二列标注了 X(X 表示需要申请许可证),AT 第一列是空白,所以在这种情况下出口 1A001 物项到中国需要申请出口许可证。

（六）许可证例外

如果交易对象是受管制物项，依据管制理由并结合商业国家列表，当出口到特定的目的国需要申请许可证，在某些特定情况下，如果交易满足一定的条件，可以申请许可证例外。例外的情况有运输金额限制，运输到B类国家，民用最终用户，战略交易授权，暂时进口、出口、再出口和国内转移（TMP）等。

如1A001，当出口金额小于5 000美元的时候，可以适用许可证例外，出口无须办理许可证。一般禁止的1,2,3在一些情况下可以适用许可证例外情况，一般禁止的4,7,8,9,10不适用许可证例外，一般禁止的5和6需参考条例对应的部分。

（七）最终用途和最终用户

美国的出口管制除了把相关物项列为受管制物项之外，出口、再出口以及国内转移时的最终用户（End User）和最终用途（End Use）也被管制。

1. 受管制的最终用户有如下几种类型。

（1）拒绝人员清单

拒绝人员清单（Denied Persons List）即美国商务部对其颁布拒绝令（denial order）的实体或个人。美国政府禁止与此清单上的实体和个人进行任何违反拒绝令的交易。

（2）未经验证清单

同未经验证清单（Unverified List）上的个人和实体进行美国物项的出口、再出口或境外国内转移不享受任何许可证例外，因为此清单上的个人和实体在之前的交易中无法向美国政府证明自己会将相关物项用于民用用途。即使向清单上的个人和实体出口非管制物项也必须出具书面的最终用户和最终用途证明用于美国出口清关目的。

（3）实体清单

进入实体清单（Entity List）的企业和个人大部分因为违反美国国家安全和/或外交政策利益，向此清单上的个人和实体出口、再出口或境外国内转移任何美国管制物项均需向工业和安全局申请许可证，但是一般情况下这种申请不会被批准，推定拒绝。

2. 受管制的最终用途有：

① 核用途；

② 导弹用途；

③ 生化武器用途；

④ 海洋核动力用途；

⑤ 外国宇航船和航空器用途；

⑥ 使用于利比亚国家境内的用途；

⑦ 为国外企业或个人提供加密项目方面的技术协助用途。

如果出口的产品的最终用途和最终用户符合上述的情况，需要申请许可证或者得到特别许可。

美国出口管制法和出口管理条例非常复杂，除了上述介绍的如何判断物项和活动受到出口管制法的管辖、一般禁止、管制物项是如何分类的、如何将物项的分类编号和商业国家列表结合做许可证判断、在什么情况下满足许可证例外以及被禁止的最终用户和最终用途外，出口管制法还涉及禁运、美国人、许可证申请、清关以及记录保存等重要法律事项，在此不一一介绍。美国出口管制的法律法规全文刊登在公开的联邦公报，在工业和安全局官方网站上也有相关电子版本可以访问，该网站提供很多培训教材和视频指导，帮助对美国出口管制法律有兴趣的各方学习。

二、国际紧急经济权力法案

1957 年《国际紧急经济权力法案》(*International Emergency Economic Powers Act*, IEEPA)规定美国总统有权在国际紧急情况发生的情况下宣布全国进入紧急状况以应对国际威胁，可以阻止相关交易并冻结财产。原《出口管理法》失效之后，两用物项出口管制的相关规定依《国际紧急经济授权法》进行临时延期。

三、军用物项相关法律法规

美国军用物项管制法律主要为 1976 年出台的《武器出口管制法》(*The Arms Export Control Act*, AECA)，相关条例为《国际武器贸易条例》(*International Traffic in Arms Regulations*, ITAR)，由美国国务院国防武器贸易局(Directorate of Defense Trade Controls, DDTC)负责监督执行，是美国为了控制军用物项和服务进出口而制定的一套法规体系，相关管制清单为《美国防务目录》(*United States Munitions List*, USML)，规定了具体受管制的军用物项目录，军用物项共分为 21 类，主要有航空器、战舰、导弹、枪支等产品或技术。这类产品也被称为“防务用品”。

四、反抵制

BIS 负责根据出口管理法管理和执行反抵制法。反抵制法不鼓励，并且在某些情况下，禁止美国公司促进和支持阿拉伯联盟发起的对以色列的抵制，以及其他国家发起的抵制。

五、经济制裁

美国财政部外国资产管制办公室(Office of Foreign Assets Control, OFAC)根据美国外交政策和国家安全目标管理和执行经济和贸易制裁,制裁目标为外国国家和政权、恐怖分子、国际贩毒分子,或者那些从事与大规模杀伤性武器扩散有关的活动以及会对美国国家安全、外交政策或经济造成的其他威胁。

OFAC公布个人以及由目标国家拥有或控制或代表其行事的公司名单。它还列出了在非国家特定制裁项目下的个人、团体和实体,例如恐怖分子和贩毒分子。这些个人和公司均被列入特别指定国民清单(Specially Designated Nationals, SDN)。截至2019年9月已有超过20 000家企业或个人被列入该清单。通常来说,美国企业或个人不得与SDN上的组织或个人发生关系。

出口管制是对相关物项和活动的管制,是基于贸易层面的,经济制裁的范围要远远大于出口管制,比如全面停止进出口活动、冻结被制裁国在美国的所有财产、停止所有经济合作与贸易往来、排斥被制裁国在国际金融市场的业务等。

第六节 中国出口管制法规

一、立法概述

中国尚未制定独立的出口管制法,前述《中华人民共和国对外贸易法》和《中华人民共和国海关法》有部分规定。中国是联合国安理会常任理事国,也是《不扩散核武器条约》《禁止化学武器公约》和《禁止生物武器公约》等国际条约的缔约国,为更好地促进和保障出口管制工作,维护国家安全与发展利益,履行国际义务,商务部于2017年发布了《出口管制法(草案征求意见稿)》。第十三届全国人民代表大会常务委员会立法规划将出口管制法作为第一类项目。综观《出口管制法(草案征求意见稿)》,增加了视同出口和再出口的规定,纳入了最低含量标准,在许可证例外方面也有相应的规定。2019年5月商务部表示,将根据相关法律法规建立"不可靠实体清单",对不遵守市场规则,背离契约精神,出于非商业对中国企业实施封锁或断供,严重损害中国企业正当权益的外国企业组织或个人,将被列入"不可靠实体清单"。2019年6月8日新华社消息,国家发展改革委正牵头组织建立国家技术安全管理清单制度。这些政策变化预期将对我国出口管制机制产生影响。

现有两用物项方面行政法规有《核出口管制条例》《核两用品及相关技术出

口管制条例》《导弹及相关物项和技术出口管制条例》《生物两用品及相关设备和技术出口管制条例》《监控化学品管理条例》《易制毒化学品管理条例》《放射性同位素与射线装置安全和防护条例》和国务院批准的《有关化学品及相关设备和技术出口管制办法》，每个行政法规管制特定的产品或者技术，具体的清单汇总于《两用物项和技术进出口许可证管理目录》。商务部和海关总署每年公布最新的两用物项和技术进出口许可证管理目录，最新的公告为商务部、海关总署公告 2018 年第 104 号。被列入《两用物项和技术进出口许可证管理目录》的监控化学品、易制毒化学品和有关化学品，企业需办理两用物项和技术进出口许可证才可以进出口。

和美国的出口管制清单不一样的地方是，中国的两用物项和技术不仅管制出口，同时对特定物项和技术在进口环节也进行管制。中国没有采取和美国同样的出口管制编码分类体系。对于管制的物项和技术，我国的管制目录列明了相关的定义和技术参数，部分管制物项和技术列出了相关的海关编码作为参考，但是海关编码不是唯一判断物项是否受管制的绝对参数，只能作为辅助判断。即使海关编码被列入管制目录，如果产品技术参数不完全满足的话，产品不属于两用物项许可证管理目录内产品。目前中国的两用物项进出口在许可证方面没有采取公开的国家列表、禁运国和"黑名单"审核制度。

军品出口方面的行政法规为《军品出口管理条例》，现行《军品出口管理清单》于 2002 年公布，清单按照武器装备的常规分类方法，共分为十四大类，分别是轻武器，火炮等发射装置，弹药和各类爆炸装置，坦克等军用车辆，军事工程装备，军用舰船，军用航空飞行器，火箭、导弹和军用卫星，军用电子产品及其他控制装置，火炸药、推进剂等化合物，军事训练设备，核生化防护装备，后勤装备等辅助军事装备。

从管理制度角度，我国的进出口管制包括从业主体资格管理；对限制和禁止出口的货物、技术及服务实行清单管理；对管制物项实施许可管理，包括单项许可、通用许可等方式；进出口管制物项时，需提供最终用途和最终用户的相关证明，以确保物项和技术不会被用于非法用途。

二、监控化学品

我国政府于 1993 年签署《禁止化学武器公约》，经全国人民代表大会常务委员会 1996 年批准，1997 年交存批准书，成为公约的原始缔约国。我国政府先后颁布实施了《监控化学品管理条例》（1995 年颁布，2011 年修订）、《各类监控化学品名录》（1996 年）、《〈监控化学品管理条例〉实施细则》（1997 年颁布，2018 年修订）及《列入第三类监控化学品的新增品种清单》（1998 年），确立了中国履行公约的法律保障体系，并形成了一整套对公约附表化学品的生产、经营、使用、储存及进口等的有效管理体系。1996 年名录所列第一类、第二类、第三类监控化学品即公约附表 1、2、3 化学品，1998 年增加澳大利亚集团控制清单中的 10 种化学品，包括氰化钠(钾)、五硫化二磷等。2019 年 1 月开始生效的《〈中华人民共和国监控化学品管理条例〉实施细则》第五十七条指出，监控化学品低于一定浓度阈值时，可以豁免数据申报和进出口许可。

美国“9·11 事件”后，为加强国际反恐合作和防扩散，对外经贸部颁布实施《有关化学品及相关设备和技术出口管制办法》(含出口管制清单，2002 年)，除上述 10 种化学品外，包括澳大利亚集团控制清单其余所有品种，进一步改进和完善了对有关化学品及双用途化学设备和技术的出口管制。

第一、二、三类监控化学品的进出口应当委托指定单位代理，中国化工集团公司和中国昊华化工(集团)总公司为指定公司。但一些具体产品，因为风险较小、使用广泛，或者国内出口方唯一，多家地方化学品公司或生产企业得到批准可以作为进出口单位，这部分产品主要有三乙醇胺、甲基二乙醇胺、氯化亚砜、氯化苦及 1998 年增补的 10 种化学品。具体参见中国监控化学品协会网站，该协会配合工业与信息化部的监控化学品管理工作。

其中，禁止进出口化学品相关的目录是商务部、海关总署、国家环境保护总局公告公布的《禁止进口货物目录》(第六批)和《禁止出口货物目录》(第三批)(2005 年第 116 号)。两个目录内禁止进口和禁止出口的化学品大部分来源于《鹿特丹公约》和《斯德哥尔摩公约》，是我国对国际公约的国内履约。其中，限制进出口的化学品相关的目录有《进口许可证目录》和《出口许可证目录》，由商务部和海关总署联合发布。《进口许可证目录》中限制了消耗臭氧层物质的进口，这是为了履行《保护臭氧层维也纳公约》和《关于消耗臭氧层物质的蒙特利尔议定书》及其修正案规定的义务。《出口许可证目录》是国家对国内生产所需的原料、半制成品以及国内供不应求的一些紧销物资和商品实行管制，以满足国内市场和消费者的需要，保护民族经济。

三、麻醉药品和精神药品前体

麻醉药品和精神药品的前体化学品方面，我国于 2005 年颁布《易制毒化学品管理条例》，2005 年商务部、公安部、海关总署、国家安全生产监督管理总局、国家食品药品监督管理局联合颁发《向特定国家(地区)出口易制毒化学品暂行管理规定》，商务部 2006 年发布《易制毒化学品进出口管理规定》，商务部和公安部 2006 年联合发布《易制毒化学品进出口国际核查管理规定》，2006 年商务部、公安部、海关总署、国家食品药品监督管理局联合颁发《麻黄素类易制毒化学品出口企业核定暂行办法》。易制毒化学品即上述条例附表所列可用于制毒的主要原料及化学配剂，国家对易制毒化学品进出口实行许可证管理制度，以任何方式进出口易制毒化学品均需申领许可证，由商务部主管，其中药品类的需同时征得国务院药品监督管理部门的同意。17种易制毒化学品在向缅甸、老挝、阿富汗等特定国家（地区）出口时需办理《易制毒化学品定向出口许可证》。

按照商务部2007年《关于对含易制毒化学品混合物的进出口管理做出具体规定》，“混合物”指含甲苯、丙酮、丁酮、硫酸4种易制毒化学品之一且比例高于40%（不含）的货物以及含盐酸比例高于10%（不含）的货物；或含上述5种以外的《易制毒化学品进出口管理目录》所列的其他易制毒化学品的货物，含易制毒化学品的复方药品制剂除外。经营者进出口上述混合物，应当按照规定申请许可。含甲苯、丙酮、丁酮、硫酸、盐酸5种易制毒化学品之一且比例低于上述规定含量的货物，不属于该规定第七条所称的“混合物”。经营者进出口上述货物，无须申请易制毒化学品许可。

本丛书分册《化学物质管理法规》中有专章介绍监控化学品和易制毒化学品法规，可供读者参考。

四、其他管制类别中的化学品

不仅监控化学品和易制毒化学品领域包含较多的受管制化学品，其他物项中也涉及化学品或化学材料，如导弹液体推进剂中的肼（纯度70%以上）、偏二甲肼、甲基肼、混胺、四氧化二氮、红发烟硝酸，比拉伸强度大于7.62×10^4 m和比模量大于3.18×10^6 m的复合材料结构件、层压板和制品，以及以树脂或金属为基体的用纤维和丝材增强而制成的各种预浸件和预成形件，可能来自以聚酰亚胺、聚酰胺基、聚碳酸酯、石英纤维等增强的复合材料，一定型号的离子交换树脂、玻璃纤维纱线属于核出口管制清单所列物项。具体应及时查询有效的《两用物项和技术进出口许可证管理目录》。

进出口列入《中华人民共和国进出口农药登记证明管理目录》的农药，应根据《鹿特丹公约》《农药管理条例》事先向农业农村部农药检定所申领进出口农药登记证明，凭此向海关办理进出口报关手续。对一些既可用作农药，也可用作工业原料的商品，如果企业以工业原料用途进出口，企业不须办理进出口农药登记证明，凭农业农村部农药检定所向进出口企业出具的“非农药登记管理证明”，满足海关S监管条件验放。为履行我国加入的环境保护类化学品国际公约，环境保护部、商务部和海关总署联合发布《中国严格限制的有毒化学品目录》（2018年），单位须办理有毒化学品环境管理放行通知单方可进出口。具体内容可参见本书第一篇有关公约国内履约的介绍。

第二十一章
其他化学品海关监管制度

本章在前序章节的基础上，对海关监管法规进行梳理，兼顾在贸易和出口管制之外，通常化学品进出口活动中的监管要求。

一、一般进出口商品的监管

根据《中华人民共和国对外贸易法》，中国实行统一的对外贸易制度，鼓励发展对外贸易，维护公平、自由的对外贸易秩序。国家准许货物与技术的自由进出口，基于监测进出口情况的需要，对部分自由进出口的货物实行进出口自动许可管理，企业进口自动进口许可证目录内产品需申请自动进口许可证，一般情况下自动进口许可证企业申请即可批准，因为自动进口许可证目录内商品是国家允许自由进出的商品，国家主要通过许可证申请和发放的形式对进出口情况进行监测，其主要目的不是限制进出口。部分成品油和化肥属于自动进口许可证目录内产品。同时国家基于特定原因，可以限制或者禁止有关货物、技术的进口或者出口，部分化学品被列入禁止和限制进出口商品目录，这部分内容在前章已有介绍。

国家会定期公布限制或者禁止进出口的货物、技术目录，对限制进口或者出口的货物实行配额、许可证等方式管理。在进出口环节企业需提交配额或者许可证件方可通关，中国海关在经出境环节负责验核配额和许可证。随着海关和大部分发证机构已经做到了联网核查，签证机构签发许可证件之后，会将证件电子数据传输至海关，海关在通关环节进行比对核查，并按规定办理进出口手续。企业如果按照海关通关作业无纸化改革的规定，可采用无纸方式向海关申报。如果由于海关和相关签证机构审核的需要，或计算机管理系统、网络通信故障等原因，可以转为有纸报关作业或补充提交纸质证件。

为方便在通关环节识别商品是否属于禁止进出口商品或者是否需要提交配额或许可证、批文，相关商品的海关编码被设置了许可证或批文代码，以方便海关和进出口企业快速判断产品是否受限。海关编码后如果有许可证或批文代码，则意味着此海关编码项下商品在进出口环节很有可能需要申请相关配额和许可证方可进出口。值得注意的是，在实际操作过程中，具体是否需要在进出口环节办理许可证或批文，还需要结合商品的进出口目的和用途做进一步确认。如果进出口的目的或用途跟监管的目的和用途不相关，则有豁免许可证或批文的可能。表 21－1 列出了《中华人民共和国税则》中位于海关编码之后的“许可证或批文代码”和对应的许可证或批文名称，并注明了法规来源，供读者参考。

表 21－1　海关监管的许可证或批文代码清单及法规来源

许可证或批文代码	许可证或批文名称	法规来源
1	进口许可证	《货物进口许可证管理办法》
2	两用物项和技术进口许可证	《两用物项和技术进出口许可证管理办法》
3	两用物项和技术出口许可证	《两用物项和技术进出口许可证管理办法》
4	出口许可证	《货物出口许可证管理办法》
6	旧机电产品禁止进口	《进口旧机电产品检验监督管理办法》
7	自动进口许可证或重要工业品证明	《2018 年自动进口许可管理货物目录》
8	禁止出口商品	《禁止出口货物目录》
9	禁止进口产品	《禁止进口货物目录》
A	入境货物通关单	《出入境检验检疫机构实施检验检疫的进出境商品目录》
B	出境货物通关单	《出入境检验检疫机构实施检验检疫的进出境商品目录》
D	出入境货物通关单(毛坯钻石用)	国家质量监督检查检疫总局、海关总署等六部委 2002 年第 132 号公告
E	濒危物种允许出口证明书	《中华人民共和国动植物检验法》
F	濒危物种允许进口证明书	《中华人民共和国动植物检验法》
G	易制毒化学品定向出口许可证	《易制毒化学品管理条例》
I	精神药物进(出)口准许证	《精神药品管理办法》
J	黄金及其制品出口证准许可证或批件	《中华人民共和国金银管理条例》
L	进(出)口药品准许证	《中华人民共和国反兴奋剂管理条例》
M	密码产品和设备进口许可证	《商用密码管理条例》
O	自动进口许可证(新旧机电产品)	《机电产品进口管理办法》和《机电产品自动进口许可管理实施细则》

（续表）

许可证或批文代码	许可证或批文名称	法规来源
P	进口废物许可证	《废物进口环境保护暂行管理规定》和《国家限制进口的可用作原料的废物目录》
Q	进口药品通关单	《中华人民共和国药品管理法》
R	进口兽药通关单	《兽药管理条例》
S	进出口农药登记证明	《农药管理条例》
T	银行调运外币现钞进出境许可证	《银行调运外币现钞进出境管理规定》
U	合法捕捞产品通关证明	《实施合法捕捞证明的水产品清单》
W	麻醉药品进出口准许证	《麻醉药品管理办法》
X	有毒化学品环境管理放行通知单	《中国严格限制进出口的有毒化学品目录》
Y	原产地证明	《原产地标记管理规定》
Z	进口音像制品批准单或节目提取单	《音像制品进口管理办法》
e	关税配额外优惠税率进口棉花配额	《中华人民共和国货物进出口管理条例》
q	国别关税配额证明	《中华人民共和国政府和新西兰政府自由贸易协定》
t	关税配额证明	《货物进出口管理条例》
v	自动进口许可证(加工贸易)	《货物自动进口许可管理办法》
x	出口许可证(加工贸易)	《货物自动进口许可管理办法》
y	出口许可证(边境小额贸易)	《关于边境贸易有关问题的通知》

二、化学品进出口的监管

化学品可能存在风险，包括健康和环境危害性、安保与公共安全的潜在危险性，以及对军用和工业用途的两用性。国家依据国际公约，并结合本国国情，将部分需要管制的化学品分别列入“禁止”“限制”“控制”的目录，或禁止进出口，或申请配额获得批准后进出口，或仅限于指定的单位进出口。普通化学虽然管理相对简单，但也需要遵守各类海关监管要求。

特别需要说明的是，在进出口环节是否需要办理许可证不能仅仅依靠海关编码来做判断，还是要基于法规对所管制物项的定义、许可证例外条件的分析做出最后判断。例如，海关编码 3824999950，此海关编码下涵盖了三乙醇胺混合物、甲基二乙醇胺混合物、环状磷酸酯 A 和环状磷酸酯 B 的混合物。根据《监控化学品管理条例》，含有一个磷原子并有一个甲基、乙基或(正或异)丙基原子团与该磷原子结合的化学品，不包括含更多碳原子的情形的化学品是监控化学品。环状磷酸酯 A 和环状磷酸酯 B 的混合物由于其所含的碳原子超过了 3 个，不属于监控化学品。又如，易制毒化学品对混合物也进行管制，如果混合物含甲苯、丙酮、丁酮、硫酸 4 种易制毒化学品之一且比例高于 40%(不含)的货物以及含盐酸比例高于 10%(不含)的货物，或者混合物含上述 5 种以外的《易制毒化学品进出口管理目录》所列的其他易制毒化学品的，由于有较多的可能性，在制定目录的时候无法以清单的形式全部列举所涉及商品及其对应海关编码，企业无法用海关编码去做相关许可证判断，但在进出口环节此类商品仍需申领进出口许可证。

三、检验检疫

国家检验检疫的目的是保护人类健康和安全、保护动物或者植物的生命和健康、保护环境、防止欺诈行为、维护国家安全。

除了进口环节代征相关税费之外，中国海关每年制定、调整《出入境检验检疫机构实施检验检疫的进出境商品目录》(以下简称《商品目录》)并公布实施。中国海关对列入目录的进出口商品以及法律、行政法规规定须经出入境检验检疫机构检验的其他进出口商品实施检验(称“法定检验”)。由此可见，并非列入商品目录内的商品才会在进出境环节需要商品检验，如果相关法规规定了某些商品在进出境环节需检验检疫，即使商品本身没有被列入《商品目录》，商品也需经法定检验。

最新的商品目录涉及的海关编码商品共有 4 591 个①，《商品目录》内法检商品和海关编码关联，如果海关编码对应的许可证或批文代码有 A 或者 B，表示此商品在进出境环节需经过检验检疫(A 表示进口需法检，B 表示出口需法检)。在出入境检验检疫局没有并入海关之前，企业需向检验检疫单独报检，检验检疫接受报检之后会出具“入/出境货物通关单”(以下简称“通关单”)。由于之前的通关模式是先报检，后报关，所以通关单是原出入境检验检疫机构对法定检验检疫商品签发的已办理报验手续证明文书。

在出入境检验检疫职责和队伍划入海关后，通关单已失去了原有的职能和意义，通关单也正式退出了历史舞台。海关总署于 2018 年 6 月 1 日起全面取消通关单，相关公告为《海关总署关于全面取消《入/出境货物通关单》有关事项

---

① 由海关总署公布在主页信息服务栏目，参见 http://www.customs.gov.cn/customs/jyjy/jyjytggl/xxfw/1723854/index.html。

的公告》(2018 年第 50 号)。

四、危险化学品进出口检验

《危险化学品安全管理条例》第六条第三项规定,质检部门负责对进出口危险化学品及其包装实施检验。国家质量监督检验检疫总局于 2012 年 3 月 13 日发布《关于进出口危险化学品及其包装检验监管有关问题的公告》(2012 年第 30 号公告)。据此,所有的危险化学品均属法检产品,即使有些危险化学品未被列入商品目录,在进出口环节也需要报检并接受检验。这部分职责现已转移给中国海关。

有关部门陆续将部分涉及危险化学品的海关商品编码增加到《商品目录》中,根据《质检总局海关总署关于〈出入境检验检疫机构实施检验检疫的进出境商品目录〉与 HS 编码联动调整的公告》(2013 年第 16 号联合公告),苯乙烯等 13 个涉及危险化学品的商品编号从 2014 年 1 月 1 日增加到《商品目录》中。

随着《危险化学品名录》在 2015 年改版和施行,自 2016 年 2 月 1 日起,涉及危险化学品的萘、砷、锂等 41 个海关商品编号被增设进/出境检验检疫监管要求“A/B”,实施进出境检验检疫。列入《危险化学品名录》的危险化学品,仅有少部分设置了具体的进/出境检验检疫监管要求“A/B”,对于未设置具体的监管要求危险化学品,企业在进出口环节也需要接受海关的监管。企业进出口列入《危险化学品名录》中的危险化学品,报关时需要按照《危险化学品名录》中的名称申报,以便于海关对进出口商品实施进一步检验。

企业进口列入《危险化学品名录》中的危险化学品,应提供下列材料报关报检:进口危险化学品经营企业符合性声明;对需要添加抑制剂或稳定剂的产品,应提供实际添加抑制剂或稳定剂的名称、数量等情况说明;中文危险公示标签(散装产品除外,下同);中文安全数据单(Safety Data Sheet, SDS)的样本。

企业在出口列入《危险化学品名录》中的危险化学品,应提供下列材料报关报检:出口危险化学品生产企业符合性声明;《出境货物运输包装性能检验结果单》(散装产品除外);危险特性分类鉴定报告;危险公示标签;SDS 样本,如是外文样本,应提供对应的中文翻译件;对需要添加抑制剂或稳定剂的产品,应提供实际添加抑制剂或稳定剂的名称、数量等情况说明。

企业在进出口未具体列入《危险化学品名录》,但是根据《危险化学品安全管理条例》(国务院第 591 号令)及其配套法规,分类为危险化学品的化学品时,企业也需提供符合国家法规要求的危险公示标签和 MSDS。

海关委派专员在现场检验环节检验产品是否符合安全、卫生、健康、环境保护、防止欺诈等要求以及相关的品质、数量、重量等项目。

2019 年 11 月,青岛海关官网公示了一份行政处罚决定书,处罚对象辽宁省某医药对外贸易有限公司擅自出口危险化学品未报检而受到处罚。被处罚方表示，因该货物商品编码不带监管条件而误以为不用报检。

五、其他化学品的检验要求

为加强对人类食品和动物饲料添加剂及原料产品的进出口检验检疫监管，国家将 124 种人类食品和动物饲料添加剂及原料产品列入《商品目录》，对于仅用于工业用途、不用于人类食品和动物饲料添加剂及原料的产品，企业需提交贸易合同及非用于人类食品和动物饲料添加剂及原料产品用途的证明，经海关查验无误后，不再进行检验检疫。同时产品外包装上需印明产品用途（仅用于工业用途），相关公告为国家质量监督检验检疫总局、商务部、海关总署《关于对人类食品和动物饲料添加剂及原料产品实施出入境检验检疫的公告》（2007 年第 70 号）。

六、讨论

除了海关明确监管和检验检疫的化学品外，其他部门在制定化学品法规时，有时期待将受管制的化学品从进出口源头进行管制，要求企业在进口环节遵守相关的法律和规章。然而，在实际的化学品监管的过程中，尚未与海关的税则关联起来，也未与海关总署达成联合监管的协议，使海关无法对其他法规规定的化学品进行监管。这种情况包括但不限于“未列入《中国现有化学物质名录 IECSC》的新化学物质”、危险货物等。

虽然目前很多政府部门制定的化学品管制目录列出海关编码，但是由于管制目录比较多，每个管制目录的侧重点不同，海关编码的分类体系主要是为了对进出境商品进行分类方便税收征管和统计，无法用当前的海关编码去完全解决和管制目录内商品一一对应的问题，有可能会出现一个商品编码涵盖的商品并非完全是管制商品，如危险化学品目前也只是部分被列入了法检目录，如果让自成体系的海关编码覆盖所有的危险化学品，通关过程中很多商品本身不是危险化学品，只是因为海关编码在目录内而被要求按照危险化学品管理，从而给企业带来需要提供证明材料或者分类鉴定报告证明产品非危险化学品的额外负担。

第四篇

化学品可持续发展多元化机制

第二十二章
绿色化学理念与实践

第一节　绿色化学的时代背景

2019 年最新的《全球化学品展望Ⅱ》(*Global Chemical Outlook*，GCO Ⅱ)中指出，随着不同领域日益增长的各种化学品的生产和应用，危险化学品和其他污染物(如塑料废物和制药污染物)继续大量释放。它们在材料和产品库存中不断累积，最后又将普遍积累在人类社会和环境中。尽管化学品监管力度不断强化和规范日益完善，化学品的急性毒性事件有所减少，但在室内空间、消费对象或者食品等领域，化学品对健康的慢性损害日益受到关注。此外，化学农药的使用不仅涉及害虫，也同时消灭了许多有益的生物体，甚至有些动物种类因为高强度地施用农药而缺少了食物链，导致全球生物多样性不断减退。这对化学品的有效管理提出更严峻而迫切的挑战。

在法制发达国家，除了加强化学品安全的传统监管基础外，化学品环境管理有两个发展趋势：一是从安全回收物质和从保障价值的循环经济出发，来考虑化学品和废物的健全管理；二是多个利益相关方全面和积极主动地参与化学品和废物管理，通过可持续的物质管理和循环商业模式来预防和避免未来出现风险。这些趋势不仅融入传统监管机制中，更发展出了新的理念，甚至成为制度，前者如生产者责任延伸机制，后者如绿色化学相关理念及政策发展。

化学品管理的目的，在于尽可能利用化学品的同时，也尽最大可能防止化学品对人类和环境的风险。利益相关多方认识到，绿色化学在实现环境和经济可持续性方面的价值，对工人健康、资源保护、环境正义、公共卫生和全球变暖是有益的。基于化学品货物的全球流通和国际信息沟通、知识分享与制度共建，化学品监管规范发展快速。绿色化学的尝试从一系列核心技术原则中脱颖而出，以实现广泛的社会目标。但绿色化学很难用传统法律规范来实施，更多是一种从学术层面向政策层面发展的理念，作为一个重要的评价因子，结合与融入其他化学品管理政策中，比如作为环境标志的评价内容，或者在经济性引导机制中的优势考量部分，可参见“化学品绿色经济政策”章节。

第二节 绿色化学的概念与原则

20 世纪 80 年代后期开始，随着环境保护对化学品管理的侧重，旨在从根本上减少及消除化学污染源的新领域——绿色化学应运而生，它主张通过化学进程中充分利用每一个原子，使其具有“原子经济性”，充分利用资源，防止环境污染。绿色化学利用化学原理，在化学品设计、生产和应用中避免或减少有毒有害物质的使用和产生，设计和研究没有环境副作用或者尽可能少的化学品和化学过程，并保障其技术和经济可行性。它是现代环境保护中风险预防原则在化学品监管领域的体现，着眼点在将污染消灭在源头，使整个合成过程和生产工艺环境友好，同时也兼顾经济和社会因素，它是可持续理念在化学品管理上的实践，平衡环保、经济和社会的三方面需要，这也在 GCO Ⅱ 中进一步得到肯定。美国 EPA 使用的绿色化学概念与此类似，认为绿色化学是一门新兴的化学分支，旨在将反应的效率达到最高，损耗降到最少，对环境的伤害降到最低，在从源头到最终产物的过程中减少废物的产生，降低对环境的污染或冲击等不利影响。

绿色化学有时也被称为“环境无害化学”“环境友好化学”“清洁化学”“原子经济学”，虽然区别了“污染治理化学”，但都带着视野的局限性，或者说体现了从化学、经济学和政策法律角度的不同认知特性。

广义上，绿色化学也被称为可持续化学，作为分析框架，既包括更安全的化学科学，也包括促进其发展的法律和政策。绿色化学适用于化学产品整个生命周期，包括设计、制造、使用和最终处置。绿色化学不是科学的新分支，而是一种新的哲学方法论，支撑着所有的化学，并具有技术、环境和社会目标，其目的在于引导和及时利用科学知识，将对环境和健康的谨慎保护与创新的生态策略联系在一起，同时保持和促进化学工业。

着眼于设计的绿色化学与环境保护“最佳实用技术”制度有相通之处，向政策与法律进一步扩展并嵌入绿色经济和可持续原则。它可以涵盖整个化学品监管，但也因此失去精准度，在泛化中失去了最初的本源。准确反映当前科学和化学品市场需求的公共政策有助于绿色化学的广泛采用，兼顾产品及生命链下游的安全性与环保性、生产过程安全环保、注重经济高效的绿色化学是化学品政策本身的组成部分。“绿色化工”或“绿色化学品监管”概念是在绿色化学的理念有所扩展与延伸的。

1998 年 Anastas Paul 首先提出了绿色化学的 12 项原则，揭示并界定了绿色化学概念的内涵范围，包括：设计化学合成方法防止废物产生，甚至从原子层面上考虑，原子百分之百地转变成产物，不产生副产物或废物，实现废物“零排放”;更有效的设计,并促进生成低毒或无毒的化合物;降低或消除生成产物的合成方法对人类及环境的毒性;使用可再生的原料或废物作为原料,避免采用石油等消耗型原料,利用生物质代替;使用催化剂,通过催化反应尽可能降低废物数量;从设计上避免化合物的衍生物;实现原子经济最大化,最大比例利用初始反应物的原子;使用更安全的溶剂和反应条件;提高能源效率,尽可能在常温常压下进行反应,减少能源消耗;设计可降解的产物;生产全程分析并防止污染:对生产过程进行全程监控,以避免、减少或消除副产物的生成;尽可能避免事故发生的可能;设计化合物及其状态,以降低爆炸、火灾、泄漏的可能性。

1996 年欧盟《综合避免和减少环境污染第 96/61/EG 指令》附件Ⅳ中提出了 12 项“最佳可行技术”标准,现仍然规定在欧盟第 2010/75 号《工业排放指令》附件Ⅲ中,Anastas 提出的 12 项原则与此类同。在 2004 年德国联邦环境保护署和 OECD 的一个研讨会中,进一步制定了 5 项判断标准:质量方面要求使用无害或危害少的物质,进行资源友好型生产及生产耐用型产品;减少资源消耗,鼓励可再生能源,避免或尽可能减少排放;从全生命周期考量,全面分析化学品和生产的原料开采、生产、加工、使用和处理,以降低资源和能源消耗,避免危害物质;设计替代应急,在前端和源头上避免损害成本和经济风险,降低修复成本;注重经济创新,可持续的化学品、产品和生产工艺在工业使用和私人消费中创造信任机制,相应带来竞争优势。

这些原则有一定的优次阶层性。首先考虑减少来源和预防化学危害,尤其是强调设计层面上,要考虑对人类健康和环境危害较小的化学产品,设计化学合成和其他工艺流程,减少甚至不产生化学废物。其次要求在废物处置之前处理化学品以降低其危险性。最后,只有在其他选择不可行时,才考虑安全处置化学品。绿色化学涉及清洁生产和循环经济,它们存在着交集,但清洁生产和循环经济只是绿色化学相对次要的目标和阶段。

德国更多地使用“可持续化学”概念,强调代际发展机会公平,考虑经济、生态和社会发展目标平衡,以及从“摇篮到坟墓”的全生命周期。在此意义上,可持续化学意味着在未对后代侵害的基础上研究物质资源的使用和转化,由此被视为可持续理念中核心的问题解决方案。可持续化学是在绿色化学基础上的扩展,与绿色化学有一定的区别,有向生产和消费领域的扩展趋势,同样重视相关利益多方参与和支持化工企业的绿色创新投入,这与德国因为化学经济的重要性而对实践绿色化学的重视程度和推出的“化学品租赁服务”的理念也有一定关系,因为绿色化学要涵盖的服务业比较牵强,且仅停留在“化学”的理论上,难以着手进行引导和监管。

经济合作与发展组织(OECD)2018 年因其研究报告《化学品租赁的经济特性》获得联合国工业与发展组织的奖励,OECD 认为:可持续化学是以一个科学的观念，寻求提高自然资源效率来满足人们对化学产品和服务的需求，它包括设计、制造和使用有效率、有效能、安全和更加环境友好的化学产品和服务。

第三节　绿色化学理念的政策法律实践

在政策与法律的实施层面上，美国早在1990年颁布的联邦《污染防治法案》就可以看到绿色化学的影子，规定了减少源头污染的措施：要求在回收、处理或处置之前，应减少任何危险物质、有害物或污染物质进入废物阶段或以其他方式释放（包括逸散性排放）到环境中的数量；减少因释放此类物质，产生污染或与污染物相关的对公共健康和环境的危害。在污染防治措施中，从源头上防止和减少污染具有优先性。绿色化学正是旨在设计和生产具有成本竞争力的化学产品和工艺，通过减少污染源，以达到最优先的污染防治措施层级。

德国在1997年通过了实施绿色化学的“为环境而研究”计划。荷兰利用税法条款推动绿色化学技术的开发应用。在欧盟委员会第COM（2018）340号文件中，为减少塑料制品对环境尤其是海洋环境的影响，对于不同来源的塑料制品有不同的机制侧重或者协同利用。这些机制包括减少消费、限制市场、规范和加强产品设计、对标识的规定、生产者责任延伸、确定分类回收的目标、增加一些市场敏感性措施，比如对于食品包装，就侧重在减少消费和扩展生产者责任以及增强市场敏感度措施上，而对于塑料的棉签棒、吸管、盘子、餐具等则主要采用限制市场推广措施。

欧盟REACH法规融入了绿色化学理念，它通过对物质的所有危险特征和使用价值链的有效信息交流，提高对于危险化学品的准入义务并由此使之处于监管下，只有在更安全的环境下才允许其生产和使用。它通过信息和数据收集识别化学品的危害和评估风险，促进了更安全的化学品生产和使用，帮助化工行业实现整体的可持续转型。具体参考本丛书分册《化学物质管理法规》中的REACH介绍。

我国环境保护部等14部委联合颁发的《环境保护综合名录（2017年版）》，第一部分是国家限制的“高污染、高环境风险”产品，包含50余种生产过程中产生大量污染物（如二氧化硫、氮氧化物、化学需氧量、氨氮）的产品、40多种产生大量挥发性有机污染物（VOCs）的产品、200余种涉重金属污染的产品、570余种高环境风险产品。名录指引可进行“双高”特性识别，便于企业和公众有选择性地减少购买“双高”产品，从产品链末端减少“双高”产品的流通，倒逼企业绿色转型。工业和信息化部、科技部、环保部联合发布的《国家鼓励的有毒有害原料（产品）替代品目录（2016年版）》明确引导企业选择和使用低毒低害和无毒无害原料，减少利用最终产品中有毒有害物质，促进绿色发展。

我国在 2019 年 1 月的《化学物质环境风险评估与管控条例(征求意见稿)》中也有对于绿色化学的相应规定。其中,第四条第三款规定:国务院财政主管部门会同国务院生态环境、卫生健康主管部门制定相关财税政策,鼓励和支持无毒、低毒等环境友好型化学物质的研发、生产和加工使用,限制优先控制化学物质的生产和加工使用;第七条第一款规定:鼓励环境友好型替代化学物质和替代技术的研发和推广应用。

根据 2015 年中共中央国务院《生态文明体制改革总体方案》和 2016 年《国务院办公厅关于建立统一的绿色产品标准、认证、标识体系的意见》要求,国家市场监管总局 2019 年 5 月制定了《绿色产品标识使用管理办法》,推行统一的涉及资源、能源、环境、品质等绿色属性(如环保、节能、节水、循环、低碳、再生、有机、有害物质限制使用等)的认证制度,以及涉及绿色属性的自我声明等合格评定活动,成为绿色化学立法的重要内容。

第四节　绿色化学在产业、经济和科研教育中的实践

绿色化学从学术和学科研究延伸到经营和管理领域。化石原料的供应限制、价格高涨和环保趋势以及全球应对气候变化等问题,使绿色化学成为行业领先大公司的发展重点,开展研发更安全的可替代产品,在生产过程中也采取减排节能措施,改进工艺。为使这些举措得到推广,需要贯彻物质生命周期理念,促进实施可持续供应链管理、充分披露材料性质、提高透明度和可持续产品设计,内部执行高于合规要求的风险减少措施政策。除了化工巨头以市场为导向的国际绿色理念的竞争外,多个国家和地区的行业或学术协会也在推动绿色化学。尝试制定绿色化学行业标准,来支持全面的可持续发展。

化学工业对于绿色经济转型有着重要意义。一方面,因为化学工业资源和能源消耗强度高,加工对象很多是危害物质;另一方面,化学工业具有很强的创新潜力和对其他行业的推动力,可提供更安全和高效的物质和基础产品。加强化学工业与绿色经济的关联,可为可持续发展做出更多贡献。

在德国,"化学品租赁"的理念正在兴起。绿色化学不只是产品和工艺流程,甚至可以是一种商业模式。化学租赁服务就是一个很好的例子,提供了一种不再是以数量导向的,而是以提供服务为导向的商业模式。比如不再以销售的清除剂数量为标准,而是以相应的服务及其质量为标准,化学品生产商不再只是生产商,更是一种服务企业,节约化学品的使用成为其盈利的一种模式。由此减少化学品的使用,减少成本和资源消耗。化学品生产商用其掌握的化学品的知识,跟随着化学品流通和使用阶段,打通了利润链,将消费化学品领域对

于化学品安全和环保方面的责任纳入其服务模块。这种模式在多个不同领域——金属品加工、化学合成、食品工业、助剂生产等——都得到了应用，当然这种模式也会有相应的适用边界，需要考虑各种条件和商业机密等。

在绿色化学领域有限的政府活动方面，美国于1995年宣布设立“总统绿色化学挑战奖”，它是世界上首个由政府出台的对绿色化学创新的奖励措施，基于环境保护中的合作原则，政府对那些具有基础性和创新型的化学工艺新方法和新产品予以支持。特朗普政府停止对此奖项的支持后，美国化学协会(ACS)从2018年起开设了同样奖项。此外，美国还设有Hancock绿色化学纪念奖学金、Joseph Breen绿色化学领导奖。在德国，主要是由德国化学学会设立特别针对绿色化学的“Wöhler奖”，自1998年起设立，最初是针对“资源友好工艺”，自2012年改为“可持续化学”，但化学学会下的其他奖项中也有针对绿色和可持续化学的奖励。国际纯粹与应用化学联合会(International Union of Pure and Applied Chemistry, IUPAC)于2019年面向全球联合设立了一个全新的绿色化学领域国际奖励——IUPAC-Zhejiang NHU International Award for Advancements in Green Chemistry，以推动绿色化学的发展，彰显科学对人类进步的价值。

我国国家自然科学基金委员会于1996年就资助重大项目“环境友好石油化工催化化学与化学反应工程”，2017年出版的国家自然科学基金资助项目优秀成果选编中多个项目环境友好的优点被突出强调。1997年和1999年香山科学会议以绿色化学为专题召开研讨会。2006年成立了中国化学学会绿色化学专业委员会，并在年会中设置绿色化学专场研讨。中国科技大学等单位与国际绿色化学组织联合发起了中国国际绿色化学高级研讨会。四川大学成立了绿色化学与技术教育部重点实验室，浙江工业大学成立了绿色化学国家重点实验室培育基地。

从整体的发展趋势来看，绿色化学除了向化学品生命周期的后端延伸外，也有向前扩展的现象，即教育和创新政策的部分。消费者需求以及绿色和可持续化学教育与创新是推动变革的重要因素。可以通过扶持性政策放大这些因素，从而获得化学创新在可持续发展方面的潜在效益。

GCO Ⅱ也明确提及教育启蒙和创新引导，其中附件“通过《全球化学品展望》第二版确定的2020年之前及以后的各项行动”中第7点指出要强化“教育和创新”：将绿色和可持续化学纳入教育、研究和创新政策与方案，改革大专院校、中小学和专业教育的化学课程；特别是针对初创公司，扩大能够推进绿色和可持续化学的各项研究举措以及技术创新政策与方案；推动世界各国更好地理解绿色和可持续化学概念，包括各国政府、学术界、国际组织、绿色和可持续化学网络、金融部门和投资者、民间社会、私营部门。

化学和材料科学方面的一些突破性创新，显示出化学在应对社会挑战方面的潜力。绿色和可持续化学的概念能够有助于推进创新，以获得整个生命周期更高效和安全的化学品、生产工艺和产品。如果在国际范围内进一步制定可持续化学标准，则可为验证化学创新是否完全符合可持续发展要求提供宝贵的指导。要扩大绿色和可持续化学教育、研究及创新的规模，就需要各种扶持性政策、方案和筹资。这包括课程改革，将毒理学、绿色化学和可持续化学融入各级课程，以培养新一代化学家，以及通过公共资金、发放补贴和混合筹资（包括通过初创公司）激励绿色和可持续化学研究与创新。同样，政策和财政激励可以帮助培育和推广可持续商业模式，例如化学品租赁。

第五节　绿色化学的争议和发展趋势

绿色化学实践与粮食安全供应等问题冲突，与解决贫困和饥饿的全球政策有着一定的竞争，尤其是利用贫困国家土地进行绿色化学的经济和能源性作物的生产，必将导致粮食生产面积减少。

将化学品健全管理纳入国家发展计划中是至关重要的，如果没有这种整合，化学品的复杂和相互关联的危害与风险将继续对环境、人类健康和经济发展产生不利影响。因此，“化学品健全管理”是国家层面上有效实施和实现联合国《2030 年可持续发展议程》目标的基础和重要组成。化学品管理在联合国《2030 年可持续发展议程》中的多个目标和指标中得到明确反映，涉及健康、水、城市和居住区以及负责任的消费和生产的目标和指标。此外，它们与贫困、农业、海洋、劳工保护、气候变化等目标间接相关，同时它们也与教育和性别平等领域相关，尽管不那么直接。

绿色化学可以说是现代环保发展而来的政策前沿领域。在现代环境保护中，开始是将污染防治作为重点，而随着认识的深入，意识到化学品监管领域的重要性，化学品开始成为环保政策与法律中的重要部分；而结合环境风险预防原则，绿色化学是对危险防卫的更进一步，从设计规划阶段就为物质的全生命周期管理提供系统性的考虑。

总体来说，绿色化学领域还不具备明晰的政策机制，但因为它更好地贯彻了风险预防理念，从化学设计和化学品生产源头就考虑对人类和环境的影响，从而避免其不利因素，也能为化学品的后期监管创造更多的空间与机会，所以具有很大的潜力。从国家的角度来说，政府传统方式很难触及或直接管制，所以更多地采用柔性引导性措施或者行政指导，比如标识、奖励、宣传以及教育。更多的是需要由市场主体行为基于长期和创新市场的判断，加强对绿色化学的投资。

整体上绿色化学处在一种相互关联、相互影响和相互促进的系统框架内，仍在不断发展和完善中，需要界定相对明确的概念范围，要形成一种系统的评价标准，为环境影响评价、环境许可、环境税费机制以及绿色贷款等方面的科技考量和标准提供技术支撑，与众多的环境保护法律机制共同形成合力，促进可持续发展理念的实践。但同时也要明确，现代环境保护是一个多种机制的协同体系，绿色化学要取得成就应更加依赖整个化学品风险监管机制，以及整个环境治理，甚至是国家治理。

第二十三章
生产者责任延伸机制

生产者责任有两个不同的向度。首先是基于民事侵权法上的产品缺陷责任，指因产品缺陷造成他人的财产或人身损害，产品的生产者和销售者对受害人承担的严格责任。产品存在缺陷造成人身、财产损害的事实，缺陷与损害事实之间有因果关系的存在为产品缺陷责任的构成要件。产品责任目的是保护消费者的权益，需要可能引起损害的产品生产者在产品设计和生产中自行遵守更多的谨慎义务。

其次是在环境保护法上作为生产者责任延伸机制（又称为扩展的生产者责任，Extended Producer Responsibility, EPR）而形成的一系列制度，它主要侧重在公法的责任，但在公法责任基础上还有一部分私法上的责任。它指一般意义上的、由产品的生产商和经销商就产品所涉及的责任。

Thomas Lindhquist 于 1992 年发表的《迈向生产者责任延伸——经验分析与提案》论文中，提出 EPR 包含四种类型的责任：法律责任、经济责任、事实责任及信息责任，这四种责任是交叉重叠的，是从不同角度提出的，而不是在同一层面上划分的。生产者可以在整个生命周期内保留产品的所有权，以便衔接产品环境问题。

尽管 EPR 在理论上是个体义务，但在实践中，生产者经常形成一种相关行业集体承担这一责任，并成立了生产者责任组织（Producer Responsibility Organisation, PRO），代表所有从事相应业务的公司（义务行业）实施 EPR 原则。这种生产者责任组织可以发挥三个主要功能：通过收取费用和重新分配相应的资金来资助收集和处理在其寿命结束时的产品（目标废物流）；管理相应的数据；组织和/或监督这些活动。

本章从环境法的角度探索对生产者责任延伸机制的理解与分析。

第一节 问题：外部性和责任的碎片化

物质在一般产品的生命周期中都要流经开发、生产、销售、消费、丢弃和废弃物处理各阶段。虽然产品物质流是连续的，但参与整个过程的各阶段的经济主体是独立分隔的，其根据自身经济利益最大化做出独立决策，由此产生庇古在1920年《福利经济学》中提出外部性问题（Externality），造成市场失灵。因此，在各阶段的经济主体，在各自决策过程中，不可能完整考虑废弃物的处理成本：生产商在生产阶段决策中考虑的是利润最大化及成本极小化，消费者在消费及丢弃阶段决策考量的是便利与低价，都不能完整考虑废弃物处理。最终，整个经济因为各经济主体的自私性，社会整体甚至整个生态的完整和长期利益没能得到系统性的考量，各阶段经济主体的个人最优选择并不是整个产品链中社会总价值的最优，这种社会成本或者生态成本损耗必将最终损害人类社会、公共利益，从长远来看也将损害个人利益。

在处理环境外部性问题方面，科斯（R. H. Coase）在1960年发表的论文《社会成本问题》中建立了科斯第一定律，即"如果交易费用为零，无论自然资源初始权利如何被界定，都可以通过市场交易达到资源最佳配置"，并在此基础上进一步指出在交易费用不可避免的情形下，合法权利的初始界定将影响资源配置，并对经济制度的运行效率产生影响，即不同权利界定会带来不同效率的资源配置。科斯就是用经济学的思维逻辑强调资源最优配置，将这个思想结合到法律中，特别是运用到法权上，即法定初始权利的分配和界定来促进结果更有效率，这一想法后来被称为科斯定理。要实现资源使用高效就有必要合理界定初始权利。作为法律概念的产权也深受其影响。

因为市场的存在，即交易费用是不可回避的，而交易费用除了在市场运行过程中产生的部分外，初始权利的配置问题也起着关键性的作用。而这种初始权利配置在一定程度上是可以通过制度来进行界定的。经济学者开始思考将产品后端的外部性内化及转移到上游活动的可能性。在产品下游阶段一些政策工具已经受制于整个产品链关系中，因此很难进行制度构建来界定权利，或者这个制度构建有效性不够、成本过高，因此需要系统整体考虑。

以物质的全生命周期理念进行环境管理，也就将涉及对化学品的合理管理。由此可以从整体上避免对人类健康和生态系统以及实现经济发展所需的巨大成本，减少可能的复杂风险。加强对化学品和废物的综合和健全管理，从而最大限度地发挥化学事业对人类福祉的贡献，降低和避免其危害。

第二节 生产者责任延伸的产生

根据经济合作与发展组织的定义，生产者责任延伸是一种要求生产者对产品的责任延伸到产品生命周期的消费后阶段的环境政策措施。在实践中，EPR意味着生产者承担收集或收回旧货以及为其最终回收的分类和处理承担责任。这种责任可能仅仅是出资或组织，但也可以根据各国对于不同领域的具体规定，做更为广泛的理解。该政策理念最初出现在20世纪80年代早期的几个欧盟成员国，尤其是1994年《欧盟包装指令》发布后。

OECD认为EPR政策的特点：一是将责任（物理和/或经济的，全部或部分）向上游转移到生产者，而与市政部门脱钩；二是为生产者提供激励措施，在设计产品时就考虑环境因素。其他政策工具多倾向于针对产品链中的单个阶段，而EPR寻求在整个产品链中与产品和生产过程相关的综合环境考量。

生产者责任延伸机制正是旨在内化环境外部性，并鼓励生产者从产品生命周期（从设计阶段到生命结束时）整体考虑对环境相关的影响。因此，它被视为支撑实施欧洲固废处置层级——预防、再利用和再循环及最后处置的主要工具。与其他主要经济手段一起，EPR可以鼓励产品价值链中所有参与者的行为改变——产品制造商、零售商、消费者、地方当局、公共和私人废物处理运营商、回收商和社会经济参与者。EPR还被确定为与欧盟层面推广"资源效率和原材料战略"相关的关键工具。

生产者责任延伸制度被认为最早在1975年瑞典政府关于废弃物循环利用和管理的议案中得到明确反映。该议案提出，产品生产前生产者有责任了解当产品被废弃后，如何从环境和节约资源的角度进行适当的方式处理。对EPR概念进行系统化研究并具有影响力的是瑞典大学的Thomas Lindhquist，他于1990年首次在提交瑞典环保部的《从摇篮到坟墓——产品对环境影响的6个研究》中提出，并在1992年将EPR定义为一种环境保护策略，借由规定产品生产商对于产品的整个生命周期负责，特别是对于产品的回收、再利用和处理，通过减少产品的总体环境影响，以实现环境目标。生产者责任延伸机制通过行政、经济和信息工具被进一步支撑和实施，这些工具的结合使用决定了生产者责任延伸确切的形式。

1996年，美国可持续发展总统委员会对生产者延伸责任进行了修订，改为"产品延伸责任"，提出"在延伸产品责任体系中，制造商、供应商、使用者（公共和个人）以及产品处置者将共同承担产品及其废物对环境的影响责任。延伸产品责任的一个目标就是识别生产链条上那些最有能力改善产品环境影响的参与者。该责任主体视情况而定，或者是原材料的生产者，或者是最终用户或者其他"。

第三节 生产者责任延伸机制在欧盟的发展

在欧盟层面，如下指令明确引入EPR作为政策方法：旧机动车（End of life Vehicles, ELV）指令2000/53/EC、废旧电器和电子产品（Waste Electrical and Electronic Equipment, WEEE）指令2012/19/EU和电池（batteries and accumulators and waste batteries and accumulators and repealing)指令 2006/66/EC(经 2013/56/EU 修订)。此外，废物框架指令 2008/98 第 8 条规定了欧洲成员国实施 EPR 的一些原则，尤其是自 2018 年修订后在第 8a 条中明确规定了 EPR 机制的最低要求。EPR 还广泛用于支持包装和包装废弃物指令(94/62/EC)的实施，尽管该指令本身并未强加于该原则。第 94/62/EG 关于包装的指令，尽管是专门针对扩展的生产者责任机制的，但在大多数成员国，都在一定程度上得到贯彻，至少是认可并支持生产者责任延伸机制。

需要注意的是，除了此类废物之外，在一些国家，生产者责任延伸机制还涵盖其他产品，特别是废油、纸张、旧轮胎和纺织品，以及还可适用于其他类型的产品，例如药品、氟化制冷剂流体、农用薄膜、移动房屋、家具等。

在欧盟 EPR 发展中，EPR 有两个重要演变趋势：一是由生产者支付的初始出资只是对固体废物管理费用的部分贡献，但生产者出资对运营成本覆盖率逐渐增加，有些领域达到 100%；二是 PRO 最初是作为实体创建的，其作用仅仅是汇总生产者的出资，但一直在向更多的业务干预和更广泛的行动范围(数据管理、组织运作、启动投标、宣传活动等)扩展。这些演变推动了所有成员国废物回收和回收效率的进步。然而，成员国之间确实存在巨大的差异，可注意到不同废物流在 EPR 方案组织方面的巨大差异。

值得注意的是，欧洲废物立法目前为欧洲各国实施 EPR 提供了一个基础框架。成员国为实施 EPR 各自的立法负责，包括对 EPR 的运作方面进行监管。欧盟 2014 年的一项研究中表明，EPR 政策在欧洲各国以非常不同的方式设计和实施。

在欧盟的一项研究中，生产者责任延伸上存在着四个重要的问题：

1. 利益相关者之间的责任分配

利益相关者之间的责任分配上，生产者的责任可以从简单的财务责任到完全的组织责任。在 PRO 有不同类型责任，包括“简单”的财务责任，通过与市政当局签订合同的财务责任；财务责任和部分组织责任；财务责任和全面的组织责任。在 EPR 机制框架下，通过案例分析所观察到的责任分担类型：旧机动车和废油主要通过“出资型 EPR”进行管理；废电池和电子电气设备主要通过(部分或全部)“组织型 EPR”进行管理；包装和纸张领域的情况更加多样化。

2. 成本覆盖范围很难确定

EPR 涵盖哪些类型的成本以及何种比例？生产者的出资比例在多大程度上真实地反映其产品的寿命终止整个成本？

3. 公平竞争如何得以保障

如何在 EPR 计划中组织经济竞争，特别是在生产者责任组织(PRO)和废物管理运营层面？

4. 透明度和监管

每个参与者的报告要求是什么？谁监督 EPR 计划的不同方面以及如何监管？该研究还表明了在参与 EPR 机制的不同利益相关者之间保持沟通交流的重要性。但是，只有少数具体的沟通交流机制到位，在大多数情况下，没有确定正式沟通交流倡议，有时会引起利益相关者之间的争议。缺乏具体结构并不意味着利益相关者之间根本没有对话，他们之间的对话通常是非正式的，一些举措促进了 EPR 参与者之间的合作(例如建立了一个由各利益攸关方代表组成的正式磋商委员会)。

相对应地，研究针对四个方面的问题给出了不同建议，这也是欧盟在 2018 年对于《欧盟固废框架指令》在生产者责任延伸的立法修订中的理论基础。对于四个方面的问题，分别提出相应的建议。应清晰界定 EPR 的定义和目标，并应当在整个产品生命周期中明确定义每个参与者的责任和角色；EPR 计划的设计和实施至少应确保涵盖与报废产品的分类单独收集和处理相关的全部净成本，并且生产者向运营的共同协会计划支付的费用应反映其特定产品全生命周期的真实管理成本；尽管存在市场竞争机制，但在执法措施(包括制裁)的支持下，必须建立一个明确和稳定的框架，以确保公平竞争，并为所有人提供充分的监督和平等的规则；EPR 计划的效能和成本需要透明度，关键定义和报告方式应在欧盟层面上协调，成员国和有义务的行业应共同负责监督和监督 EPR 计划，并应确保有适当的执法手段。

早在 2015 年的欧盟委员会“闭合循环-欧盟对于循环经济的行动计划”中，就明确要通过修订关于扩展的生产者责任法律引入对更好的产品设计的经济激励。并提出，为使更多的固废得到高价值的回收，需要改善固废收集和分类。而固废的回收和分类系统部分经常通过扩展的生产者责任机制予以共同资助，生产者承担一部分回收和处理费用。为使这个机制更有效率，委员会建议透明和经济有效的最低标准。成员国也可以将这些机制应用于其他的一些固废流中，比如纺织品和家具行业。

在《欧盟固废框架指令》第 2008/98 号的修订指令第 2018/851 号中，对于第三条概念定义中增加第 21 项，对“扩展的生产者责任机制”的定义，指由成员国所采取的，为保障产品生产者承担资金上的责任或者对于产品生命周期中废物阶段管理所需的资金和组织上的责任，措施捆绑。增加“扩展的生产者责任”机制，使概念涵盖由成员所确定的所有对产品生产者限以义务的措施，要其对作为产品生命周期阶段的垃圾承担资金上的责任，对于管理上的资金和组织责任，包括分类收集、分流和处置程序。这种义务延展到了组织上的责任和有利于垃圾避免以及产品的再利用和可循环性方面的责任。而相应产品的生产者可以在这个生产者责任延伸机制的框架中，单独或者共同来承担相应义务。

生产者责任延伸制度经历着两个方向上的系统化。一方面是基于此概念在具体成员国的实施,欧盟不同成员国其实是采取了不同的形式,也产生了不同的效果;另一方面是在欧盟的多个法规间,尤其是在2000/53号有关旧机动车、2006/66号有关旧电池和2012/19号有关旧电器设备的多个指令中,围绕着生产者责任延伸制度进行构建,只要没有明确强调需要适用其他规定的,基于这两个方向的需要,都有必要通过《欧盟废物框架指令》进行系统化,至少规定共同的最低要求。

在欧盟委员会2018年为减少塑料制品对于环境尤其是海洋环境的影响的条例草案中,尽管侧重从进入海洋的塑料垃圾的角度出发,可以看到对于不同来源的塑料制品有着不同的机制侧重或者协同利用。这些机制包括减少消费、限制市场、规范和加强产品设计、对标识的规定、生产者责任延伸、确定分类回收的目标、增加一些市场敏感性措施,比如对于食品包装,就侧重在减少消费和扩展生产者责任以及增强市场敏感度措施上,而对于塑料的棉签棒、吸管、盘子、餐具、气球下面的小棒等则主要采用限制市场推广措施,而与绿色化学相关的,即强化产品设计上,主要是针对饮料杯和饮料瓶。从这些措施的对比中看,强调生产者责任延伸和增加消费敏感性是广泛采用的措施。这些机制措施是贯穿物质或产品的整个生命周期的。在这个草案中第4至第11条也正是根据这种不同的制度措施,并根据相应的适用的附件清单进行规定的。

第四节　生产者责任延伸机制在德国的发展

一、生产者责任延伸在德国的立法发展

传统法意义上在设施相关的角度一直存在避免或减少固废的基本义务,但产品相关角度相对较弱,为了实现循环经济的目的,德国《循环经济法》第23条明确规定,要求产品的开发、生产、加工和销售方,在产品的创新和生产过程中避免产生废物,并要求产品尽可能地在生产和销售中减少废物的生成。这个要求在第23条第2款中进一步予以细化,要求产品符合多种用途和技术上的长生命周期。但这只是较原则性的规定,在行政执行中需要具体的有针对性的实施条例。

对于颁布行政法规,通常联邦政府有着一定的衡量空间,在考虑《循环经济法》第7条第4款的比例原则的同时,也要考虑欧盟有关货物自由方面的规定,以及其他有关产品责任和保护环境相关规定。第23条规定的产品责任尽管在名称上是与扩展的生产者责任有区别的,但它们之间又是有着很大的重叠。而在内容上,根据第24条和第25条的不同授权,又可以分为两种规范,一方面是

基于第24条，联邦政府可以对一定的产品设置入市禁令（Verkehrsverboten）或者就其进入市场流通的能力以一定的质量或者特征以及可多次利用的条件加以限制。这是基于治安秩序法上的监管立场出发的。而第25条是基于一种感应式（influenzierenden Ansatz）立场出发的。它开启一种可能，通过引入回收和退回义务这种间接的调控机制，来促进固废的避免和减少。

根据第24条第3款，只有当产品能证明有一种可以明显减轻固废处置的特征，比如可以重复多次利用，产品才允许入市流通。而第24条第2款要求更为严格，只要确认对产品不可能无害化处理或者必须以一种不相称高昂支出才能实现，就可以禁止入市。根据此条授权的产品责任，不仅针对固废的生产，也指向更为先前的固废预防，即作为“生态设计”。

产品责任的理念在环保领域一定意义上与“面源”相类似，即它的概念不管是在法规还是在立法说明中都没有予以定义，而仅是通过具体的规定予以描述和解释。产品责任更多作为一种抽象的基础性的规范理念，在一定程度上类似预防原则。这个理念的发展与20世纪90年代环境政策的根本性转变有关，一方面从末端控制措施向生命周期在内的风险预防转变，另一方面从“禁止和监管”型机制向目标导向型治理转变。在一定意义上，尽管在《循环经济法》规范中明确规定了产品责任，只有通过具体的规定才能有实际约束力，它是一种现代环保法的相对灵活的机制。

二、德国法中的产品责任、生产责任和民事产品责任

德国早在1986年的《固废法》（《循环经济法》的前身）的第5b条中就规定了经销商的信息和回收义务；在1991年的《包装条例》第二节以“回收和再利用”为标题分三条规定了包装的回收义务；而1994年，重新修订颁布的《循环经济法》第3部分第22～26条中以“产品责任”为标题，做了系统而明确的规定。

2012年新的《循环经济法》只是稍作修改，被规定在第23～27条中。第23条标题是产品责任，第1款规定：产品的开发、生产、加工或经销，以实现循环经济的目标，承担产品责任。产品应当尽可能如此设计，以在其生产和使用中减少固废的产生，且保证在使用后产生的固废可被环境友好地回收利用或清除。

在第2款规定了产品责任的内容，包括：① 那些符合重复使用的、技术上长寿命的、在使用后可以有序无害、高价值回收利用的以及环境相称地可以被最终处置的产品的开发、生产和入市流通；② 在产品生产中应当优先使用可利用的固废和回收原料；③ 需对含有有害物质的产品予以标识，以保证其在使用后产生的固废可以被环境友好地回收或处置；④ 对于对产品予以标识以指明退回、再用或回收利用的可能性或义务以及押金规定；⑤ 产品和其使用后剩余

的固废的回收以及后继的环境友好的利用和处置。

第 3 款在第 1 款和第 2 款的产品责任的框架内,除了与第 7 款第 4 条相应的比例性原则要求外,也应当考虑其他法律对于产品责任和保护人类与环境的规定以及共同体法关于自由货物交通的保障。

第 4 款联邦政府基于第 24 条和第 25 条颁布相应的行政法规,确定依第 1 款和第 2 款的产品责任必须包括哪些义务。它同时确定,对于哪些产品和以何种方式承担产品责任。

产品责任与私法上产品责任及"侵权法下的生产者责任"的概念辨析如下。产品责任的德语 Produktverantwortung 是被明确规定在《循环经济法》第 23 条中,作为法条名称。它指整体的、一般意义上的,由产品的生产和经销商就产品出发所涉及的责任。它首先是一种政策上的概念,其次才是法律上的。与政策相关,它主要是当产生存在缺陷,在使用中才显现且由此造成损害。这个概念在英语上对应 Product stewardship,它也是强调对产品管理负责,是以产品本身为中心的对环境、健康和安全的保障。参与产品生命周期的各方都需要承担起减少对环境、健康和安全影响的责任。这要求生产商支付产品在其使用寿命结束时的回收或处理费用。由此,部分地通过重新设计产品让其使用更少的有害物质、更耐用、可重复使用和可回收利用,以及用回收材料制造产品来实现。对于零售商和消费者而言,这意味着在正确处理或回收报废产品方面发挥积极作用。

只有事实上产生了损害,前述责任才成为"私法上产品责任"(Produkthaftung)的起诉对象。在此 Produkthaftung 和 Produktverantwortung 两个概念在德语中是不同的,尽管有着关联,Haftung 是私法上的"责任",Verantwortung 也是负责任,但不局限在私法范围内,而且不仅是一个专门的法律术语,也是政治用语,但慢慢地引入法学,而且强调的是对环境、健康和安全的保障。尤其是在《循环经济法》第 23 条规定中,它要求生产者承担对于其产品在使用后能被无害化处理。此外,它不只是对产品意义上的要求,甚至是对于生产过程的要求,比如在生产中不使用童工、消费品的生产是环境友好型的,由此也产生一种以市场引导为基础的"环境友好标识"制度和"生态食品标识"制度。

在私法上的生产责任是侵权责任法中的一项要求生产者承担损害赔偿的制度,它有专门的法律,在欧盟层面上是 1968 年就开始起草,到 1985 年才颁布的《欧共体第 85/374 号产品责任指令》,在德国是 1989 年颁布的《缺陷产品责任法》(Gesetz über die Haftung für fehlerhafte Produkte, Produkthaftungsgesetz),这种产品责任既不依赖生产者和最终消费者之间的合同也不依赖生产者的过错为要件。它更多是由缺陷产品导致的特定危险之损害的最后承受为主张权利的出发,而不因生产者是否有过错予以保护,因此是一种纯的危害责任。但它们又都与《民法典》第 823 条中的“Produzentenhaftung”有所区别，它是属于《民法典》第 823 条以下侵权行为的债法部分，这种责任首先基于一种契约和侵权的私法责任基础上的每个顾客为对象，只有当证明生产者有过错时才适用，因此它是一种过错责任。

从立法理念上来说，产品责任和生产责任是两个不同的领域。产品责任是依《循环经济法》第 23 条，除了对于有目的生产的产品相关的事务进行规范外，还要求执行回收和回收体系。而对于生产责任是一种废物量少的创新生产流程和工艺以及在生产中回收利用产生的废物。在生产中对于废物的避免和回收在固废管理上有着重要意义。尽管生产中的废物管理是固废法的重要适用领域，但对于生产责任同时还涉及污染排放监管的法律，固废只是其中一部分。而产品责任与污染排放监管法不相关。

1998 年德国的专家委员会起草编制的《环境法典(草案)》中，总论部分专门规定了“产品”一章，它反映了仅从环境媒介和设施相关进行环境保护仍不够，需要从产品的生产、使用和处置，即从物质流和全生命周期进行考量的角度来保护环境。依照危险物质和循环经济法的范例，试图为产品相关的环境保护规范制定统一的基础。危险防卫主要在“危险物质”相关规定中，为落实长期环境正义的发展纲领，“产品”一章更需强调资源保护。当时环境法的理论与实践上还不太明晰的物质流管控思想获得了显著的重要地位。不仅单独以“产品”为标题规定了第四章，而且还从跨国环境保护中的产品进出口、基因技术、危险物质和固废与循环经济三个角度进行了规范。

第五节　生产者责任延伸在我国的进展

1989 年建设部等四部委颁布的《旧水泥袋回收办法》有过要求水泥生产者回收旧水泥袋的规定。2003 年国家环保总局等五部委联合发布的《废电池污染防治技术政策》规定将废旧电池的收集责任归于制造商和进口商，并规定了具体的实施措施。2005 年《电子信息产品污染防治管理办法》第 16 条规定：“生产者应该承担其产品废弃后的回收、处理、再利用的相关责任。”2005 年施行的修改后的《中华人民共和国固体废物污染环境防治法》第 5 条规定：“国家对固体废物污染环境防治实行污染者依法负责的原则。产品的生产者、销售者、进口者、使用者对其产生的固体废物依法承担污染防治责任。”第 18 条规定：“生产、销售、进口依法被列入强制回收目录的产品和包装物的企业，必须按照国家有关规定对该产品和包装物进行回收。”按照 2006 年商务部等六部委颁发的《再生资源回收管理办法》，国家鼓励以环境无害化方式回收处理再生资源，从事再生资源回收经营活动的，领取营业执照需向商务部门或者其授权机构备案，回收废旧金属的还需向公安部门备案。但为落实“放管服”改革，2019年1月商务部发布《废止和修改部分规章的决定(征求意见稿)》，拟取消再生资源回收经营者向商务部门的备案要求。

2002年制定、2012年修订的《中华人民共和国清洁生产促进法》鼓励废物回收利用和生态设计，但并无EPR条款。2008年《中华人民共和国循环经济促进法》第十五条要求，生产列入强制回收名录的产品或者包装物的企业，必须对废弃的产品或者包装物负责回收。对其中可以利用的，由各该生产企业负责利用；对因不具备技术经济条件而不适合利用的，由各该生产企业负责无害化处置。对前款规定的废弃产品或者包装物，生产者委托销售者或者其他组织进行回收的，或者委托废物利用或者处置企业进行利用或者处置的，受托方应当依照有关法律、行政法规的规定和合同的约定负责回收或者利用、处置。对列入强制回收名录的产品和包装物，消费者应当将废弃的产品或者包装物交给生产者或者其委托回收的销售者或者其他组织。

国务院在2011年《国家环境保护“十二五”规划》中提出，要“推行生产者责任延伸制度，规范废弃电器电子产品的回收处理活动”，将生产者责任延伸制度纳入国家环境保护规范性文件。2011年《废弃电器电子产品回收处理管理条例》正式施行，国家开始对这一行业实行资格许可制，并设立基金，对废家电拆解企业进行补贴。2013年国务院发布《循环经济发展战略及近期行动计划》，明确要求完善相关法律法规，建立生产者责任延伸制度，推动生产者落实废弃产品回收、处理等责任，落实废弃电器电子产品处理基金管理办法，研究建立强制回收产品和包装物、汽车、轮胎、手机、充电器生产者责任制。部分电器电子产品领域生产者责任延伸制度的探索取得了较好效果。

党的十八大报告中提出，将于2020年初步建立资源循环利用体系。《生态文明体制改革总体方案》中明确了完善资源循环利用制度的工作任务。《“十三五”计划纲要》中再次强调要实行生产者责任延伸制度，健全再生资源回收利用网络，加强生活垃圾分类回收与再生资源回收的衔接。国务院2016年颁布《生产者责任延伸制度推行方案》，根据《中共中央国务院关于印发〈生态文明体制改革总体方案〉的通知》推广该制度，并指出，生产者责任延伸制度指将生产者对其产品承担的资源环境责任从生产环节延伸到产品设计、流通消费、回收利用、废物处置等全生命周期的制度。实施生产者责任延伸制度，是加快生态文明建设和绿色循环低碳发展的内在要求，对推进供给侧结构性改革和制造业转型升级具有积极意义。按照上述方案，考虑产品市场规模、环境危害和资源化价值等因素，率先确定对电器电子、汽车、铅酸蓄电池和包装物4类产品实施生产者责任延伸制度。生产者责任范围包括开展生态设计、使用再生原料、规范回收利用、加强信息公开。具体有完善废弃电器电子产品回收处理制度、规定强制回收的产品和包装物名录及管理办法、开展饮料纸基复合包装回收利用、探索铅蓄电池生产商集中回收和跨区域转运、开展生态设计试点、电器电子和汽车产品生产者责任延伸试点和信用评价等。其他领域，如 2017 年农业部将农膜回收作为农业绿色发展五大行动之一，并开展试点，取得了一定成效。

《中华人民共和国固体废物污染环境防治法》也正在修订中，2019 年修订稿第五条第二款修改为：固体废物的产生者对其产生的固体废物依法承担固体废物污染环境防治责任。这里有两点，一是将“产品的生产者、销售者、进口者和使用者”修改为“固体废物的产生者”；二是将“污染防治责任”修改为“固体废物污染环境防治责任”，含责任主体和责任范围两个方面，值得关注。第五条规定的是固废监管的基本原则。前一款是“国家对固体废物污染环境防治实行污染者依法负责的原则”。第二款的修改实质上是从产品责任原则向污染者担责原则的转变，但这种修改将改变与第一款之间的关系，原来是两个原则，修改后实质上变成了一个原则。笔者倾向于仍应从产品责任原则出发，生产者责任延伸在一定程度上也仍然是基于产品责任之基础上的逐渐递进。这样也区分与第一款中的污染者依法负责原则。

虽然《中华人民共和国清洁生产促进法》和《中华人民共和国循环经济促进法》鼓励回收，甚至将其界定为法定责任，但很多生产者从客户处回收包装物、容器时遇到了危险废物鉴定、危险废物处理资质和跨省运输审批的法律困难。广东省环保厅 2014 年得到环保部《关于用于原始用途的含有或直接沾染危险废物的包装物、容器是否属于危险废物问题的复函》，使用过的沾染危险废物的包装物、容器作为原用途时不是废物，也不是危险废物，大大降低了原所有者回收包装的财务成本和行政审批复杂度。环保部 2017 年回函浙江省环保厅，进一步指出“原所有者”是原生产该包装物、容器的企业事业单位或其他生产经营者；供应商、经销商具有危险废物经营许可证，且将回收的含有或直接沾染危险废物的包装物、容器交给原生产该包装物、容器的企业事业单位或其他生产经营者重新用于原始用途的，可视为原所有者。2016 年《国家危险废物名录》中 HW49 其他废物“非特定行业”中 099－041－29 为“含有或沾染毒性、感染性危险废物的废弃包装物、容器、过滤吸附介质”，虽然毒性、感染性仅占危险废物和化学品性质的一小部分，但是回函法律效力不高，很多地方生态环境局难以执行回函意见，要求包装物、容器回收方进行危险废物鉴别。危险废物鉴别常费时耗资较大，实际上阻碍了生产者回收包装物的步伐。

第六节　讨论与趋势

在欧盟的研究中发现，EPR 相关领域存在严重缺乏透明度和可靠数据的可用性问题。在比较同一领域的废物流的不同国家的 EPR 方案时，也会出现各种困惑：一是在范围界定上，并不总是能够清楚地区分家庭、商业和工业废物的责任；二是在数据可用性和保密性上，当多个 PRO 处于竞争中时，获取有关费用、成本和收入的数据要困难得多，甚至不可能；三是成本覆盖、市场结构、废物管理的组织问题；四是在数据收集和报告的方法因国家而异，并且所提供的所有数据都存在不确定性。欧盟的研究表明，尽管一些数据缺乏透明度，还是能得出一些明确的结论：① 在大多数情况下，表现最佳的方案不是最昂贵的；② 所有产品类别中，生产者的出资差别很大，这些差异反映了范围和成本覆盖范围的差异，或者反映了废物收集和处理（或两者）的实际净成本的差异；③ 不能得出哪个 EPR 模型成为最佳性能和最具成本效益的模型。

EPR 与 PPP（Polluter Pays Principle，污染者付费原则）其实处在一种制度竞争中，它们都界定如何来承担责任，即如何将外部性内化，但 EPR 相对已经明确了责任主体，而 PPP 还需要明确如何确定责任主体。在物质流中，这种责任主体在事实上很难确定某个特定主体，只要在物质流中参与的主体都有能动选择性，都尽最大可能使自身传统利益最大化，这种外部性并不单独存在于某个环节，而是整个物质链，而 EPR 机制则在很大程度上背离了整个物质链都有外部性、有责任的思路，而从现实治理目标实现的角度，将生产者置于核心位置，来整合责任的承担。在普通的生活垃圾处理中，侧重于终端消费者负担导向，或者可以两种制度互补，因为社会经济生活中的现实情况千差万别，在不同的物质链中，采用 EPR 还是 PPP，可能需要基于社会现实条件和治理目标。

塑料制品领域，尽管有立法者强调生产者责任延伸，但也有质疑，认为垃圾问题更应该是消费者的问题，生产和销售方已经很难对垃圾产生足够的影响力，而对生产者填鸭式的强制规定与消费者的环保意识不足之间的鸿沟一直被忽视。

在线销售正在创造新的“搭便车”机会，因为消费者可以更轻松地从其他国家的卖家那里购买。这些卖家通常在消费者居住的国家没有法律实体，并且没有在国家或地方 EPR 计划中注册，避免了生产者和零售商/分销商的义务和成本，跨国网上销售不承担实际“回收”义务的“搭便车”会导致报废产品的回收率降低，不支付 EPR 费用的“搭便车”挑战了废物管理活动的融资，以及因为在线销售数据的缺失而对投放市场的产品数量低估导致可能高估产品的回收率，由此破坏了 EPR 系统。

第七节　小　结

产品责任理念原则上包括了开发、加工、生产、销售和使用及消费者，而且相对来说更侧重在最后处置上的责任。因此，它要避免一种“共同的责任即无责任”的不利结果。而生产者负责的理念部分地解决了这种责任细分的不足，即明确由生产者负责。在此基础上，生产者责任延伸机制，是生产者责任和延伸的并重，这种责任延伸看上去仅从产品生命周期这个时间轴上扩展，但正因为这个扩展，对于生产者的整个产品责任在分配和结构上都有重大的改造，因此是实质性的，而不仅是时间层面的。而且，在一定意义上，经过若干时期后，这种当下所认为的生产者对废弃物的责任必然又逐渐内化为将来的生产者责任或者产品责任的必然组成，这种对延伸的理解只是一个特定时期的现象。

生产者责任延伸从传统的环境治理出发。侧重在行为和设施监管、对污染排放的控制和强调政府对废物处理的责任，向更为完善的环境治理理念：综合治理、重点治理和源头治理以及用经济性手段和信息工具及利益相关方参与方面的补充与改进。生产者责任延伸以物质或产品流打通并以全生命周期为考虑对象，进行整体和系统性考虑；它不是在所有物质或产品流中适用，而是有针对性地补充传统环境监管不足的地方、从环境影响的特性（包括从数量到毒性以及资源回收利用等角度）考虑在特定产业领域的应用；它在将治理的责任向源头或上游推进的同时，也将其他分散或分隔的责任进行整合，还激励整个生产链的共同责任和成本；同时，又主要侧重运用经济性手段，侧重考虑生产者出资，也虑及回收行业的专业性（当然也仍然以实质性和组织性责任为补充）；同时也承担信息方面的责任。由此，与原先发展而来的环境治理责任体系形成新的环境责任组合结构。

生产者责任延伸制度从外部性成本的内化考量出发，在生产链内部和外部两个层面上进行优化努力。外部性内化主要涉及污染者担责原则的落实，而生产者责任延伸制度也可以视为污染者担责原则的一种具体应用形式。在EPR机制中，对“污染者”的认定并非只是废物的直接丢弃者，还应该考虑“有能力影响整个产品链，而去整合被分隔的各阶段中的经济主体”，需要从现有制度体系出发，确定最能够弥补外部性问题的相关主体。而生产商具有资源回收技术产能、独有产品设计知识、信息及可替代创新能力，因此最适合承担此义务。

EPR在一定程度上是用制度设置将外部成本进一步纳入整个产品生命周期的机制，如果说附加条件、考虑绿色技术的设施和行为相关的环境许可，已经部分地通过行政手段将外部性或外部成本内化了，那么EPR则是从物质或产品的角度，通过对从生产领域和固定源角度很难有效避免环境影响的特定产品进行针对性的特殊规定，重新审视处理外部性的一种方法。一方面，在很大程度上肯定法律对传统的责任机制的分配，并进行细微调整，更多侧重于责任履行机制构建上的补充；另一方面，国家也采用积极的引导性手段，在制度转型中，将原来投入最后废物处理中的资金转移到协助或配套生产者建立回收体系。

生产者责任延伸机制在一定程度上是现代环境法对传统法律中不充分部分做出的创新与补充，并带来法律责任分配和履行过程的修正，这些是在传统法学的框架和基础上的传承与创新，也是需要很好地融入整个法律责任结构中。因此，以产品责任或者生产者责任机制为背景来整体考虑，生产者责任延伸机制需要有明确的界定：一方面，它不具有普遍意义，它只是在个别行业，基于环境保护利益的需要，根据现实的经济和社会条件，对从实践中获得成效和现实可操作性等方面的综合考量；另一方面，生产者作为社会经济的参与者，它对人民生活的物质保障和社会经济的发展作出很大贡献，必须要在综合考虑产品生命周期中各方相关人的利益与责任的协调，市场运行机制及责任履行可操作性和效率性。

从本质上来说，生产者责任延伸机制的产生和发展是为在人类消费领域寻找提升环境治理的经济效率和环境效能考虑，因此在机制实施后一段时间需要进行再评估，从而对比传统与新机制之间的现实不同，但无论从 OECD 还是欧盟研究来看，这种整体的评估仍不足，不具有完整的数据与信息及评估结论。生产者责任延伸的实施，尽管并不排除生产者把费用转嫁到最终消费者身上，但至少在一定程度上降低了消费者对于相关责任的意识传递，尤其是在相关消费的数量和相关行业的发展上，会抑制绿色产品的替代。

另外，从国际经济发展的角度来看，随着产品链的全球化，发达国家建立生产者责任延伸机制，在一定程度上也与在相关产品链中发展中国家的更为广泛的参与紧密相关，体现生产国与消费国之间的责任划分和履行机制问题，有必要从全球范围内来看待这种对于责任与利益的再分配。

法学中的责任概念本来就是一个非常复杂的不断发展的法学重要领域。在德语和英语中，不同的语境下，对于“责任”会以不同的用语和不同的概念进行表达以示区别，但在中文里无法体现不同概念的界定，无法明确作为法律实施中十分重要的责任细分体系及其机制。不管是狭义和广义的法律责任还是第一性义务和第二性义务等区分尝试，中文翻译和理解中难以通过“责任”这种笼统的表述来体现出法律思想上的进步。

而在生产者责任延伸机制上，不仅可以看到“责任”的边界，在政策与法律层面上会不断更新与迁移，更要清楚“责任”的明确内涵。相对于“道义责任”和“社会责任”，生产者责任应该是限定在“规范责任”的层面上。而这个“规范责任”，即被规则明确予以规定，可分为政治层面、政策层面和一般法律层面及具体的民事责任多个层面。生产者责任延伸制度是在产品责任或生产者责任上的一个切面，在政治层面上，需要国家采取创新和有效的机制，扭转现有的风险不断积聚的局面，在更大的时空范围内平衡各方面的利益；在政策层面上，从机制工具来说，需要在传统强制监管基础上，发展出同样符合市场经济规律的经济手段，从多层级监管来说，国际到地方是一个系统政策制定和执行的协作体；而在一般性法律层面上，民法、行政法和刑法的一般规范也要进行尽量微小的和系统性的调整，需要在规划和计划以及措施上对行政机关提出要求，在程序上要求促进相关利益者参与的对话沟通，在信息上建设交流与共享机制；最后，这同样还需要体现在详细的基础的民事责任规范上，对于实质性的利益进行调整。这四个层面，又都是环环相扣。

工业化学品与工业制品、消费品的生产者责任延伸有所不同，后者强调全生命周期理念下的出于环境保护目的而进行的制度安排与责任分配及资金负担，而化学品的生产者责任一方面涉及进行产品和制造过程的生态设计，实践绿色化学，以及如欧盟 REACH 中规定的 Extended SDS，要求化学品制造商结合下游应用场景进行评估，并提供超过化学品本身性质的安全信息，进行安全培训乃至下游评估设施安全环保性能，甚至对上游供应链及原材料提出环保安全要求；另一方面超越环境治理领域外，在民事责任范围上的，对于化学品的长期风险的民事责任的赔偿责任，比如一些化学品和药品副作用事件。

第二十四章
化学品绿色经济政策

通过经济手段对化学品进行风险防控，是国际社会通用的手段之一。环境经济政策指按照市场经济规律的要求，运用价格、财政、信贷、收费、保险等经济手段，调节或影响市场主体的行为，以实现经济建设与环境保护协调发展的政策手段。它以内化环境成本为原则，对各类市场主体进行基于环境资源利益的调整，从而建立保护和可持续利用资源环境的激励和约束机制。

从全球范围来看，与化学品及化学工业紧密相关的经济政策主要包括金融政策、财政政策、碳排放和排污权交易政策等。

第一节　化学品相关环境金融政策

1992 年，联合国环境规划署在巴西里约热内卢的地球峰会上发出了金融倡议，希望金融机构能把环境、社会和治理因素纳入决策过程，发挥金融投资的力量促进可持续发展。21 世纪以来，随着绿色金融国际规则的建立，全球绿色金融步入系统化、制度化的发展轨道，各国绿色金融制度逐步完善，对防范化学品人体健康危害和环境风险，起着积极的作用。专门针对化学品的金融政策在国际社会较少，通常体现在国际或者各国的绿色金融政策中。

一、环境金融概述

所谓环境金融，国际上也称为绿色金融、生态金融或可持续性发展金融，指推动金融支持环境保护、应对气候变化和资源节约高效利用的经济活动，包括对环保、节能、清洁能源、绿色交通、绿色建筑等领域的项目投融资、项目运营、风险管理等所提供的金融服务。其核心宗旨就是降低绿色企业及环保项目的融资成本，实现可持续发展。绿色金融的发展，可以上溯到 20 世纪 70 年代。源于发达国家普遍较早面临的化石能源消耗和工业化带来的环境问题，促使一些国家不断创新绿色金融产品，推进绿色金融发展。

2012 年，英国政府成立并支持了全球首个绿色投资银行，提出五大绿色目标：减少温室气体排放、提高自然资源使用效率、保护和改善自然环境、保护或提高生物多样性和促进环境可持续发展。主要投资四大领域：离岸风电、提高能效产业、废物和生物能源以及在岸的可再生能源项目。

2016 年中国人民银行等七部委发布的《关于构建绿色金融体系的指导意见》中，把绿色金融定义为"为支持环境改善、应对气候变化和资源节约高效利用的经济活动，即对环保、节能、清洁能源、绿色交通、绿色建筑等领域的项目投融资、项目运营、风险管理等所提供的金融服务"。

《"十三五"环境政策法规建设规划纲要》和十九大指明了环境管理制度和环境治理体系建设的方向，高度重视环境经济政策手段在高质量发展和生态环境保护中的作用，提出要大力发展绿色金融、建立市场化和多元化生态补偿机制等环境经济政策改革任务要求。

2016 年 G20 杭州峰会上，在中国的倡议下，绿色金融首次被纳入会议议程，并形成 G20 绿色金融综合报告。随后"发展绿色金融，设立绿色发展基金"被列入"十三五"规划。我国各级政府发起设立绿色发展基金已成为一种趋势。目前十多个省市已经纷纷建立绿色发展基金或环保基金，贵州还建立了绿色金融交易平台。2018 年，上海证券交易所、深圳证券交易所、中国基金业协会发布一系列发展绿色债券、绿色投资等行业指引，尤其将绿色债券作为一种成本低、审核快的融资工具。

从全球来看，目前环境金融主要包括绿色信贷、绿色债券、绿色保险、绿色基金等方面。

二、绿色金融体系及政策

1. 绿色信贷

绿色信贷常被称为可持续融资或环境融资。早在 1974 年，当时的联邦德国就成立了世界上第一家政策性环保银行，命名为"生态银行"。德国出台政策，对环保、节能项目予以一定额度的贷款贴息，对于环保节能绩效好的项目，可以给予持续 10 年、贷款利率不到 1%的优惠信贷政策，利率差额由中央政府予以贴息补贴。

2002 年世界银行下属的国际金融公司和荷兰银行在伦敦召开的国际知名商业银行会议上提出"赤道原则"。这项准则要求金融机构在向一个项目投资时，要对该项目可能对环境和社会的影响进行综合评估，并且利用金融杠杆促进该项目在环境保护以及周围社会和谐发展方面发挥积极作用。"赤道原则"已经成为国际项目融资的标准。

美国国会通过多项环保、货币信贷等方面的法律文件，明确了包括政府、银行和企业三个参与主体在绿色信贷发放过程中的法律责任和义务。1980 年美国出台了《全面环境响应、补偿和责任法案》(超级基金法)，特定情形下银行可能需对客户造成的环境污染负责并支付修复成本，这种责任被称为贷方责任，是严格、连带和溯及既往的。

英国建立了《可持续发展伦敦原则》，建议金融部门在考虑社会和环境风险成本后审慎决定融资金额。英国政府采用“贷款担保计划”支持中小企业，尤其是环保类中小企业。在确定最终担保比例和还款的过程中，企业的环境影响被作为重要的参考标准。

澳大利亚的《金融服务改革法案》要求所有金融机构在向客户发放贷款时必须考虑客户的社会责任感、企业的环境保护意识以及劳工标准，并以报告的方式向政府说明。

欧盟规定了绿色信贷及证券化产品可以享受税收优惠。

2012 年 2 月 24 日由中国银行业监督管理委员会正式印发的《绿色信贷指引》是我国主要的绿色信贷政策，要求“银行业金融机构应当从战略高度推进绿色信贷，加大对绿色经济、低碳经济、循环经济的支持，防范环境和社会风险，提升自身的环境和社会表现，并以此优化信贷结构，提高服务水平，促进发展方式转变”。

2. 绿色债券

绿色债券是政府、金融机构、工商企业等发行者向投资者发行，承诺按一定利率支付利息并按约定条件偿还本金的债权债务凭证，而且募集资金的最终投向应为符合规定条件的绿色项目。为吸引投资者投资绿色债券，一些国家对绿色债券实行免缴收入所得税。

国际资本市场协会《绿色债券原则》四项原则如下(该原则最新为 2017 年版)。

(1) 募集资金用途

发行人应在募集说明书等法律文件中适当描述募集资金用途，确保所投资的绿色项目能够产生积极的环境效益，这种效益应可被评估并在可能的情况下被量化。

(2) 项目评估和筛选流程

发行人应披露募集资金所投项目符合适格绿色债券标准的依据及其具体决策过程。

(3) 募集资金管理

发行人应建立募集资金追溯管理制度，通过设立专门账户或以适当方式追溯募集资金的使用，并建立正式的内部流程验证相关资金被用于绿色项目的投资与运作。发行人可将闲置资金进行适当投资，但应向投资者披露。

(4) 报告和披露

发行人应至少一年一次对外披露募集资金使用情况报告，内容应包括募集资金投向的绿色项目清单、项目的简要描述、募集资金的支出总额以及项目的预期影响。

欧洲投资银行在2007年创新发行了首只绿色债券,并通过担保方式创新提高信用级别,至今欧洲投资银行仍是绿色债券市场的主要发行人。

我国发展和改革委员会2015年制定《绿色债券发行指引》,与中国金融学会绿色金融专业委员会编制的《绿色债券支持项目目录》内容大致相同,但在资金用途上尚有差异,这些差异一定程度上影响投资人对绿色债券的评估。中国人民银行2015年29号公告根据《中华人民共和国中国人民银行法》和《全国银行间债券市场金融债券发行管理办法》阐释了银行间债券市场发行绿色金融债券规定,引导绿色发展。2018年在中国人民银行、证监委等部门指导下,绿色债券标准委员会成立。2019年4月中国人民银行再次发布《关于支持绿色金融改革创新区发行绿色债务融资工具的通知》,进一步发展绿色金融市场。

2019年5月,香港特别行政区成功发售"政府绿色债券计划"下的首批绿色债券。

3. 绿色保险

环境责任保险又被称为"绿色保险",指以被保险人因污染水、土地或空气,依法应承担的赔偿责任作为保险对象的保险。

(1) 国外绿色保险政策

美国从20世纪60年代起,就针对有毒物质和废弃物处理可能引起的损害责任推行强制责任保险。联邦政府及各州政府制定了多项涉及促进绿色金融的法律法规,明确了对金融机构、产业部门、市场中介和个人等主体的规范。1988年美国成立了专业的环境保护保险公司,承保被保险人突发、渐发、意外的污染事故及第三者责任。同时美国是实行强制绿色保险制度的典型国家。1989年,美国在其商业综合责任(Commercial General Liability, CGL)保险单中设计了"有限污染责任扩展批单",将污染责任扩大到被保险人的工作场所或操作过程。美国的《资源保护和赔偿法》《全面环境响应、补偿和负责法案》以及《萨尔班斯-奥克斯利法》对该国绿色保险起推动作用。

德国是较早开展环境责任保险业务的国家之一。1965年保险人就开始对水面逐渐污染损失进行赔偿。1974年联邦德国成立了世界第一家政策性环保银行,命名为"生态银行",专门负责为环境项目提供优惠贷款。1990年德国《环境责任法》第19条特别规定特定设施的所有人必须采取一定的预先保障义务履行预防措施,包括与保险公司签订损害赔偿责任保险合同,或由州、联邦政府、金融机构提供财务保证或担保。如有违反,主管机关可以全部或部分禁止该设施的运行,设施所有人还可能被处以有期徒刑或罚金。由于法律作出了强制性的规定,环境责任保险实质上就成了特定设施的企业法定强制性义务。从1991年开始,德国为确保环境侵权受害人的损失能够得到及时有效的赔偿,采取了强制责任保险与财务保证或担保相结合的制度。

印度环境部1992年《使用公共责任保险法的化学物质名录和数量限值》具体列举了5大类共182种“危险物质”的种类和各自的数量限值。对超过该数量限值的危险物质，商务公司必须购买商业责任保险，国有公司和政府必须缴纳公共责任保险金。

2006年联合国社会责任投资原则（Principles for Responsible Investment Association，PRI）建立。2012年联合国可持续发展大会上，联合国环境规划署金融行动机构发布了《保险业可持续发展原则》（UNEPFI - PSI），奠定了保险业应对环境、社会与治理风险问题的全球框架。2012年联合国发布了联合国环境规划署金融行动机构《保险业可持续发展原则》（UNEPFI - PSI），奠定了保险业应对环境、社会与治理风险问题的全球框架。

（2）我国绿色保险政策

1991年我国大连最早开展污染责任保险业务。2006年国务院发布了《关于保险业改革发展的若干意见》。2007年环保总部、人民银行、中国银行业监督管理委员会联合发布《关于落实环保政策法规防范信贷风险的意见》，20多个省市的环保部门与所在地的金融监管机构，联合出台了有关绿色信贷的实施方案和具体细则。目前，我国多家银行业机构下发了绿色信贷指导意见、分类手册。2008年2月，环保总局和原保险监督管理委员会一起颁布《关于环境污染责任保险工作的指导意见》，加快推广企业环境污染责任险制度。

2013年环保部和原保险监督管理委员会联合印发《关于开展环境污染强制责任保险试点工作的指导意见》，将环责险试点范围扩大到全国。2014年修订的《环境保护法》明确，国家鼓励投保环境污染责任保险。2015年国务院印发的《生态文明体制改革总体方案》以及2016年人民银行、财政部等七部委联合发布的《关于构建绿色金融体系的指导意见》，都明确提出在环境高风险领域建立环境污染强制责任保险制度。

2018年深圳市人居环境委印发《深圳市环境污染强制责任保险试点企业名录》，主要针对具有从事环境高风险经营活动的、生产经营活动中涉及高环境风险物质的、生产活动中排放重金属污染物的等六种情形的企业，包括电镀、石油库、危险化学品、印制电路板行业、生活垃圾焚烧厂、生活垃圾填埋场、危险废物、铅蓄电池企业、城镇污水处理厂和其他行业等10个行业。

2018年《环境污染强制责任保险管理办法（草案）》经生态环境部部务会议审议并原则通过，明确将建设好、运用好环境污染强制责任保险这项制度，引进市场化专业力量，通过“评估定价”环境风险，实现外部成本内部化，提高环境风险监管、损害赔偿等工作成效。

4. 绿色基金

绿色基金是专门针对节能减排战略、低碳经济发展、环境优化改造项目而建立的专项投资基金，其目的是通过资本投入促进节能减排事业发展。

1982 年世界上第一支将环境指标纳入考核标准的绿色投资基金——Calvert Balanced Portfolio A 在美国面世。英国于 1988 年推出其第一支绿色投资基金——Merlin Ecology Fund。2001 年英国设立碳基金，该基金由政府投资，但以市场化方式运作，基金公司的经费开支、项目投资等均按企业模式由董事会决定。德国则以政府和德国复兴信贷银行共同投资的形式成立碳基金，该基金公司主要投资节能减排绿色项目。

我国 2016 年《关于构建绿色金融体系的指导意见》明确提出，通过政府和社会资本合作(Public Private Partnerships，PPP)模式动员社会资本，支持设立各类绿色发展基金，实行市场化运作。中央财政整合现有节能环保等专项资金设立国家绿色发展基金，同时鼓励有条件的地方政府和社会资本共同发起区域性绿色发展基金。

第二节　化学品相关绿色财政政策

财政政策是国家制定的指导财政分配活动和处理各种财政分配关系的基本准则。在现代市场经济条件下，财政政策又是国家干预经济、实现宏观经济目标的工具。有关化学品或者化学工业的专门财政政策通常体现在与环境保护有关的财政政策之中。

从国际社会来看，有关化学品的财政政策主要包括环境税、关税、直接财政投入、财政补贴、绿色采购等。

一、国外化学品绿色财政政策

美国是第一个在法律中确定环境税的国家。美国在环境保护领域的投融资形式包括：政府直接投资、"超级基金"、绿色信贷、税收抵免及财政补贴等多种方式。超级基金是一个以环境保护为目的的专项资金，由联邦环境保护局管理，通过对土壤污染治理等环保项目进行转移支付，支持环保投资。1971 年国会通过法案对硫排放物进行征税，1987 年又对二氧化硫和一氧化氮排放物征税。美国的环境税收体系主要是以货物层面的消费税和收入税为主，同时在所得税总额中对于节能环保有一定的税收抵免。2014 年，美国环境保护署发布了一套全面的标准和指导意见，帮助有关部门实现绿色采购目标。

英国政府在 20 世纪 90 年代提出建立绿色的环保税体系。考虑社会整体的税收负担水平，英国在征收环保税的过程中采取了缓冲手段，一方面征收环境税，另一方面对于企业采取降低社会保险税的方法进行税收返还。

德国采用财税政策，采用投资补助、贷款贴息、税收优惠等手段促进产业的转型升级,促进环境治理。德国对国内积极兴建环保设施的企业给予其财政补贴,建立环保设施专项基金对企业购置环保类设施给予贷款利息优惠,对可再生能源提供财政补贴的政策有效地促进了德国经济的发展。近年来德国政府降低了补贴标准。

欧盟委员会已为20多个关键领域的产品和服务组别制定了环境采购标准,为帮助采购者和承办商确定和采购更环保的产品、服务和工程。

日本的财税政策主要是财政补贴和税收优惠政策。日本对家电行业、研发清洁汽车的企业、环保清洁汽车的购买者实施财政补贴政策,对于生产和购买目录里节能设备的企业或个人,实施加速折旧和税收减免的政策。2000年5月制定了《绿色采购法》(全称为《国家和其他实体有关促进环保货物和服务的法律》),旨在通过政府公共部门的绿色采购,鼓励企业加强对环保型产品的研发和生产,为市场和消费者提供更多的环保型产品,而普通消费者也将通过绿色采购、对供货商的评估等方式参与其中,共同参与环保型可持续发展社会的建设。

加拿大主要是政府绿色采购和财政补贴。在采购政府用车时,会根据实际情况采购适量的汽车数量,且会优先考虑节能环保类的汽车,对主动进行节能减排、生产环境友好型产品的企业实施加速折旧的优惠政策,并且给予这类企业一定程度的减税。为了控制碳排放,对一些发电厂排放的二氧化碳以及一氧化碳进行控制与交易。

二、我国化学品绿色财政政策

1. 直接财政支付

我国通过国家预算,进行直接财政支付。国家预算是国家的基本财政计划,集中反映国家的方针、政策。化学品有关预算收支可能主要体现在污染防治预算收支中。《关于2018年中央和地方预算执行情况与2019年中央和地方预算草案的报告》提出要加大污染防治力度。中央财政支持污染防治攻坚战相关资金约2 555亿元,增长13.9%,其中大气、水、土壤污染防治投入力度为近年来最大。

2. 税收政策

环保部制定,最新为2017年版的《环境保护综合名录》中"高污染、高环境风险"产品包括885项,具体有50余种生产过程中产生大量污染物(如二氧化硫、氮氧化物、化学需氧量、氨氮)的产品,40多种产生大量挥发性有机污染物(VOCs)的产品,200余种涉及重金属污染的产品,570余种高环境风险产品。在税收、海关等部门的配合下,多批"双高"产品被先后取消出口退税、不予综合利用增值税优惠、禁止加工贸易。

2018 年起《中华人民共和国环境保护税法》施行，环境保护税“多排多征、少排少征、不排不征”。2019 年财政部、税务总局、国家发展和改革委、生态环境部发布《关于从事污染防治的第三方企业所得税政策问题的公告》，符合条件的从事污染防治的第三方企业按 15%的税率征收企业所得税。

3. 财政补贴政策

财政补贴政策是国家协调经济运行和社会各方面利益分配关系的经济杠杆，也是发挥财政分配机制作用的特定手段。

2016 年《国务院办公厅关于石化产业调结构促转型增效益的指导意见》指出：利用现有专项资金渠道以及中央财政科技计划（专项、基金等），加大对石化产业技术改造、高端产品发展、绿色安全生产、智能制造试点、危险化学品生产企业搬迁、公共服务平台建设以及科技研发工作的支持力度。有关地区可根据实际情况利用大气污染防治资金支持石化企业自备电厂实施超低排放改造。

2017 年《国务院办公厅关于推进城镇人口密集区危险化学品生产企业搬迁改造的指导意见》指出，通过现有资金渠道，加大支持力度，对符合条件的危险化学品生产企业搬迁改造项目予以支持。鼓励银行业金融机构根据危险化学品生产企业搬迁改造项目特点，完善金融服务。鼓励金融机构在商业可持续、风险可控的前提下，对基本面和信用记录较好、守法经营、有竞争力、有市场、有效益的搬迁改造企业给予信贷支持。

4. 绿色采购

财政部、发展和改革委员会、环保部等部门在绿色采购中发挥积极作用，曾分别联合发布《节能产品政府采购实施意见》和《关于环境标志产品政府采购实施的意见》，近年来政府不断更新《节能产品政府采购清单》和《环境标志产品政府采购清单》。财政部、发展和改革委员会、生态环境部、市场监督管理总局联合发布《关于调整优化节能产品、环境标志产品政府采购执行机制的通知》，于 2019 年 4 月起实施，以落实“放管服”改革要求，完善政府绿色采购政策，简化节能（节水）产品、环境标志产品政府采购执行机制，优化供应商参与政府采购活动的市场环境。

第三节　碳排放交易政策

碳排放权交易，也称为碳交易、温室气体排放权交易，或称碳融资和碳物质的买卖，是《京都议定书》规定的温室气体三种灵活减排方式之一，指参与方通过向另一参加方给付定额的货币或其他结算物，以此作为对价完成其减排义务、获得排放权或排放许可或完成自愿减排量。碳交易市场最基础的两种交易产品是温室气体排放配额和基于温室气体减排项目产生的抵消信用。

一、国外碳排放交易政策

2005年《京都议定书》建立了清洁发展机制(Clean Development Mechanism, CDM),允许发达国家与发展中国家通过CDM项目合作减排温室气体,CDM项目通过联合国清洁发展机制执行理事会(Executive Board, EB)注册及核证取得相应的碳信用额度。因为碳交易的资金需求量大和未来高度不确定性,碳保险市场应运而生,主要覆盖CDM项目的运营风险、交付风险、交易对手风险和政治风险。

美国是国际上首个进行排污权交易的国家,早在20世纪70年代中期,美国就开始在各个州之间建立排污权交易制度。美国建立了芝加哥气候交易所(Chicago Climate Exchange, CCX),澳大利亚创新的新南威尔士交易体系等,在促进碳金融上发挥了重要作用。2005年,日本环境省开始实施"自主参加型国内排放量交易制度",希望实现低成本高效率的温室气体减排和积累国内碳排放交易制度方面的经验,2010年启动"温室气体排放总量削减义务和排放量交易制度"。

欧洲也建立了一些碳排放交易体系和交易所,如英国碳削减承诺能源效率体系、巴黎Blue Next碳交易市场、荷兰Climex交易所、奥地利能源交易所、意大利电力交易所、伦敦能源经纪协会、北欧电力交易所、欧洲气候交易所、欧洲能源交易所等。

2005年欧盟建立排放交易体系(EU ETS),这是世界上第一个多国参与的气候政策体系。欧盟碳排放交易体系采用"总量管制和交易"(cap and trade)规则,在限制温室气体排放总量的基础上,通过买卖行政许可的方式进行排放。在欧盟碳排放交易体系下,欧盟会员国政府必须同意由EU ETS制定的国家排放上限。欧盟碳市场相关法律法规包括统一的总量设定、配额分配、MRV(监测、报告、核查)等标准和规则,具体由各成员国碳交易主管部门负责实施。欧盟碳市场计划在2019年实行"市场稳定储备"制度作为长期控制配额盈余的方案。

二、我国碳排放交易政策

根据我国批准的《联合国气候变化框架公约》和核准的《京都议定书》的规定以及缔约方会议的有关决定,为加强政府对清洁发展机制项目活动的有效管理,维护国家权益,保证清洁发展机制项目的有序进行,2004年国家发展和改革委员会、科技部、外交部联合颁发《清洁发展机制项目运行管理暂行办法》。2011年确定将北京等7省市作为试点开展碳交易工作。2012年国家发展和改革委员会颁布《温室气体自愿减排交易管理暂行办法》,适用于二氧化碳

(CO_2)、甲烷(CH_4)、氧化亚氮(N_2O)、氢氟碳化物(HFCs)、全氟化碳(PFCs)和六氟化硫(SF_6)等六种温室气体自愿减排量的交易活动。2013年深圳率先启动实际交易,拉开了中国碳市场的帷幕,各试点省市随后也逐步启动运行。国家发展和改革委员会2014年《碳排放权交易管理暂行办法》规定,我国碳排放权交易市场初期交易产品为:① 碳排放权配额;② 国家核证自愿减排量(Chinese Certified Emission Reduction, CCER),并适时增加其他交易产品。国家发展和改革委员会2017年印发《全国碳排放权交易市场建设方案(发电行业)》,宣布以发电行业为突破口,全国碳排放交易体系正式启动。

国内碳排放权交易市场交易类型分别是总量控制配额交易和项目减排量交易,已有广州碳排放权交易所、深圳排放权交易所、北京环境交易所、上海环境能源交易所、湖北碳排放权交易所、天津排放权交易所和重庆碳排放权交易所参与。除了配额及核证自愿减排量(CCER)两种交易外,北京和广州碳排放权交易所建立了自愿减排量(Voluntary Emission Reduction, VER)交易平台。目前我国碳交易市场还存在政府主导为主、二级市场不活跃、排污权定价以及核定较难完成、法律法规配套不足等问题。

2018年国家发展和改革委员会原应对气候变化和减排职责移交给新成立的生态环境部。2019年4月生态环境部起草的《碳排放权交易管理暂行条例(征求意见稿)》公布,以利用市场机制控制温室气体排放、推动绿色低碳发展。

参考文献:

[1] Lancaster M. Green Chemistry: An introductory text. 3rd edition. Cambridge, UK: The Royal Society of Chemistry, 2016.

[2] Anastas P T. Meeting the Challenges to Sustainability through Green Chemistry. Green Chemistry, 2003(4): 29-34.

[3] 王春燕. 绿色化学——21世纪科学的新领域. 中国石油和石化,2004(3): 8-10.

[4] Wilson MP S. Toward a new U. S. chemicals policy: rebuilding the foundation to advance new science, green chemistry, and environmental health. Environ Health Perspect, 2009, 117: 1202-1209.

[5] Anastas PT, Warner JC. Green Chemistry: Theory and Practice. New York: Oxford University Press, 1998.

[6] OECD. Extended Producer Responsibility: A Guidance Manual for Governments. Organisation for Economic Co-operation and Development, 2001.

[7] 马洪. 生产者延伸责任的扩张性解释. 法学研究,2009(1): 46-60.

[8] Gregor Franßen. 13. Abfallwirtschaftsrecht//Calliess C, Durner W, Franßen G, et al. Grundzüge des Umweltrechts 5, völlig neu bearbeitete und erweiterte Auflage. Berlin: Erich Schmidt Verlag, 2018.

[9] Locher M. Produktionsverantwortung：Die Pflichten zur Vermeidung und Verwertung von Abfällen bei der industriellen und gewerblichen Produktion. Berlin：Duncker & Humblot，2000.

[10] Kloepfer M. Umweltrecht. 4th edition. Auflage. München：C. H. Beck，2016.

[11] 沈百鑫，李志林. 从中德比较论我国环境许可制度的发展. 中国环境管理，2018(4)：47－55.

[12] RH Coase. The Problem of Social Cost. Journal of Law and Economics，1960，3：1－44.

[13] 张军. 我们对科斯是各取所需　科斯真正的贡献在法学.（2013－09－14)[2019－02－12]. http：//www. aisixiang. com/data/67662. html.

[14] Lindhqvist T. Extended Producer Responsibility in Cleaner Production：Policy Principle to Promote Environmental Improvements of Product Systems. Sweden：Lund University，2000.

[15] 鲁政委. 制度创新是我国绿色金融发展的重中之重.（2018－10－13)[2019－02－12]. https：//finance. sina. com. cn/stock/stockzmt/2018－10－13/doc-ifxeuwws3985529. shtml.

[16] 鲁政委. 一文读懂十九大后的绿色金融发展前景.（2017－11－09)[2019－02－12]. http：//www. sohu. com/a/203299505_374285.

[17] 中国人民保险集团有限公司. 绿色保险：将资源资本引向绿色经济.（2018－09－27)[2019－02－12]. http：//www. qstheory. cn/zoology/2018－09/27/c_1123490880. htm.

[18] 洪艳蓉. 绿色债券运作机制的国际规则与启示. 法学，2017(2)：124－134.

[19] 孟艳. 国外如何发展绿色金融. 中国财经报，2017－07－03.

[20] 徐清. 国际绿色金融发展经验的借鉴意义. 福建日报，2017－05－16.

[21] 安国俊. 我国绿色基金发展前景广阔. 银行家，2017(8)：72－74.

[22] 孔瑞. 我国绿色信贷发展研究. 济南：山东师范大学，2015.

[23] 纪霞. 国外绿色信贷发展经验及启示. 改革与战略，2016(2)：57－59.

[24] 龙淑娟. 我国同主要发达国家商业银行绿色信贷比较研究. 外交学院，2016.

第五篇

化学品风险行政管理实践与探索

第二十五章

我国化学品行政管理法规概述

当今社会各式各样的化学品不断走进人们的生产生活，扮演着日益重要的角色，它们的出现改善了人们的生产活动，提高了人们的生活质量和生产水平。同时，各领域的化学品若未得到良好的管理，会对生产生活带来不良影响。如危险化学品具有有毒、腐蚀、易燃等性质，在生产、存储、运输、操作和使用等环节，稍有不慎就会造成重大安全事故，对人类健康和环境都存在一定程度的威胁；高毒、高残留的农药对农业环境造成破坏，危害人体健康；有毒、高毒化学品可能对劳动者的生命安全、身体健康及其相关权益带来不良影响；日常生活中的药品、化妆品等若未能保证卫生质量与使用安全，则会对人民群众的健康与生命产生危害。如 2018 年发生的"11・4"福建泉港碳九泄漏事故，即由于化学品安全生产责任事故引发的环境污染事件，不仅使当地人的健康受到威胁，更破坏了大气、海洋生态环境。化学品的风险管理已受到普遍关注，为规范化学品的生产过程和经营过程，加强化学品的安全管理，预防和减少危险化学品事故的发生，保障人民群众生命财产安全，保护环境，我国先后对危险化学品、有毒和高毒化学品、农药、药品和化妆品等的生产、储存、使用、经营和运输等活动制定了多部法律法规，以最大程度确保生产安全和公众安全。本章将围绕生态与环境健康、职业安全与职业健康、公共安全、消费者权益四个方面，介绍我国化学品行政管理法规框架，力图为从业者提供专业参考，为研究者提供材料和思路，为公共权益和个人合法权益保护提供帮助。

第一节　生态与环境保护

人类享受着化学品广泛应用带来的社会和经济福祉，与此同时也在亲历全球生态环境的持续恶化，一些重要工业区域曾发生影响环境、人体健康与生育的严重化学污染。20 世纪 60 年代，《寂静的春天》的出版为人类重新理解、确认并防范化学污染的长期影响敲响了警钟。发达国家普遍于 20 世纪 70 年代开展系统的化学品环境风险防控，包括完善化学品专门立法、推进化学品风险评价、开展化学品登记和审查、加强有毒污染物排放监测、实施特定化学品限制和淘汰、建立重大危险源事故预防制度、倡导和推进绿色化学、推行责任关怀等。化学品全过程环境风险防控逐渐成为国际化学品环境管理的主要经验和做法。社会与经济高速发展，人类与地球资源和环境的共享程度越来越高，化学品造成的危险不再以国界为限，其管理工作的国际意义日渐突显。1992 年 6 月，联合国环境与发展大会通过的《21 世纪议程》，强调了环境保护是人类可持续发展计划的重要组成，也为在全球范围形成合力共同促进环境保护以及化学品的环境无害管理吹响了行动号角。

在健全化学品管理刻不容缓的国际呼声中，作为化学品生产和消费的主要国家，我国也正在积极推进化学品全过程环境风险防控体系建设，基于化学品预防性及全生命周期的管理原则，探索符合科学规律、适应我国国情的化学品环境管理和环境风险防控法律体系与管理机制。目前，我国化学品环境风险防控主要采取了登记许可、限制淘汰、污染物排放控制等管制性措施，以及以推动绿色制造和清洁生产为目标的非管制性措施。

1. 登记许可

目前我国主要针对有毒化学品和新化学物质开展以环境准入为目的的登记工作。1994 年 5 月，为加强化学品进出口环境管理和执行联合国《关于化学品国际贸易资料交流的伦敦准则》，当时的国家环境保护局、海关总署和对外贸易经济合作部联合发布了《化学品首次进口及有毒化学品进出口环境管理规定》，对列入《中国禁止或严格限制的有毒化学品名录》的化学品实施进出口登记管理。在该规定实施的 20 多年中，名录经历了多次更新，管理登记工作被细化和加强。2018 年 1 月，基于有毒化学品的管理目的，结合《关于持久性有机污染物斯德哥尔摩公约》及相关修正案、《关于汞的水俣公约》《关于在国际贸易中对某些危险化学品和农药采用事先知情同意程序的鹿特丹公约》三项国际公约的履约义务，环境保护部、商务部、海关总署联合发布了《关于发布〈中国严格限制的有毒化学品名录〉(2018 年)的公告》，对名录进行了大幅更新，缩减了被管理的有毒化学品种类，此外还进一步简化了有毒化学品进(出)口环境管理要求，此前发布的多项对《化学品首次进口及有毒化学品进出口环境管理规定》补充规定被同步废止。

2010 年 1 月，环境保护部修订了《新化学物质环境管理办法》，进一步强化了新化学物质环境准入管理，做好化学品的预防预警与源头控制。新化学物质环境管理相关法规内容详见本丛书分册之一《化学物质管理法规》第二章第一节“新化学物质管理”。

2012 年 10 月环境保护部发布《危险化学品环境管理登记办法(试行)》，旨在实施危险化学品的环境登记管理，并要求企业对环境风险较高的危险化学品(即《重点环境管理危险化学品目录》中的化学品)开展环境风险评估、落实释放与转移报告制度。《危险化学品环境管理登记办法(试行)》的颁布和实施是对危险化学品环境管理工作的初次尝试，在管理效率和技术方法的合理性与科学性上面对诸多挑战。随后，国务院 2016 年 2 月发布《国务院关于第二批取消 152 项中央指定地方实施行政审批事项的决定》，要求取消“危险化学品生产使用环境管理登记证核发”，该办法于 2016 年 7 月被废止。

农药作为防治病虫害及调节植物生长的化学药剂，被广泛用于农林牧业生产、环境和家庭卫生除害防疫、工业品防霉与防蛀等。由于种类多、用量大、高度暴露，对生态环境和人体健康的影响尤为显著，有必要实施特别管理。为加强管理，保证农药质量，保障农产品质量安全和人畜安全，保护农业、林业生产和生态环境，国务院制定了《农药管理条例》(简称《条例》)，新修订的《条例》于 2017 年 6 月 1 日开始施行。《条例》对农药的生产、经营、使用等关键环节进行规制，同时对农药实行登记制度，并配套制定和发布了《农药登记管理办法》《农药登记试验管理办法》等。具体参见本丛书分册之一《化学产品应用安全法规与风险评估》。

2. 限制淘汰

对高毒、难降解、高环境危害化学品进行限制或禁止生产和使用，是必要的化学品环境管理措施。目前，以生态环境保护和履行国际公约为目标制定和发布的禁限化学品及相关管理规定主要由生态环境部(原环境保护部)和农业农村部(原农业部)主导。已发布禁止和/或限制的部分规定列举如下。

(1) 环境保护总局公告 2007 年第 43 号《关于禁止全氯氟烃(CFCs)物质生产的公告》。

(2) 环境保护部等十部委联合发文公告 2009 年第 23 号《关于禁止生产、流通、使用和进出口滴滴涕、氯丹、灭蚁灵及六氯苯的公告》。

(3) 环境保护部等十二部委联合公告 2014 年第 21 号关于《关于持久性有机污染物的斯德哥尔摩公约》新增列九种持久性有机污染物的《关于附件 A、附件 B 和附件 C 修正案》和新增列硫丹的《关于附件 A 修正案》生效的公告。

(4) 环境保护部等十一部委公告 2016 年第 84 号《〈关于持久性有机污染物的斯德哥尔摩公约〉新增列六溴环十二烷修正案》生效的公告。

(5) 生态环境部等十一部委公告 2019 年第 10 号关于《禁止生产、流通、使用和进出口林丹等持久性有机污染物》的公告。

(6) 农业部公告 2002 年第 194 号，2002 年第 199 号，2003 年第 274 号，2003 年第 322 号，2006 年第 747 号《国家明令禁止和限制使用的农药》。

(7) 农业部、国家发展和改革委员会、国家工商行政管理总局、国家质量监督检验检疫总局公告 2006 年第 632 号《关于全面禁止甲胺磷等 5 种高毒有机磷农药在农业上使用的公告》。

(8) 国家发展和改革委、农业部、国家工商总局、国家检验检疫总局、国家环保总局、国家安全监督总局 2008 年第 1 号公告《六部委决定停止甲胺磷等五种高毒农药的生产、流通、使用》。

(9) 农业部、工业和信息化部、环境保护部、国家工商行政管理总局、国家质量监督检验检疫总局 2011 年第 1586 号公告《农业部、质检总局等 5 部门关于进一步禁用和淘汰部分高毒农药的通知》。

(10) 中华人民共和国农业部公告 2017 年第 2567 号《限制使用农药名录(2017 版)》。

(11) 国家发展和改革委第 9 号令《产业结构调整目录(2011 年本)》,第三类淘汰类产品。

面对数量庞大的应用化学品,目前已受到禁止或限制的化学品为数不多,且管理依据以参考国际公认的具有极高环境和健康危害的化学品以及结合事故经验为主,少数源自自行评估。由于化学品环境管理基础信息不清以及风险评估体系的缺失,有些被发达国家淘汰或限制以及尚未识别的环境和健康高风险化学品仍在我国被广泛生产和使用。为加强化学品的风险管控,响应《水污染防治行动计划》(以下简称"水十条"),2017 年 12 月 27 日,原环境保护部会同工业和信息化部、卫生和计划生育委员会(现为"卫生健康委")在 83 号公告中发布了《优先控制化学品名录(第一批)》(以下简称"优控名录"),对于列入名录的化学品,采取纳入排污许可制度管理、实施限制措施、实施清洁生产审核及信息公开制度等风险管控措施。有关优控目录及其对应的管控措施详见本书第二十七章"我国化学品风险环境管理制度新进展"。

3. 污染物排放控制

我国的大气、水和土壤污染防治法分别明确了有毒化学污染物控制相关要求,相应的污染源排放和环境质量标准、行业排放标准、地方排放标准中都包含多种化学品限控指标。例如《大气污染物综合排放标准》(GB 16297—1996)中包含约 30 种有机化合物和重金属等化学污染物最高允许排放浓度指标,《污水综合排放标准》(GB 8978—1996)中包含约 10 种重金属和 39 种有机化学品污染物指标,《地表水环境质量标准》(GB 3838—2002)中包括了 10 多种重金属和 68 种有机化学污染物指标。随着国内化学品环境风险防范工作机制的逐步建立和完善,化学品环境和健康风险评估能力的逐步加强,纳入排放管控的化学品会持续扩充,相应的管控措施将更加科学高效。

除加强固定污染源污染物排放控制,根据行业污染物产排特征、综合考虑污染物末端治理的效率和成本,部分行业还积极尝试和推进产品中有毒有害物质限量的环保管控措施,加强污染物排放的源头控制。2018 年 6 月,国务院印发《打赢蓝天保卫战三年行动计划的通知》,在有关实施 VOCs 专项整治方案中指出："重点区域禁止建设生产和使用高 VOCs 含量的溶剂型涂料、油墨、胶黏剂等项目"，同时提出"2019 年底前，完成涂料、油墨、胶黏剂、清洗剂等产品 VOCs 含量限值强制性国家标准制定工作，2020 年 7 月 1 日起在重点区域率先执行"的目标。

废弃化学品管理方面，国家将具有腐蚀性、毒性、易燃性、反应性或者感染性等一种或者几种危险特性的固体废物（包括液态废物）定义为危险废物进行严格的环境污染防治管理。参考《国家危险废物名录（2016 年）》，医疗废物和列入《危险化学品目录》的化学品废弃后属于危险废物。废弃化学品管理相关法规内容详见本书第二十八章"我国废弃化学品管理法规"。

4. 非管制性措施

为促进绿色制造和清洁生产，引导公众参与和绿色消费，提倡绿色采购和循环经济，生态环境部（原环保部）、工业与信息化部、发展和改革委员会等部委通过政策倡导、行政指导等非管制性措施，推动我国化学品健全管理。具体内容参见本书第二十二章"绿色化学理念与实践"，第二十三章"生产者责任延伸机制"，第二十四章"化学品绿色经济政策"，及本丛书分册之一《化学产品应用安全法规与风险评估》中"产品应用环境标志"一章。

近年来，化学品环境管理在环境准入、排污许可、环境监测、环境应急、清洁生产、环保税等环境综合管理要素中有更多的表现。但由于化学品环境风险防控体系尚有缺失，体系建设也缺乏立法支撑，现行化学品环境管理难以有的放矢和突显成效。2019 年 1 月 8 日生态环境部组织起草并发布了《化学物质环境风险评估与管控条例》（征求意见稿），并于同年 9 月根据 TBT 协议通过 WTO 向各成员方通报。将填补化学品环境管理立法的空白，有助于加快建立和完善化学品全过程环境风险防控体系，弥补基础信息收集和风险评价的缺失，有效提高环境健康风险化学品的辨识能力，为各项环境管理措施的制定和优化提供科学依据。相关内容参见本书第二十七章"我国化学品风险环境管理制度新进展"。

第二节　生产安全与职业安全健康

危险化学品易燃易爆、有毒有害的特性，且生产常在高温高压等严酷条件下进行，这些因素决定了危险化学品生产过程中存在着泄漏、火灾、爆炸等重大风险。化学品安全风险的行政管理主要基于 2002 年颁发并于 2013 年再次修订的国务院 591 号令《危险化学品安全管理条例》，该条例明确了危险化学品从源头的生产或进口到最终废弃的全生命周期各个环节的管理要求。

《危险化学品安全管理条例》对适用的危险化学品进行了定义，指具有毒害、腐蚀、爆炸、燃烧、助燃等性质，对人体、设施、环境具有危害的剧毒化学品和其他化学品，同时明确了我国在危险化学品安全管理领域采取目录管理的原则，并由国家安全生产监督管理总局会同公安、环境保护、卫生、质检、交通部门等十部门确定并公布了《危险化学品名录》，作为危险化学品管理的目标范围。

在生产、储存危险化学品环节，《危险化学品安全管理条例》要求，对新建、扩建和改建生产、储存危险化学品的建设项目，由安全生产监督管理部门进行安全条件审查。危险化学品生产企业在生产前还应该按照《安全生产许可证条例》的规定，取得危险化学品安全生产许可证。在储存方面，明确要求危险化学品必须储存在专用仓库、专用场地或者专用储存室（以下统称专用仓库）内，对于危险化学品专用仓库，《建筑设计防火规范》（GB 50016—2014）则从物质的火灾危险性出发，明确了专用仓库在建筑的耐火等级、防火分区、防火间距，以及消防应急设施的配置等方面的要求。《仓库防火安全管理规则》（公安部第 6 号令）、《常用化学危险品贮存通则》（GB 15603—1995）、《易燃、易爆性商品储藏养护技术条件》（GB 17914—2013）、《腐蚀性商品储藏养护技术条件》（GB 17915—2013）、《毒害性商品储藏养护技术条件》（GB 17916—2013）、《仓储场所消防安全管理通则》（GA 1131—2014）等规定及规范在仓库内部的储存方式、储存条件、应急及进出库管理等方面制定了更详细的要求。随着《危险化学品生产、储存装置风险基准》（GB 36894—2018）和《危险化学品生产装置和储存设施外部安全防护距离确定方法》（GB/T 37243—2019）的发布，危险化学品生产装置和储存设施与外部的安全防护距离要求更加明确。

从量化角度区别不同危险，重大危险源管理是危险化学品生产和储存环节的一个要点。为遏制频发的危险化学品重特大事故，英国最早于 20 世纪 70 年代开始系统地研究重大危险源控制技术，我国则于 20 世纪 80 年代开始重视重大危险源的评价和控制，并于 2000 年颁布了国家标准《重大危险源辨识》（GB 18218—2000），规定了危险化学品重大危险源的辨识依据和方法，该标准已于 2018 年再次更新。在法规层面，2002 年先后颁布并生效的《危险化学品安全管理条例》及《安全生产法》也有针对重大危险源的专门章节或条款对重大危险源的辨识、评估、登记建档、备案等方面明确了相应的要求及职责。2011 年 7 月，国家安全生产监督管理总局制定了更全面细致的《危险化学品重大危险源监督管理暂行规定》（该规定已于 2015 年更新）。2008 年国务院安全生产委员会办公室针对部分危险化学品从业单位工艺落后、设备简陋陈旧、自动控制水平低、本质安全水平低、从业人员素质低、安全管理不到位等突出问题，发布了《关于进一步加强危险化学品安全生产工作的指导意见》，该意见首次明确了涉及硝化、氧化、磺化、氯化、氟化或重氮化反应等危险工艺的生产装置实现自动控制要求，并将其纳入换(发)安全生产许可证的条件。2009 年，国家安全生产监督管理总局进一步公布了《首批重点监管的危险化工工艺目录》，在指导各地区开展涉及危险化工工艺的生产装置自动化控制改造，提升化工生产装置本质安全水平上起到了积极的作用，并于 2013 年增加公布了《第二批重点监管的危险化工工艺目录》，对首批重点监管危险化工工艺中部分典型工艺进行了调整。为进一步突出重点、强化监管，指导安全监管部门和危险化学品单位切实加强危险化学品安全管理工作，在综合考虑 2002 年以来国内发生的化学品事故情况、国内化学品生产情况、国内外重点监管化学品品种、化学品固有危险特性和近四十年来国内外重特大化学品事故等因素的基础上，安全生产监督管理总局分别于 2011 年和 2013 年从《危险化学品名录》中危险化学品进行了筛选，编制了《首批重点监管的危险化学品名录》和《第二批重点监管的危险化学品名录》，共计 74 种重点监管化学品。并对涉及重点监管的危险化学品的生产、储存装置的设计要求、执法检查、自动化控制系统、应急预案编制等方面进一步提出了监管要求。以上重大危险源、重点监管的危险化工工艺和重点监管的危险化学品的监管要求，构成了危险化学品生产和储存环节中关键内容，即“两重点一重大”。

在使用环节，《危险化学品安全管理条例》明确规定“使用危险化学品从事生产并且使用量达到规定数量的化工企业(属于危险化学品生产企业的除外)，应当依照本条例取得危险化学品安全使用许可证”，作为配套执行的具体指导，安全生产监督管理总局于 2012 年发布了《危险化学品安全使用许可证实施办法》以及与之配套的《危险化学品安全使用许可适用行业目录》及《危险化学品使用量的数量标准》。

在经营环节，《危险化学品安全管理条例》明确规定“国家对危险化学品经营(包括仓储经营，下同)实行许可制度”，据此，安全生产监督管理总局于 2012 年颁布了《危险化学品经营许可证管理办法》，同时废止了由国家经济贸易委员会 2002 年 10 月 8 日公布的《危险化学品经营许可证管理办法》。

关于危险化学品的运输要求、仓储要求等，以及危险化学品与危险货物、危险品等的异同，可参见本系列丛书分册之一《化学品危害性分类与信息传递和危险货物安全法规》。本书第二十六章也讨论了现有危险化学品安全管理制度的优缺点。

从化学品的毒害属性出发，为了确保作业场所安全使用有毒物品，预防、控制和消除职业中毒危害，保护劳动者的生命安全、身体健康及其相关权益，2002 年国务院颁布了《使用有毒物品作业场所劳动保护条例》，涉及化学品生命周期阶段中的“使用”阶段。条例从管理部门、企业、劳动者个人等主体出发，对生产过程中职业安全健康管理进行了详细规定。

本节内容与国际化学品条约的内容可参阅本书第八章“化学品作业与运营安全国际公约”。

第三节　公共安全与安保

化学品尤其是危险化学品由于其自身所具有的易燃易爆、有毒有害的特定属性，除了需要在生产安全方面关注由于管理疏忽或技术方面缺陷（意外和非故意的），导致其所蕴含的能量意外释放所带来的环境和安全风险之外，还需要关注化学品在其生命周期内因人为蓄意的、有动机的不正当使用而带来的危害，常称之为安保（Security），如危害公众则称为公共安全问题。

化学品的安保管理聚焦于对失去管控可能给公众带来巨大影响的剧毒化学品、易制爆化学品、可用于化学武器制造的重点监控化学品以及两用物项和技术中涉及的化学品等。

上述提及的剧毒化学品、易制爆化学品、易制毒化学品、重点监控化学品的界定均以相应的监管部门颁布的名录或目录为准，如剧毒化学品参照《危险化学品名录》（2015 版）、《易制毒化学品的分类和品种目录》（2018 年更新）、《易制爆危险化学品名录》（2017 版）、《各类监控化学品名录》和《列入第三类监控化学品的新增品种清单》等。

在法规层面，作为特殊管制化学品，上述各类化学品在《危险化学品安全管理条例》中有所规定，除剧毒化学品外，还有独立成文的法规对其生产、经营、购买、运输、进出口等环节予以规制，如《易制毒化学品管理条例》《监控化学品管理条例》以及公安部于 2019 年 7 月发布的《易制爆化学品治安管理办法》等。

在上述特殊管制化学品的储存和使用场所的安保管理方面，公安部门制定的《剧毒化学品、放射源场所治安防范要求》（GA 1002—2012）、《易制爆危险化学品储存场所治安防范要求》（GA 1511—2018）明确了人防、物防（实体防范）、技防的技术要求及安全防范系统的建设、运行和管理要求。尽管易制毒化学品不在上述两个规范涵盖范畴内，但在各地治安管理实践中，易制毒化学品的储存场所在各地的实践中，也往往会部分参照剧毒化学品的治安防范要求。

在运输环节，根据《危险化学品安全管理条例》，公安部于 2005 年制定发布《剧毒化学品购买和公路运输许可证管理办法》，规定了国家对购买和通过公路运输剧毒化学品行为实行许可管理制度，购买和通过公路运输剧毒化学品，应向公安机关申请取得《剧毒化学品购买凭证》《剧毒化学品准购证》和《剧毒化学品公路运输通行证》。

本丛书分册之一《化学物质管理法规》中有专章介绍易制毒、易制爆、监控化学品管理。

2015年公安部、国家互联网信息办公室、工业和信息化部、原环境保护部、国家工商管理总局、安全生产监督管理总局联合颁发《互联网危险物品信息发布管理规定》，规范易制爆、剧毒和其他危险化学品的网络信息发布，明确发布人的资质要求和与线下一致的购买资质和资格条件。

本书第二十章“化学进出口管制机制”探讨了化学品国际安全保障风险通过贸易合规进行管控的实践。

第四节 消费者权益

消费者权益中化学品管理主要涉及化妆品、食品等卫生质量与使用安全。针对化妆品中的化学品的监督管理，《化妆品卫生监督条例》《化妆品卫生规范》《化学品监督管理办法》等法律法规做出了相关规定。

针对食品中的化学问题，根据《中华人民共和国食品安全法》和《食品安全国家标准管理办法》，国家卫生和计划生育委员会于2014年12月24日正式发布新版《食品安全国家标准食品添加剂使用标准》(GB 2760—2014)，自2015年5月24起正式实施，此版本取代了2011版《食品安全国家标准食品添加剂使用标准》。2016年12月18日由中华人民共和国国家卫生和计划生育委员会、中华人民共和国农业部、国家食品药品监督管理总局发布《食品安全国家标准食品中农药最大残留限量》(GB 2763—2016)代替《食品中农药最大残留限量》(GB 2763—2014)国家标准，规定了433种农药在13大类农产品中4 140个残留限量，此次发布的新版农药残留限量标准制定了苯线磷等24种禁用、限用农药184项农药最大残留限量，为违规使用禁限农药监管提供了判定依据，同时按照国际惯例，对不存在膳食风险的33种农药，豁免制定食品中最大残留限量标准，增强了我国食品中农药残留标准的科学性、实用性和系统性，并对标准中涉及的限量推荐了配套的检测方法外，还同步发布了106项农药残留检测方法国家标准，以此保障食品安全，保障公共健康。

除了消费者关注较多的化妆品和食品，其他诸如食品接触材料、涂料、药用辅料、饲料和饲料添加剂、涉水产品、电子电器产品、汽车材料、玩具和家具服装类产品也是化学品的广泛应用领域，相关领域也有各自的产品安全法规，在此不再一一赘述，具体可以参读本丛书分册之一《化学产品应用安全法规及风险评估》。

第二十六章
我国化学品安全管理法律探索

发生在江苏省盐城市响水县的化工装置爆炸事故距发生在河北的“11·28”危险化学品重大爆燃事故不到4个月，距天津港危险品特大爆炸事故已经三年有余，彼时迅速启动的《危险化学品安全法》至今尚在立法调研中。下面将从目前的化学品安全管理实践出发，简述我国化学品安全法律体系，以期有助于思考化学品风险管理和共同治理，推动《危险化学品安全法》早日颁布实施。

化学品安全包括化学品危害性分类与安全信息传递，化学品在作业和运营中的安全，以及由此引起的社区公众安全问题。化学品安全信息立法是有效保障化学品作业安全、运行安全的基础之一，公众安全问题是作业安全和运行安全发生重大事故后超过厂区范围对社区、社会带来的威胁，而化学品在作业和运营中的安全是安全生产工作的核心，其中也包括职业卫生和职业健康管理问题。

化学品安全立法只是化学品风险立法的一部分，与化学品安全立法平行的还有化学品生态环境法益保护；化学品作为材料或者添加剂等进入食品、化妆品、汽车等产品后的用户和消费者权益保护；化学品在公共安全与安保中的风险控制如易制毒化学品、易制爆化学品、军民两用化学品等立法。化学品安全(safety)、化学品生态环境保护、化学品下游应用的消费者保护、化学品公共安全与安保(security)四者在立法之间会因为风险的发展演变、法律权利义务的上下游关系、法律责任的条件要求等产生联系，甚至互为因果。安全与安保分别注重非故意与人为、故意、有目的的不同动机与起因。危险化学品安保事故会带来安全风险，安全威胁也会被作为危害安保的手段；危险化学品安全管理在特定环节、场合需要有安保观念和控制以达成安全。

化学品作业安全与运营安全立法着重控制化工行业安全生产事故。在此领域的国际法层面，我国于1994年经全国人民代表大会批准加入《作业场所安全使用化学品公约》，1996年劳动部、化学工业部颁发《工作场所安全使用化学品规定》执行该公约。该公约严格区分“hazardous chemical”与“dangerous goods”，全国人民代表大会网站官方文件分别译为“危害化学品”与“危险品”，条理清晰，没有“危险化学品”的概念，也不至于导致“危险化学品”与“危险品”

或者“危险货物”的混淆。而前几年这个混淆在化学品安全立法和执法中曾经深深困扰地方安全生产管理监督部门、交通运输部门和有关企业，造成了不少的安全困惑并带来了不小的社会成本。1993 年 6 月国际劳工组织通过《预防重大工业事故公约》，我国尚未加入，但使用其中“Major Hazardous Installation”（直译为“重大危害装置”）的概念和部分要求，建立并发展了我国的重大危险源管理制度。

全国人民代表大会目前尚未针对化学品或者危险化学品制定专门法律。《中华人民共和国安全生产法》针对包括危险化学品的危险物品管理，从人员配备、安全评价、安全设施设计、建设项目验收、容器和运输工具、建立安全管理制度、采取安全措施等方面提出了概括性要求。该法目前正在全国人民代表大会修订过程中。《中华人民共和国突发事件应对法》要求危险化学品单位制定应急预案，排查隐患并消除、防止突发事件。国务院制定的《危险化学品安全管理条例》是目前法律效力最高的专门针对化学品安全的立法，分为生产和储存安全、使用安全、经营安全、运输安全、危险化学品登记与事故应急救援等数章。值得注意的是，该条例并不限于化学品安全规定，其中还提及了危险化学品环境危害性鉴定、环境风险程度评估等职责。《使用有毒物品作业场所劳动保护条例》针对作业场所安全使用有毒物品，根据职业病防治法等制定了预防、控制和消除职业中毒危害，保护劳动者的生命安全、身体健康。国务院其他相关条例如《生产安全事故应急条例》《安全生产许可证条例》对化学品安全着重提出了要求。从工作文件角度来看，2016 年国务院办公厅发布《危险化学品安全综合治理方案》，指出危险化学品综合治理的目标和实施路径，包括完善危险化学品安全法律法规和有关标准，强化对危险化学品安全的依法治理。

化学品作业安全和运营安全行政规章中有国家安全生产监督管理总局制定的《危险化学品重大危险源监督管理暂行规定》（2011 年发布，2015 年修订），规定了从事危险化学品生产、储存、使用和经营的单位危险化学品重大危险源的辨识、评估、登记建档、备案、核销及其监督管理。《危险化学品建设项目安全监督管理办法》（2012 年发布，2015 年修订）规定了危险化学品建设项目的安全条件审查、安全设施设计审查。安全生产监督管理总局颁布的规范性文件和行业标准中存在大量有关化学品作业安全和运营安全的内容，如列入重点监管的危险化工工艺、重点监管的危险化学品需要适用更严格的设计单位、自动化控制、紧急停车、安全检查等要求。行业推荐性标准《AQ/T 3034—2010 化工企业工艺安全管理实施导则》、2013 年安全生产监督管理总局《关于加强化工过程安全管理的指导意见》建立了与美国职业健康安全署规章类似且进行了有益发展的“过程安全管理”体系化要求，适合企业直接推行，但未能基于风险大小适用不同严格程度的管理要求，也未能厘清、整合与“过程安全管理”内容、功能近似的“重大危险源管理”制度的关系。安全生产监督管理总局2013年颁发《关于进一步加强危险化学品建设项目安全设计管理的通知》，2014年颁布《关于加强化工安全仪表系统管理的指导意见》。2014年《危险化学品生产、储存装置个人可接受风险标准和社会可接受风险标准(试行)》可以与《AQ/T 3046—2013 化工企业定量风险评价导则》配套使用，确定陆上危险化学品企业新建、改建、扩建和在役生产、储存装置的外部安全防护距离。2015年《化工(危险化学品)企业安全检查重点指导目录》、2017年《化工和危险化学品生产经营单位重大生产安全事故隐患判定标准(试行)》、2017年《关于加强精细化工反应安全风险评估工作的指导意见》、2018年《危险化学品生产储存企业安全风险评估诊断分级指南(试行)》等给企业日常安全工作具体的指导。安全生产监督管理总局还制定了《化学品物理危险性鉴定与分类管理办法》《危险化学品登记管理办法》《危险化学品生产企业安全生产许可证实施办法》《危险化学品安全使用许可证实施办法》《危险化学品经营许可证管理办法》《危险化学品输送管道安全管理规定》等规定，不包括涉及危险化学品安全、但从其他角度制定的安全管理规定。在肯定需要加强执法、针对性立法的同时，如此多企业内部运行的深入规定及部分不按风险大小的强制性要求也带来了疑问，基层人力和专业资源是否足以普遍性实施，是否会功能重复、叠床架屋、不同制度内部难以协调，使得基层执法人员和企业疲于应付、难以顾及管理的优先性。另外，例如《AQ 3013—2008 危险化学品从业单位安全标准化通用规范》从安全管理体系的角度，对危险化学品企业提出标准化的要求，系统、全面、针对性较强，可以帮助安全管理薄弱的企业。但强制性通过与定期评审的要求给已经具备良好内部管理体系的企业带来不必要的额外负担，个别条款“一刀切”和外部审核人员有时对于内部管理细节提出僵硬要求加重了这一状况。

2017年安全生产监督管理总局发布《危险化学品安全生产“十三五”规划》，提出到2020年形成较为完善的危险化学品法律法规标准和政府安全监管体系。2019年2月，应急管理部办公厅印发《2019年危险化学品油气管道烟花爆竹安全监管和非药品类易制毒化学品监管重点工作安排的通知》，提出要配合加快推进《危险化学品安全法》制定，加快制定《危险化学品企业安全生产监督管理规定》等事中事后监管规章，加快颁布《化工过程安全管理导则》等急需标准。为了改善危险化学品安全管理，不仅要根据时代发展制定新的法律法规标准，也不可忽视已有法律文件的整理工作，更要提高立法技术和尊重法律的系统性、协调性。

此外，化学品安全领域有大量的国家标准、行业标准适用于化学品生产运营中的风险分析和评估，过程运行监测、安全控制、故障诊断，设施完整性维护、安全缺陷评定，本质安全、应急与灾害扑救及恢复、安全防护距离、经营企业安全技术要求等领域，作为企业内部管理和行政监督的具体依据和指南，支持法律、法规、规章的有效执行。

我国应急管理部与属于国土安全部的美国联邦应急管理署、处理民防和各种突发事件的强力部门俄罗斯紧急情况部名字类似，职责有所不同，令人思考的是，着重于事故预防的作业安全与运营安全（安全生产、职业安全卫生）管理职能纳入“应急管理”是否合适。

我国全国人民代表大会法律层面的立法应该着眼于规定法律的宗旨、目标、主要制度框架性要求及法律责任，厘清相关不同部门分工及职责中的接口，虑及必要的协调机制；突出基于风险、实施不同强度管理和优先追求本质安全、工程手段和设备设施完整性；重视化工集中区域的多米诺骨牌效应、应急准备与社区响应；不可忽视危险废物、废弃化学品安全和生产企业之外的化学品安全如实验室安全问题；各类管控、预防、应急和后续处理中，应维护社区居民和正常经营企业的合法权益；利用“过程安全管理”的经验成果同时又协调好与“重大危险源管理”等类似制度的关系，减少不必要的、重复的风险控制手段；重视责任追究，权、责、利相当，同时要注意立法的比例原则和合理性，以及司法的谦抑性和司法公平，认识到完善的管理需要多方面条件，避免基层安全人员不堪重负、个人风险过大而可能导致队伍涣散的不利状况；从基础上厘清关键概念和含义，从宏观上为具体的法规、规章和标准整理和制定指引方向。唯善法以远行，适当的立法能达成最好的法治效果和社会效益。同时，徒法不足以自行，法律的实施活在具体的社会运行中，有效执法，才能实现立法目的。

“响水事件”发生后，党中央、国务院高度重视，应急管理、生态环境等部门以及江苏省政府迅速组织遏制事故、积极进行人员救助和污染控制。我们期待着有关部门在不可避免面临短期压力的情势下，既把事件本身处理好，又能虑及长远和全局，在社会各界的关注和积极参与支持下，为国为民展现智慧，以开放的心胸配合、推动《危险化学品安全法》制定并尽早颁布实施。更重要的是重视立法技术、优先厘清现有化学品安全法律法规体系，以法律整理和编纂促进善治，推动安全形势好转，创造良好的发展环境。

第二十七章

我国化学品风险环境管理制度新进展

第一节　我国化学品风险环境管理概述

截至2019年，我国还没有由全国人民代表大会制定的专门关于化学品风险或者化学物质环境管理的单行法律。目前我国法律体系由相关法律、行政法规、部委规章以及地方立法组成。其中《中华人民共和国环境保护法》是我国环境保护的基本法，是包括化学品在内的所有领域的一部环境保护倡议法，对化学品领域只提及"生产、储存、运输、销售、使用、处置化学物品和含有放射性物质的物品，应当遵守国家有关规定，防止污染环境"。并没有提出具体的管理措施。其他关于环境保护的法律，如《中华人民共和国水污染防治法》《中华人民共和国大气污染防治法》《中华人民共和国固体废物污染环境防治法》《中华人民共和国突发事件应对法》等均是对污染物的末端进行规制。

在国务院条例层面，《危险化学品安全管理条例》构建了危险化学品在生产、储存、使用、经营和运输环节的全面的安全管理体系，明确了环境保护部门在危险化学品领域的监管职责，并提出了"重点环境管理的危险化学品""危险化学品环境管理登记"和"新化学物质环境管理登记"等概念和监管理念。

在部门规章层面，《新化学物质环境管理办法》（环境保护部7号令），以及相配套的一系列指南、导则、标准等，建立了一套相对完整的新化学物质申报登记的环境管理制度。环境保护部为履行国际公约，也制定了相应的规章，包括对持久性有机污染物的管理、在国际贸易中采用事先知情同意程序的管理、消耗臭氧层物质的管理、汞及其化合物的管理、固体废弃物的管理。为了进一步落地，地方环保部门也出台了对应的实施方案，例如《上海市持久性有机污染物统计调查制度实施方案》等。

环境保护部在2018年2月发布了《环境保护综合名录（2017年版）》，包含"高污染、高环境风险"（简称"双高"）产品名录，共885项，包括50余种生产过程中产生的大量污染物（如二氧化硫、氮氧化物、化学需氧量、氨氮）的产品、40多种产生大量挥发性有机污染物（VOCs）的产品、200余种涉重金属污染的产品、570余种高环境风险产品。

除此之外，少数省、自治区、直辖市也颁布了一些化学品环境管理相关的地方法规，如《浙江省固体废物污染环境防治条例》《天津市有毒化学品污染环境防治办法》等，对辖区内生产、使用化学品的污染防治以及废弃化学品的收集、暂存、销售、运输和处置做出具体规定。

我国新化学物质管理相关法规参见本丛书分册之一《化学物质管理法规》。化学污染物末端治理相关法律法规目前尚不在本丛书内容覆盖范围之内。下面将重点介绍生态环境部近期发布的具有重要意义的两部法规文件：《优先控制化学品名录》和《化学物质环境风险评估与管控条例》。

第二节　优先控制化学品名录

一、优控名录概述

2017 年 12 月 27 日，环境保护部会同工业和信息化部、卫生和计划生育委员会（现改为“卫生健康委”）在 83 号公告中发布了《优先控制化学品名录（第一批）》（简称“优控名录”）。该名录重点识别和关注固有危害属性较大、环境中可能长期存在的并可能对环境和人体健康造成较大风险的化学品，共 22 种，具体见表 27－1。

表 27－1　优先控制化学品名录（第一批）

编号	化学品名称	CAS 号	化学品纳入名录考量①
PC001	1,2,4－三氯苯	120－82－1	PBT、疑似内分泌干扰物
PC002	1,3－丁二烯	106－99－0	重点大气污染物
PC003	5－叔丁基－2,4,6－三硝基间二甲苯（二甲苯麝香）	81－15－2	PBT
PC004	N,N'－二甲苯基－对苯二胺	27417－40－9	PBT
PC005	短链氯化石蜡	85535－84－8 68920－70－7 71011－12－6 85536－22－7 85681－73－8 108171－26－2	《斯德哥尔摩公约》
PC006	二氯甲烷	75－09－2	CMR、疑似内分泌干扰物、重点大气污染物、重点水污染物
PC007	镉及镉化合物	7440－43－9（镉）	重点水污染物

（续表）

编号	化学品名称	CAS号	化学品纳入名录考量①
PC008	汞及汞化合物	7439-97-6(汞)	重点大气污染物、重点水污染物、《斯德哥尔摩公约》
PC009	甲醛	50-00-0	重点大气污染物
PC010	六价铬化合物		重点大气污染物
PC011	六氯代-1,3-环戊二烯	77-47-4	PBT和疑似内分泌干扰物
PC012	六溴环十二烷	25637-99-4 3194-55-6 134237-50-6 134237-51-7 134237-52-8	《斯德哥尔摩公约》
PC013	萘	91-20-3	PBT、重点水污染物
PC014	铅化合物		重点水污染物
PC015	全氟辛基磺酸及其盐类和全氟辛基磺酰氟	1763-23-1 307-35-7 2795-39-3 29457-72-5 29081-56-9 70225-14-8 56773-42-3 251099-16-8	《斯德哥尔摩公约》
PC016	壬基酚及壬基酚聚氧乙烯醚	25154-52-3 84852-15-3 9016-45-9	壬基酚：CMR、疑似内分泌干扰物 壬基酚聚氧乙烯醚：壬基酚的来源
PC017	三氯甲烷	67-66-3	重点大气污染物、重点水污染物
PC018	三氯乙烯	79-01-6	CMR、重点大气污染物
PC019	砷及砷化合物	7440-38-2(砷)	重点大气污染物
PC020	十溴二苯醚	1163-19-5	PBT、CMR、疑似内分泌干扰物、《斯德哥尔摩公约》
PC021	四氯乙烯	127-18-4	CMR、重点大气污染物
PC022	乙醛	75-07-0	重点大气污染物

① 化学品纳入名录考量为编者自行添加条目，并非83号公告中公布内容。归纳自“优控名录”征求意见稿的编制说明。

二、“优控名录”制定的背景和思路

2015 年 4 月，国务院印发了《水污染防治行动计划》（以下简称“水十条”），要求环境保护部牵头组织开展现有化学物质环境和健康风险评估，2017 年底前公布优先控制化学品名录，对高风险化学品生产、使用进行严格限制，并逐步淘汰替代。2016 年《“十三五”生态环境保护规划》也明确提出，“评估现有化学品环境和健康风险。开展一批现有化学品危害初步筛查和风险评估，评估化学品在环境中的积累和风险情况，2017 年底前公布优先控制化学品名录，严格限制高风险化学品生产、使用、进口，并逐步淘汰替代”。为了落实“水十条”并执行该“十三五规划”的要求，环境保护部土壤环境管理司组织固体废物与化学品管理技术中心等单位开展了优控名录的研究制定工作。

从优控名录的定位上来看，它同时对两类化学物质进行管控，一类是人类有意生产的具有商品属性的化学品，另一类是化学污染物，指排放入环境的具有污染属性化学品。从化学品风险筛选原则看，重点识别和关注固有危害属性较大的化学品，具体为具有持久性、生物累积性和毒性的化学品（即 PBT 类）和具有致癌、致突变或生殖发育毒性（即 CMR 类）或具有高水环境毒性的化学品。PBT 类化学品是按照我国《持久性、生物累积性和毒性物质及持久性和高生物累积性物质的判定方法》（GB/T 24782—2009）进行识别确定的。CMR 类和高水环境毒性化学品是按照我国《化学品分类和标签规范》（GB 30000—2013）系列标准进行识别确定的。另一个风险筛选原则为暴露角度，即重点关注我国生产或使用量较大的化学品。同时，也考虑我国已经批准的国际环境公约管控化学品和一些热点化学品，例如《斯德哥尔摩公约》《鹿特丹公约》和疑似内分泌干扰物。在具体筛选过程中，参考发达国家和地区从环境和健康角度制定化学品和化学污染物管控名录的经验，例如美国《有毒物质控制法》下优先采取风险控制措施的化学品名录，以及欧盟 REACH 法规下的授权类和限制类化学品名录等。

三、对“优控名录”中化学品的管控措施

“优控名录”发布公告中指出，对于列入名录的化学品，应当针对其产生环境和健康风险的主要环节，依据相关政策法规，结合经济技术可行性，采取风险管控措施，最大限度降低化学品的生产、使用对人类健康和环境的重大影响。具体来说，从以下几个方面对优控名录中的物质进行环境影响的管控。

1. 纳入排污许可制度

83 号公告中明确要求，根据《大气污染防治法》和《水污染防治法》，环境保护主管部门应当会同其他相关部门，公布有毒有害大气污染物名录和水污染名录。排放名录中所列有毒有害大气污染物的企业事业单位，应当取得排污许可

证。排放名录中所列有毒有害水污染的企事业单位和其他经营者，应当对排污口和周边环境进行监测，公开水污染信息，采取有效措施防范环境风险。直接或者间接向水体排放工业废水的企业，应当取得排污许可证。

新版《大气污染防治法》于2016年1月1日起实施，新增第七十八条内容规定，国务院环境保护主管部门会同国务院卫生行政部门，根据大气污染物对公众健康和生态环境的危害和影响程度，公布有毒有害大气污染物名录，实行风险管理。同时，根据83号公告的精神，生态环境部在2019年1月23日，会同卫生健康委制定了《有毒有害大气污染物名录(2018年)》(以下简称"大气名录")。其中包含了6种挥发性物质和5种重金属类物质，见表27-2。这11种(类)化学物质涉及的主要排放行业包括化学原料和化学制品制造业、有色金属冶炼和压延加工业、有色金属矿采选业等。为了将保障公众健康作为重要立法目的，除"大气名录"外，2018年1月1日起施行的《水污染防治法》新增第三十二条规定将公布有毒有害水污染物名录。2019年1月1日起施行的《土壤污染防治法》第二十条规定将公布重点控制的土壤有毒有害物质名录。2019年7月，生态环境部会同卫生健康委制定了《有毒有害水污染名录(第一批)》，其中包含5种挥发性物质和5种重金属类物质。根据固体废物与化学品管理技术中心林军研究员的解读，"优控名录"主要体现"该管"的原则，重点筛选应当优先管控的化学物质；有毒有害大气污染物名录、有毒有害水污染物名录等则是本着"能管"的原则，从优先控制化学品名录中，筛选出具有国家排放标准和监测方法，且可以实施有效管控的固定源排放的化学物质。

表27-2 有毒有害大气污染物名录(2018年)

序　号	污　染　物
1	二氯甲烷
2	甲醛
3	三氯甲烷
4	三氯乙烯
5	四氯乙烯
6	乙醛
7	镉及其化合物
8	铬及其化合物
9	汞及其化合物
10	铅及其化合物
11	砷及其化合物

2. 实行限制措施

在 83 号公告中提到的另一项管控措施就是“限制”和“替代”。“限制”指对某些产品的使用环节上的限制，可以通过修订国家有关强制性标准来实现。

为满足国际公约履约要求，我国在优控名录发布之前，就已经对以下三种（类）化学物质进行管控。

（1）关于全氟辛基磺酸及其盐类和全氟辛基磺酰氟

2014 年 3 月 25 日，环保部等十二部委联合发布第 21 号公告①，对全氟辛基磺酸及其盐类和全氟辛基磺酰氟除了对特定豁免和可接受用途外的生产、流通、使用和进出口行为进行禁止。公告中还要求对于特定豁免用途的，应抓紧研发替代品，确保豁免到期前全部淘汰；对于可接受用途的，应加强管理和风险防范，并努力逐步淘汰其生产和使用。

（2）关于六溴环十二烷

2016 年 12 月 26 日，环境保护部联合其他部委发布第 84 号公告②，对六溴环十二烷的生产、使用和进出口行为进行禁止。对于特定应用领域享有 5 年的豁免期，即到 2021 年 12 月 25 日终止。

（3）关于汞

2017 年 8 月 15 日，环境保护部联合其他部委发布第 38 号公告③，对原生汞矿的开采、生产中使用汞和汞化合物、生产含汞的产品、进出口含汞产品等进行管控。

另外，根据以下法律法规的规定，对严重污染环境的产品，国家需对其采取“淘汰”的措施。

（1）《环境保护法》：国家对严重污染环境的产品实行淘汰制度。

（2）《大气污染防治法》：国家对严重污染环境的产品实行淘汰制度。国务院经济综合主管部门会同国务院有关部门确定严重污染大气环境的产品淘汰期限，并纳入国家综合性产业政策目录。

---

① 环境保护部等十二部委发布的联合公告 2014 年第 21 号（关于《关于持久性有机污染物的斯德哥尔摩公约》新增列九种持久性有机污染物的《关于附件 A、附件 B 和附件 C 修正案》和新增列硫丹的《关于附件 A 修正案》生效的公告）。该公告是为了落实我国于 2013 年 8 月 30 日批准的《关于持久性有机污染物的斯德哥尔摩公约》新增九种持久性有机污染物的修正案的规定。《修正案》自 2014 年 3 月 26 日对我国生效。

② 环境保护部等部委联合公告 2016 年第 84 号（关于《〈关于持久性有机污染物的斯德哥尔摩公约〉新增列溴环十二烷修正案》生效的公告）。该公告是为了落实我国于 2016 年 7 月 2 日批准的《关于持久性有机污染物的斯德哥尔摩公约》新增列六溴环十二烷的修正案的规定。《修正案》自 2016 年 12 月 26 日对我国生效。

③ 环境保护部等部委联合公告 2017 年第 38 号《关于汞的水俣公约》生效公告。该公告是为了落实我国于 2016 年 4 月 28 日批准的《关于汞的水俣公约》的规定。该《汞公约》自 2017 年 8 月 16 日起对我国正式生效。

(3)《清洁生产法》：国家对严重污染环境的落后产品实行期限淘汰制度。国务院有关部门按照职责分工，制定并发布期限淘汰的产品目录。

(4)《产品质量法》：生产者不得生产国家明令淘汰的产品。销售者不得销售国家明令淘汰并停止销售的产品和失效、变质的产品。

(5)《产业结构调整指导目录》：淘汰类。

(6)《市场准入负面清单》禁止准入类(《国务院关于实行市场准入负面清单制度的意见》，国发〔2015〕55 号)。

"替代"指将优控名录中的化学品纳入《国家鼓励的有毒有害原料(产品)替代品目录》。鼓励企业开发、使用低毒低害和无毒无害原料，从源头削减或避免污染物的产生。

在上海市环保局关于贯彻落实优控化学品风险管控的政策和措施中提到，可以根据上海市产业规划发展布局和政策，结合经济技术可行性，配合经济和信息管理部门研究提出优控名录中所列化学品生产、使用所涉加工工艺、装备或产品限制类目录，并逐步纳入《上海市产业结构调整负面清单》进行管理。

3. 实施清洁生产审核和信息公开制度

在《清洁生产促进法》和《清洁生产审核办法》中提到，使用有毒有害原料进行生产或者在生产中排放有毒有害物质的企业，应当实施强制性清洁生产审核。并采取便于公众知晓的方式公布企业相关信息，包括使用有毒有害原料的名称、数量、用途，排放有毒有害物质的名称、浓度和数量等。

83 号公告发布后，各个地方环境保护主管部门也纷纷响应并积极配合做好执行工作。例如，江苏太仓市于 2018 年 4 月发布了《太仓市 2018 年水污染防治工作计划》，其中提到"对列入优控名录的化学品，实施纳入排污许可制度管理、限制使用、鼓励替代、实施清洁生产审核及信息公开制度等措施"。上海市环保局于 2018 年 8 月发布了《关于贯彻落实优先控制化学品风险管控政策和措施的通知》，介绍了"优控名录"的管理目标和管理措施。但是，截至 2019 年 6 月，各地环境保护部门对"优控名录"还处在政策研究阶段，亟须出台相应的具体的管控措施和实施细节，以及和其他现有相关法规标准等的对接。

2019 年 5 月 27 日，固体废物与化学品管理技术中心发布公告，称目前正在开展化学物质环境风险评估研究工作，向全社会征集附表中化学物质的相关数据，包括物质的物理化学性质、健康毒理特性、环境毒理特性、生产使用数量、用途及生产方式、环境暴露数据等。公告同时发布了拟征集数据的化学品清单，共 23 个种类。结合化学品环境管理条例征求意见稿的内容，此次征集数据是化学物质筛查和风险评估工作的一部分，也是为继续推进优控名录工作提供信息支持。

四、对“优控名录”的思考

从“优控名录”的制定和发布中可以看出，我国正在逐步从侧重末端控制的管理理念转变成基于风险评估的源头控制理念，建立和完善健全化学品环境风险防范工作机制，从中长期发展目标和具体行动上减少化学品环境和健康风险，即通过采用科学的方法和手段识别、评估化学品的危害和风险，并考虑社会和经济因素，采取减少风险的措施。今后，“优控名录”将实行动态更新。它虽然在一定程度上增加了前端的化学品危害测试和评估成本，但能在更大程度上减少末端污染控制的成本。

第三节 化学物质环境风险评估与管控条例

一、《化学物质环境风险评估与管控条例》概述

2019 年 1 月 8 日，生态环境部组织起草并发布了《化学物质环境风险评估与管控条例》(征求意见稿)(本章简称《条例》征求意见稿)，全文共 6 章 45 条，整体框架囊括了对化学物质开展环境风险评估的过程和要求、进行风险管控的措施和要求、对新化学物质环境管理、相关单位的法律责任，以及该法规的立法目的、适用范围、管理原则、政府部门职责等。从其内容上来说，主要涉及以下几个方面。

(1) 环境风险评估制度

拟对化学物质开展危害评估和暴露评估，分析研判化学物质可能对生态环境和人体健康造成危害效应的关键环节和影响程度，出具风险评估报告。此制度指一些基础性的技术工作，旨在为后续的环境风险管控措施提供科学依据。

(2) 环境风险筛查制度

国务院生态环境主管部门组织开展化学物质环境风险筛查工作，将潜在环境风险较大的物质纳入优先评估计划。生产、进口列入优评计划的化学物质的企业，需要提交优评物质暴露和危害数据。

(3) 优先控制名录制度

经过环境风险评估和人体健康风险评估的物质，如果判定为风险不合理，则应将其纳入优先控制化学物质名录，对其进行风险管控。控制措施包括进一步纳入有毒有害污染物名录、无害化利用或处置相应的固体废物、强制性清洁生产审核、限制用途或在下游产品中的含量等。

(4) 禁限控名录制度

对于采取了相关风险管控措施后，仍然不能有效控制风险的优控物质，采

取严格限制或禁止的措施，从源头控制其环境风险。

(5) 基本信息报告制度

拟规定生产、加工使用或进口化学物质的企业提交报告，内容包括化学物质的名称、用途、数量等信息，该信息为开展优先评估化学物质筛选及环境风险评估工作提供基础数据。

(6) 赋存情况调查制度

该制度指国务院生态环境主管部门会同卫生健康主管部门定期组织开展环境介质、环境生物和人体中的化学物质赋存情况的调查监测工作，重点监测优评优控物质，从而为其环境风险评估提供暴露数据，也可对环境政策的实施进行成效评估。

(7) 进出口许可制度

该制度主要为履行《鹿特丹公约》《斯德哥尔摩公约》《水俣公约》等国际公约，对管制化学物质在进出口前对其来源和用途进行审查和许可。

(8) 新物质管理制度

拟对新化学物质实行环境管理登记制度。要求生产或进口企业在生产或进口新化学物质前进行登记或备案，以防新化学物质对环境和人体健康带来风险。

通过各项管理制度，《条例》征求意见稿将对化学物质建立一个整合、统一的管理体系，重在环境风险，以风险防范为前提，将风险评估作为科学依据，对风险高低采取分类管理，以源头预防和综合防控为手段，并发挥公众知情监督作用，多措并举控制和降低环境风险。

二、《条例》征求意见稿起草背景和思路

我国早在 2003 年就已经颁布规定，对新化学物质在生产和进口前进行危害识别和风险评估。但是，与发达国家和地区施行的化学物质管理法规相比，还有一定的差距。主要体现在对化学物质环境管理的法律法规较分散，缺少一部专门的上位法①来协调管理。现有法律法规也主要针对危险化学品的生产、运输等环节的危险性，缺少针对化学物质整体环境危害和风险评估与管控的法规，特别是缺乏对化学物质在使用、流通环节环境影响的管控要求，缺乏对收集化学物质危害属性及其生产、使用、排放等暴露信息的授权。

生态环境部组织专家，对美国、日本、加拿大、澳大利亚和欧盟等发达国家和地区化学物质环境管理法规和制度进行调查研究，并结合我国目前的形势和

---

① 上位法：就法律的效力位阶而言，法可分为三类，即上位法、下位法和同位法。就法律效力大小而言，效力大的为上位法。

存在的问题，充分听取各方意见后，形成了初版的《条例》征求意见稿。起草过程中遵循了以下三个原则。一是以化学物质环境风险评估和管控体系为目标导向，重点解决突出问题；二是借鉴国际经验，提出“分类管理、源头预防、综合管控、公众知情”的原则；三是合理分工、权责一致原则。

三、对《条例》征求意见稿的思考

《条例》征求意见稿虽然内容覆盖面广，但仍有部分关键细节尚未明确，亟须相关政府部门在充分听取社会各界提交的意见和建议后进行修改和完善，或者通过后续配套规章、标准或者法规性文件加以明确。关于《条例》征求意见稿主要有以下四点思考。

（一）《条例》适用范围亟须明确

《条例》征求意见稿中提到的化学物质数量庞大，太过宽泛，亟须明确适用的化学物质种类，以及豁免类别。同时，覆盖范围广，影响面大，包括生产、进口以及加工使用化学物质的企业，后者已经超出了化工领域，如电子、日化，管理细则有待进一步商榷。

（二）《条例》与其他化学品管理法规的衔接问题

尽管从顶层设计上弥补了化学品环境管理的法规空白，但如何与危险化学品管理体系和现有法律法规相衔接和融合，仍有待进一步明确。例如《新化学物质环境管理办法》《中国严格限制的有毒化学品名录》等。《条例》中提到政府部门各自职责，但生态环境部具体如何与其他部门协调合作，也有待明确。例如，人体健康危害识别数据和风险评估结果，与职业健康监管相关部门出台的管控措施相协调。严格限制化学物质具体管控措施的出台和后续监管，还需要卫生健康部门、农业部门、工业和信息化部门等的配合。

（三）部分概念和判定标准的细化问题

《条例》指出了对化学物质管理的思路为优评、优控和严格限制，但是还需明确此种概念的科学定义和判识标准。根据企业报告物质的相关信息、企业周边情况、化学物质固有危害等综合考虑，逐步逐项推进评估和管控实施工作。2019 年 9 月发布的 WTO 通报稿中，“优先控制化学物质”的名称已改为“优先环境管理化学物质”，其含义有待科学诠释，及配套标准或规范性文件支持。

（四）制度的具体执行以及各方的权责问题

参考了美国和加拿大的化学物质管理相关制度，但进行报告的频率不同。

在《条例》征求意见稿中提到的为年报制度，而在 2019 年 9 月初的 WTO 通报稿中已经修改为每 3 年申报一次。该年报制度是否会加重企业负担，申报数据如何才能准确反映企业真实状况，申报数据与商业秘密保护，专家委员会法律定位、组成、职责，企业在管理过程中的权利和沟通等问题，还值得政府和企业共同商榷。

第二十八章
我国废弃化学品管理法规

为保护人体健康和环境免受有毒化学品和危险废物的危害，国际社会先后达成了《控制危险废物越境转移及其处置巴塞尔公约》《鹿特丹公约》和《斯德哥尔摩公约》。在国际公约的促进下，我国开展了相关立法，建立了控制危险废物的相关标准、名录和管理制度等。如在控制废物进口方面，国家环境保护局与海关总署于 1991 年联合发布《关于严格控制境外有害废物转移到我国的通知》，1994 年发布《关于严格控制从欧共体进口废物的暂行规定》，1996 年联合颁发《废物进口环境保护管理暂行规定》和《关于废物进口环境保护管理暂行规定的补充规定》，后两者因 2011 年《固体废物进口管理办法》颁布于 2016 年被正式废止。国家环境保护局与国家经济贸易委员会、对外经济贸易合作部和公安部于 1996 年联合颁布《国家危险废物名录》（本章以下简称《名录》）并于 2008 年修订，现行《名录》为 2016 年修订通过，2019 年开始新一轮的修订。

第一节　废弃化学品环境管理

废弃化学品是被所有人、占有人抛弃或放弃的化学品，包括过期、失效、残余、伪劣等化学品。

一、相关法律法规

1.《中华人民共和国固体废物污染环境防治法》

为防治固体废物污染环境，保障人体健康，维护生态安全，促进经济社会可持续发展，1995 年全国人民代表大会常委会制定了《中华人民共和国固体废物污染环境防治法》并于 2016 年修订，本章以下简称《固废法》。该法适用于境内固体废物污染环境的防治，不包括固体废物污染海洋环境的防治和放射性固体废物污染环境的防治。该法无针对废弃化学品的规定，指出危险废物是列入国家危险废物名录或者根据国家规定的危险废物鉴别标准和鉴别方法认定的具有危险特性的固体废物。2018 年开始新一轮的修订，增加了生产者责任延伸、工业固废排污许可等内容。

2.《废弃危险化学品污染环境防治办法》

国家环境保护总局曾于 2005 年发布《废弃危险化学品污染环境防治办法》，规定了废弃危险化学品产生、贮存、收集、运输、转移、处置各环节的环境管理要求及法律责任等内容，指出废弃危险化学品属于危险废物，盛装废弃危险化学品的容器和受废弃危险化学品污染的包装物按照危险废物进行管理。该办法中对废弃危险化学品提出的管理要求与《固废法》和《危险废物经营许可证管理办法》要求基本一致，实践中可以按照这些规定执行。该办法规定废弃危险化学品造成场地污染的，应当将环境恢复方案报经县级以上环保部门同意，此项审批当时无上位法依据，《国务院关于第二批取消 152 项中央指定地方实施行政审批事项的决定》(国发〔2016〕9 号)已取消该审批事项。该办法于 2016 年 7 月 13 日停止施行。

3.《危险废物转移联单管理办法》和《危险废物转移管理办法(草案)》

1999 年，国家环境保护总局发布的《危险废物转移联单管理办法》规定了危险废物转移联单制度，危险废物产生单位在转移危险废物前，需按报批危险废物转移计划，向移出地环保部门申请领取联单，并当在转移前三日内报告移出地环保部门。

为适应新形势下危险废物转移管理工作的需要，加强对危险废物转移活动的监督管理，防治危险废物污染环境，环境保护部于 2017 年研究起草了《危险废物转移管理办法(修订草案)(征求意见稿)》，在《危险废物转移联单管理办法》的基础上，增加了交通运输部门和公安部门职责，明确了产生者、运输者、接收者各方责任，细化了从移出到接收各环节的转移操作要求，着眼于危险废物转移全过程风险防控。同时区分了危险废物转移和危险废物运输的定义。该征求意见稿取消危险废物省内转移审批，仅需向所在地县级以上环保主管部门备案危险废物管理计划，优化危险废物跨省转移审批程序，鼓励省之间开展危险废物协同利用处置合作。《固废法》2016 年修订时已经取消了危废跨省转移审批。

4.《危险废物经营许可证管理办法》

《危险废物经营许可证管理办法》于 2004 年制定，2016 年修订，规定从事危险废物收集、贮存、处置经营活动的单位，应当依照该办法的规定领取危险废物经营许可证。

为进一步加强对危险废物收集、贮存、利用和处置经营活动的监督管理，防治危险废物污染环境，环境保护部于 2017 年研究起草了《危险废物经营许可证管理办法(修订草案)(征求意见稿)》，在原来的基础上，完善了危险废物收集、利用、处置许可制度；落实企业污染防治主体责任；完善危险废物监管手段；完善监管职责划分；根据实践需求，在风险可控的前提下提出不需要申请许可证的五种情况。征求意见稿体现为，在源头管理环节，强化危险废物源头减量，并鼓励其在符合环境无害化要求的前提下实现资源化利用;在审批管理环节简政放权,推进行政审批便利化。

二、名录制度

2016 年 6 月,新版《国家危险废物名录》由环境保护部、国家发展和改革委员会、公安部联合发布,以实现危险废物精细化管理。危险废物的种类和性质千差万别,污染特性差异极大,采用单一的管理手段难以达到有效控制污染的目的。危险废物管理应以环境风险控制为原则,采用全过程控制和分类管理手段达到防止和抑制其对环境和人体健康的危害。该《名录》明确了医疗废物的管理内容,修改了危险废物与其他固体废物的混合物,以及危险废物处理后废物属性的判定说明,将危险废物调整为 46 大类别 479 个品种,新增危险废物豁免管理,以及通过危险废物鉴别确定是危险废物时如何对其归类的说明,并将具有危险特性的危险化学品全部纳入,具体的废弃危险化学品目录采用了国家安全生产监督管理局等 10 个部门发布的《危险化学品目录》,意味着所有纳入目录中的危险化学品废弃后均属于废弃危险化学品,其具体的处理处置适用相关法律、法规、办法等的规定。

现行《名录》中《危险废物豁免管理清单》仅豁免了危险废物在特定环节的部分管理要求,在豁免环节的前后环节,仍应按照危险废物进行管理,且在豁免环节内,可以豁免的内容也仅限于满足所列条件下的列明的内容,其他危险废物或者不满足豁免条件的此类危险废物的管理仍需执行危险废物管理的要求。

2019 年 2 月,生态环境部开始征集《国家危险废物名录》新的修订意见及危险废物鉴别管理有关材料。2019 年 9 月公布《国家危险废物名录(修订稿)》(征求意见稿),新增 7 种危险废物、删减 7 种危险废物、合并减少 8 种危险废物,如删除废物代码为 HW45“900 - 036 - 45”的含有机卤化物废物,包含在 HW06 中;附录《危险废物豁免管理清单》中新增 13 种危险废物(豁免情形)。

三、标准

现行有关废弃化学品标准有国家标准、行业标准等,可以分为基础通用标准、分析和鉴定标准、贮存运输和标志标准、综合利用标准等,涵盖废渣、废液、废气,比如废尾矿、废弃油脂化学品、废弃电子电器化学品、废弃催化剂化学品、废弃电池化学品、废弃聚合物化学品、实验室废弃化学品以及其他废弃化学品等领域,指导和规范行业处理处置废弃化学品的行为。

1. 基础通用标准

《GB/T 29329—2012 废弃化学品术语》由国家质量监督检验检疫总局、国家标准化管理委员会于 2012 年发布。该标准适用于废弃化学品的收集、贮存、运输、回收、处理和处置等。“废弃化学品”被定义为“丢弃的、废弃不用的、不合格的、过期失效的化学品，也包括包装化学品的容器，即包装袋、包装桶、试剂瓶、气体钢瓶等”。同时，该标准也对“处理处置技术”作了较为详细的阐述：“一个完整的废弃物处理处置技术体系，为达到处理处置活动的目的而采取的各种手段、方法和技能。包括合理利用技术、资源化/减量化技术、焚烧技术、稳定化/固化技术、填埋处置技术等对废弃物进行处理处置。”由此可知，废弃化学品处理处置包括处理和安全处置两个方面，其目的是使废弃化学品减量化、无害化和资源化。

《GB/T 31857—2015 废弃固体化学品分类规范》规定了废弃固体化学品的分类和要求，适用于指导废弃固体化学品的产生者和专业废弃固体化学品处理机构对可再利用的废弃固体化学品进行分类、收集、日常管理等，不适用于实验室、医疗、放射性废弃固体化学品。

《GB/T 36381—2018 废弃液体化学品分类规范》2019 年 1 月 1 日开始施行。该标准规定了废弃液体化学品的术语和定义、分类方法、分类与代码和要求，适用于废弃液体化学品的产生者和专业处理机构对废弃液体化学品的分类和资源回收利用，不适用于实验室、医疗、医药、放射性废弃液体化学品。

2. 分析、鉴定标准

《GB 5085.7—2007 危险废物鉴别标准通则》是国家危险废物鉴别标准的组成部分，规定了危险废物的鉴别程序和鉴别规则，适用于任何生产、生活和其他活动中产生的固体废物的危险特性鉴别，适用于液态废物的鉴别，但不适用于排入水体的废水的鉴别和放射性废物。2018 年生态环境部修订形成了《危险废物鉴别标准通则(征求意见稿)》。为与 2016 年《国家危险废物名录》保持一致，该稿在原有基础上进行了多处修改。例如，第 3 条“术语和定义”中新增了“具有毒性危险特性的危险废物”“混合固体废物”“环境污染事件涉及的固体废物”，新增了第 7 条“不明来源固体废物判定规则”。

具体的鉴别方法标准包括 2007 年《GB 5085.1 危险废物鉴别标准腐蚀性鉴别》《GB 5085.3 危险废物鉴别标准浸出毒性鉴别》《GB 5085.4 危险废物鉴别标准易燃性鉴别》《GB 5085.5 危险废物鉴别标准反应性鉴别》《GB 5085.6 危险废物鉴别标准毒性物质含量鉴别》。

非危险化学品废弃后是否属于危险废物，可根据标准及鉴别程序进行判断。凡列入《名录》的，属于危险废物，不需要进行危险特性鉴别。未列入《名录》且无法根据《GB 5085.7—2007 危险废物鉴别标准通则》相关判定规则判别属性的，经综合分析原辅材料、生产工艺、产生环节和主要危害成分，不可能具有鉴别标准所列腐蚀性、毒性、易燃性、反应性危险特性的，不属于危险废物；可能具有危险特性的，应按照具体鉴别方法进行危险特性鉴别。上述鉴别程序无法鉴别的固体废物，由生态环境部门认定。

按照修订建议稿，具有毒性、感染性等一种或一种以上危险特性的危险废物利用过程产生的废物经鉴别不再具有危险特性的，不属于危险废物；具有毒性、感染性等一种或一种以上危险特性的危险废物处置过程产生的废物仍属于危险废物，国家有关法规、标准另有规定的除外。仅具有腐蚀性、易燃性、反应性等一种或一种以上危险特性的危险废物利用和处置后，经 GB 5085.1、GB 5085.4 和 GB 5085.5 鉴别不再具有危险特性的，不属于危险废物。危险废物混合后，具有毒性、感染性等一种或一种以上危险特性的危险废物与其他物质混合，混合后的废物属于危险废物。仅具有腐蚀性、易燃性、反应性等一种或一种以上危险特性的危险废物与其他物质混合，混合后的废物经鉴别不再具有危险特性的，不属于危险废物。

《HJ/T 298—2007 危险废物鉴别技术规范》规定了固体废物的危险特性鉴别中样品的采集和检测，以及检测结果的判断等过程的技术要求。该标准中的固体废物包括固态、半固态废物和液态废物(排入水体的废水除外)。该标准适用于固体废物的危险特性鉴别，不适用于突发性环境污染事故产生的危险废物的应急鉴别。2018 年 5 月生态环境部提出的《HJ/T 298 危险废物鉴别技术规范》(修订征求意见稿)扩大了适用范围，适用于突发性环境污染事故产生的危险废物的应急鉴别。

《GB/T 36690—2018 工业废液处理污泥中铜、镍、铅、锌、镉、铬等 26 种元素含量测定方法》于 2018 年发布，2019 年 4 月 1 日开始施行。该标准规定了工业废液处理污泥中铜、镍、铅、锌、镉、铬等 26 种元素含量测定方法的术语和定义、一般规定、样品制备及电感耦合等离子体原子发射光谱法和氢化物发生原子荧光光谱法两种检测方法，适用于工业废液处理污泥中银、铝、砷、金等 26 种元素含量的测定。

3. 收集、运输、贮存和处置场标准

《GB 18599—2001 一般工业固体废物贮存、处置场污染控制标准》《GB 18597—2001 危险废物贮存污染控制标准》和《GB 18598—2001 危险废物填埋污染控制标准》于 2001 年制定，2013 年修订。

GB 18599 适用于新建、扩建、改建及已经建成投产的一般工业固体废物贮存、处置场的建设、运行和监督管理，不适用于危险废物和生活垃圾填埋场。GB 18597 规定了危险废物贮存的一般要求，对危险废物预处理、包装、贮存设施的选址、设计、运行、安全防护、监测和关闭等要求，以及危险废物为盛装容器上必须粘贴危险废物标签。值得注意的是废弃化学品容器是否要 GHS 标签，运输和处置是否要提供 SDS。从风险控制角度，GHS 提供的安全信息比危险废物标签具体，对于性质明确、未与不可知物混合的废弃化学品宜在容器上吸挂、粘贴 GHS 标志，实际中废弃化学品产生方一般也向运输和处置方提供 SDS。

GB 18598 对危险废物安全填埋场在建造和运行过程中涉及的环境保护要求，包括填埋物入场条件、填埋场选址、设计、施工、运行、封场及监测等方面作了规定。《GB 15562.2—1995 环境保护图形标志——固体废物贮存(处置)场》规定了收集、运输、处置危险废物的设施、场所要设置危险废物警告标志。

《HJ 2025—2012 危险废物收集、贮存、运输技术规范》规定了对收集者的一般要求和对产生者的要求，危险废物包装的、不同形态的废物对容器的特殊要求、对容器与废物相容性的要求，规定了国家统一的危险废物收集运输标识，包装的分级和不同运输模式的包装要求，危险废物贮存设施的选址、设计、运行与管理、安全防护、监测、关闭等，危险废物运输要求、应急要求，以及对医疗废物、含多氯联苯废物、废铅酸蓄电池三种特殊危险废物的收集、贮存、运输的相应规定。

《GB/T 34696—2017 废弃化学品收集技术指南》规定了废弃化学品收集的术语和定义、一般规定、废弃化学品分类要求、废弃化学品收集要求、废弃化学品包装要求、废弃化学品标志、标签要求、废弃化学品贮存要求、废弃化学品收集管理要求、安全和污染防治。标准适用于废弃化学品产生者和废弃化学品经营者对废弃化学品进行分类、收集、贮存和日常管理等相关活动，不适用于医疗废物、放射性废物以及涉及生物因子(微生物和生物活性物质)的生化废弃化学品。

4. 综合利用标准

现行均为推荐性标准，主要涉及废氯气、废硫化氢、铬渣、工业废盐酸、磷石膏、含氰废水、含锌废料、含氟废气、含钴废料、含砷废渣、含镍废料、废弃电池化学品、废汞催化剂、工业废硫酸等废弃化学品的处理处置方法或技术规范。在国家相关产业政策的指导下，从废物综合利用、资源再生利用、废旧产品回收资源化和化工等行业遗留重金属污染场地的清洁及再利用等方面出发，提供了废弃化学品科学、合理、无害化的处理处置方法，以规范废弃化学品随意处理处置的行为。

如《GB/T 31852—2015 铬渣处理处置规范》2016 年开始施行，该标准规定了铬渣的处理处置方法的术语和定义、铬渣处理处置方法、铬渣处理后要求及废水处理，适用于铬渣的处理处置过程，并且提供了铬盐行业广泛应用的烧结炼铁法和干法解毒法对铬渣进行处理处置方法。

第二节　废弃化学品运输管理

废弃化学品运输要求应根据化学品的性质分别不同情况加以考虑。

一、归属于危险化学品的管理

如果废弃的化学品属于危险化学品，则属于危险废物，应满足危险废物运输的所有要求，如《HJ 2025—2012 危险废物收集、贮存、运输技术规范》中规定。现行《中华人民共和国固体废物污染环境防治法》第六十条规定，运输危险废物，必须采取防止污染环境的措施，并遵守国家有关危险货物运输管理的规定。具体有交通运输部《道路危险货物运输管理规定》(2016 年)、《JT/T 617—2018 危险货物道路运输规则》及 2019 年征求意见的《危险货物道路运输安全管理办法》等。危险货物分 9 类，废弃化学品有危险货物分类的，应遵从该分类；无法归入前 8 类，且具有环境危害性的，归为第 9 类杂项危险货物。本丛书分册之一《化学品危害性分类与信息传递和危险货物安全法规》较详细介绍了危险货物如何分类，运输安全如何管理的法规要求，包括了联合国《关于危险货物运输的建议书》第 9 条对危险废物的运输分类规定。

2019 年 9 月公布《国家危险废物名录(修订稿)》(征求意见稿)提出，列入《危险化学品名录》中具有环境危害和健康危害的化学品废弃后属于危险废物。从同类危害同类监管的角度，该征求意见稿似未明确或遗漏了国家安全监督管理总局《危险化学品目录(2015 版)实施指南(试行)》中第五条、第六条所包含的混合物和名录之外、可鉴定分类的危险化学品。

二、不归属于危险化学品的管理

如果废弃化学品不是危险化学品，则需要按照前述鉴定标准判定是否为危险废物，如果是则按有关要求进行运输，否则按照一般废弃物要求进行运输。

《危险废物污染防治技术政策》也规定了危险废物的收集和运输的相关内容：危险废物要根据其成分，用符合国家标准的专门容器分类收集。装运危险废物的容器应根据危险废物的不同特性而设计，不易破损、变形、老化，能有效地防止渗漏、扩散。装有危险废物的容器必须贴有标签，在标签上详细标明危险废物的名称、重量、成分、特性以及发生泄漏、扩散污染事故时的应急措施和补救方法。鼓励发展安全高效的危险废物运输系统，鼓励发展各种形式的专用车辆，对危险废物的运输要求安全可靠，要严格按照危险货物运输的管理规定进行危险废物的运输，减少运输过程中的二次污染和可能造成的环境风险。鼓励成立专业化的危险废物运输公司对危险废物实行专业化运输，运输车辆需有特殊标志。该政策 2016 年修订意见稿中还提到，危险废物应使用专用车辆运输，鼓励采用可靠的车辆定位技术；危险废物运输单位应编制应急预案，加强突发环境污染事故的风险管理。

危险废物的越境转移应遵从《控制危险废物越境转移及其处置巴塞尔公约》的要求。

第三节 废弃化学品安全管理

化学品废弃并没有改变其自身其他风险性质，除了环境保护管理方面要求，在储存、运输等环节仍需遵循安全管理、治安管理等其他要求，如废弃的剧毒化学品、易制毒、易制爆、监控化学品等储存场所仍然需要满足相关的治安防范要求，落实相关的台账管理，废弃剧毒化学品运输需获得公安部门剧毒化学品公路运输许可。

现行《危险化学品安全管理条例》总则部分规定，环保部门负责废弃危险化学品处置的监督管理，组织危险化学品的环境危害性鉴定和环境风险程度评估。这些职责均是从环保角度的规定。在安全生产领域，现行《中华人民共和国安全生产法》第三十六条规定，生产经营单位处置废弃危险物品的，由有关主管部门依照有关法律、法规的规定和国家标准或者行业标准审批并实施监督管理，同时，必须建立专门的安全管理制度，采取可靠的安全措施，接受有关主管部门依法实施的监督管理。该法附则中有明确的定义："危险物品，是指易燃易爆物品、危险化学品、放射性物品等能够危及人身安全和财产安全的物品。"废弃危险化学品在此范围之内。

2019 年 4 月 12 日生态环境部通过对江苏省生态环境厅《关于废弃危险化学品、化工生产企业中间物料等环境监管有关问题的复函》，认为对危险化学品各环节的安全监管不属于生态环境部门的责任：① 生态环境部门依法不负责废弃危险化学品处置的安全监管；② 生态环境部门依法对环境保护工作实施统一监督管理，不是某一行业的主管部门；③ 环境保护设施安全运行也是企业安全生产活动的重要组成部分，应当纳入相关部门对企业的安全生产监管内容。生态环境部门依法对企业的环境保护设施"三同时"制度的执行情况，以及环境保护污染治理设施污染治理达标情况等实施监管；④ 列入《危险化学品目录》的中间物料，其临时堆放或限制的安全监管工作应由相关部门负责，生态环境主管部门依法负责废弃危险化学品处置的环境污染防治监管；⑤ 危险废物的鉴别和申报登记等固体废物污染防治的责任主体是企业；⑥ 易燃易爆及排出有毒气体的危险废物，未经预处理达到稳定的，应按照易燃易爆危险品的有关规定贮存。

该复函阐释了危险废弃化学品处置方面的权责划分，生态环境部负责危险废弃化学品处置的环境污染防治监管，相关部门负责危险废弃化学品单位的安全生产监管。

2019 年 11 月，响水爆炸事故报告公布。事故调查组认为，环保部门应督促企业固废申报登记危险废物鉴别；应急管理部门应对安全生产综合监督。

第二十九章
化学品法规中的 CBI 保护

在致力于保护工人、消费者和一般公众利益的管理过程中，化学品法规常常要求行政相对人提供化学品的名称、结构、生产过程等信息。在供应链上下游、厂商与使用者和消费者之间，以及多个企业为合规如合作申报新化学物质而结成的共同体内部，有大量涉及化学品的信息需要传递，这也增加了泄露的风险。对于企业来说，其中一些信息是其在投入大量人力和财务成本研发后所得并独家拥有，推动了技术进步，也期待在商业竞争中获得合理回报，这些信息被称为商业机密信息或保密性商业信息（Confidential Business Information，CBI）。值得注意的是，通常所说的商业（business）秘密不仅包括商务（commercial）经营，也包括技术方面。

在美国等国的立法和英文文献中，CBI 中包含了“商业秘密（trade secret）”，但两者并不完全等同，CBI 还包括达不到商业秘密法定标准、但是对企业至关重要的技术或者非技术信息，法律也给予一定保护，也可以通过合同等方式达到强化法律保护的目的；从另一方面，可以认为 CBI 的强制性法律保护力度低于商业秘密。在我国，1991 年《中华人民共和国民事诉讼法》首次使用了“商业秘密”这一法律术语，1993 年《中华人民共和国反不正当竞争法》于 2019 年 4 月修订，指出商业秘密是不为公众所知悉、具有商业价值并经权利人采取相应保密措施的技术信息、经营信息等商业信息。我国《科技进步法》《促进科技成果转化法》《劳动合同法》等立法中也有商业秘密保护的规定。GHS 危害信息传递、新化学物质申报以及环境影响评价等法规和国家标准中也常见这类规定。我国现行立法并未明确区分“商业秘密”和“保密性商业信息”。

一般知识产权如商标权、专利权、著作权的义务主体是不特定的，其权利取向对抗任何第三者，具有排他性、专有性、独占性。商业秘密的权利并无对抗特定人范围之外的任何善意第三者的功能，只能对抗在保密范围内具有保密义务的人和采用不正当手段窃密的人。从权利保护角度，商业秘密的优势在于无须主管部门确权或授权，无时间限制，无须如专利等一样对外宣示。对商业秘密的侵犯曾长期以界定为“不正当竞争”的方式进行法律保护。《保护工业产权巴黎公约》把“制止不正当竞争”纳入知识产权中的工业产权，拓宽了知识产权的外延。2017 年施行的《中华人民共和国民法总则》把“商业秘密”纳入与作品、发明、实用新型、外观设计、商标等并列的知识产权，提高了商业秘密权利保护在国内立法中的位阶。

我国台湾地区制定了《工农业秘密法》的专门立法。韩国有《商业秘密保护法》。民间学术机构美国统一法委员会于 1979 年编纂了示范法典《统一商业秘密法》，被 48 个州立法采用。在联邦法律层面，美国于 2016 年制定了《保护商业秘密法》(*Defend Trade Secrets Acts*, DTSA)，丰富了美国的商业秘密保护制度，成为增强产业信心、促进经济繁荣的一个重要支柱。除了专门的商业秘密保护法外，在欧盟 REACH、韩国 REACH、美国 TSCA、美国《紧急计划与社区知情法》(*Emergency Planning and Community Right to Know Act*, EPCRA)中有诸多涉及化学品管理、环境管理时具体如何界定和保护 CBI 或商业秘密的规定。国际层面，世界贸易组织《与贸易有关的知识产权协议》(*Agreement on Trade-Related Aspects of Intellectual Property Rights*, TRIPs)明确对商业秘密保护提出最低要求。

如何平衡为公共利益而公布商业秘密与维持企业研发的活力，保护企业守法的积极性，与知识产权法、竞争法、民法赋予企业的法定权利相协调，本章试图讨论在化学品领域相关法规中商业机密信息保护的立法和施行情况是本章讨论的话题，将在 GHS 和新化学物质申报与化学物质风险评估法规领域着重展开。

第一节　国际法规中的 CBI 保护

具有国际法上强制效力的《保护工业产权巴黎公约》和 WTO TRIPs 协议已对中国生效。WTO TRIPs 协议中第 7 节名为“未公开信息的保护”，其中第 39 条指出，在确保针对《巴黎公约》(1967)第 10 条所规定的不正当竞争行为提供有效保护的过程中，缔约方应该根据规定对未公开的信息、提交政府或政府性机构的数据提供保护。

所谓未公开的信息指自然人或法人应有可能防止他人在未经其同意的情况下以非诚实商业活动的方式透露、获得或使用合法地处于其控制之下并满足下述条件的信息：作为一个整体或就其各部分的精确排列和组合而言，该信息尚不为通常处理所涉信息范围内的人所普遍知道，或不易被他们获得；因为是保密的，所以具有商业价值；合法支配该信息的人采取了为具体情况所需的合理措施来保守秘密。

所谓提交政府或政府性机构的数据指如果缔约方要求以提交未公开的测试数据或其他数据作为批准一种采用新化学成分的药品或农业化学产品投放

市场的条件，而上述数据的产生需要付出相当的努力，则该缔约方应禁止对这种数据的不正当商业性使用。除非是为保护公众所必需，或者已经采取措施来确保防止对这样数据的不正当商业性使用，否则缔约方应禁止公开这样的数据。

化学品管理中的商业秘密一般指企业希望作为保密的有关化学品的一切相关信息，例如化学品名称、组成、结构式、分子式、CAS 号、浓度、聚合物单体、生产工艺等。1990 年国际劳工组织《作业场所安全使用化学品公约》提出，当透露某种化学混合物的成分，可能导致竞争者对雇主的经营带来损害，雇主在按第 3 款要求提供有关资料时，可以按照规定，以主管当局批准的方式，对该成分进行保密。

联合国 GHS 紫皮书允许各国各地区的化学品主管部门自行制定相关条例来保护企业的保密性商业信息，并要求这些保护条例不会对工人及消费者的健康与安全造成潜在危害。在某些国家及地区，企业在 SDS 和标签上隐藏商业信息需要提前向相关主管部门申请。联合国 GHS 紫皮书并不直接具有国际法强制效力，但已经为所有工业化国家接受作为制定国内法律和强制性标准的依据，其中规定各国及地区在制定自己的 GHS 时需要基于 UN GHS 通用原则：① CBI 只限定于物质的名称和其浓度；② SDS 和标签上必须明确指出在隐藏了何处 CBI；③ 如果主管机构要求，CBI 需要向主管机构公开。也就是说，对于成分方面的信息，主管部门对商业机密信息的规定优先于对产品标识的规定。适用时应注明，省略了有关组成的机密信息。当涉及商业秘密配方保密时，需要保密的成分信息是可以隐藏的，只需在 SDS 第 3 节注明有成分信息隐藏。如该成分有明显的危害分类，则需要适当说明其影响。保密成分的含量可以使用一个比例范围，以递减次序排列，前提是该范围可为有关国家主管部门接受。

第二节　中国法规中的 CBI 保护

我国鼓励政府和企业公开信息的立法中都注意到了对商业秘密的保护。2019 年 4 月 15 日公布的《政府信息公开条例》第十五条规定，涉及商业秘密、个人隐私等公开会对第三方合法权益造成损害的政府信息，行政机关不得公开。但是，第三方同意公开或者行政机关认为不公开会对公共利益造成重大影响的，予以公开。条例还提出建立健全政府信息管理动态调整机制，要求行政机关对不予公开的政府信息进行定期评估审查，对因情势变化可以公开的政府信息应当公开；建立依申请公开向主动公开的转化机制。2014 年《企业事业单位环境信息公开办法》关注的是污染排放信息，不涉及化学品物质管理，可以参考的是其中第六条规定，企业事业单位环境信息涉及国家秘密、商业秘密或者个人隐私的，依法可以不公开；法律、法规另有规定的，从其规定。

劳动部、化工部 1996 年颁布的《工作场所安全使用化学品规定》提出了商业秘密需要政府批准，其中第十条规定，生产单位生产危险化学品，在填写安全技术说明书时，若涉及商业秘密，经化学品登记部门批准后，可不填写有关内容，但必须列出该种危险化学品的主要危害特性。

在化学品危害性分类与信息传递的立法中，《GB 15258—2009 化学品安全标签编写规定》第 4.2.1 条规定，对于属于商业机密的成分可以不标明，但应列出其危险性。《GB/T 17519—2013 化学品安全技术说明书编写指南》第 3.1.1 条要求标明化学品的中文名称和英文名称，与标签一致。物质可填写其化学名称或常用名（俗名），会和无可填写其商品名称或混合物名称；第 3.3 条“成分和组成信息”中要求列明对物质危险性分类产生影响的杂质和稳定剂在内的所有危险组分名称，以及浓度或浓度范围，对于混合物，列出按 GHS 标准分类为危险的组分，含量等于或大于限值时应列出其名称、浓度或浓度范围。对于混合物中供应商需要保密的组分，根据需要保密的具体情况，组分的真实名称、CAS 号可不写，但应在 SDS 的相关部分列明其危险性。

国家安全生产监督管理总局 2012 年第 55 号令《危险化学品登记管理办法》规定化学品进口、生产等企业在首次进口或者竣工验收前应该登记化学品分类和标签、物理和化学性质、危险特性等信息，其中第 28 条规定，登记机构的登记人员泄露登记企业商业秘密的，责令改正，并追究有关责任人员的责任。

环境保护部 2010 年第 7 号令《新化学物质环境管理办法》第 7 条“保守秘密”中规定，从事新化学物质环境管理的工作人员，应当为申报人保守商业秘密和技术秘密。第十八条“环境信息公开”中规定，申报人对所提交的申报材料中涉及商业秘密或者技术秘密要求保密的，应当在申报材料中注明。对涉及危害人体健康和环境安全的信息，不得要求保密。申报人对要求保密的内容予以公开时，应当书面告知登记中心。

2019 年 1 月公布的《化学物质环境风险与管控条例（征求意见稿）》第 28 条为“信息保密”条款，其中规定申报人或备案人对所提交的申报或备案材料中涉及商业秘密或者技术秘密要求保密的，应当在申报或备案材料中提出申请，并提交相关说明材料，对涉及危害生态环境和人体健康的信息，不得要求保密。

2019 年 9 月公布的同一条例 WTO 通报稿中，第 31 条和第 32 条增加了对工作人员、专家泄露单位商业秘密或技术秘密的处理，并改为第 36 和 37 条。第 28 条“信息保密”改为第 9 条“商业信息保护”，删除原第 3 款“申报人或备案人对要求保密的内容予以公开时，应当书面告知国务院生态环境主管部门”，新增“新化学物质名称等标识信息的保护期限自首次登记或者备案之日起，不得超过五年”，新增“从事化学物质环境风险评估与管控的工作人员和相关专家，应当对本条第一款规定确需保护的信息予以保护”。需要注意的是，商业信息保护领域的上位法《中华人民共和国反不正当竞争法》中“商业信息”包括经营信息，也包括技术信息。本条例通报稿第36和37条狭义理解“商业”一词，把“技术秘密”和“商业秘密”并列，建议将该两条的“商业秘密”改为“商务秘密”或“经营秘密”，以使“商业”一词的范畴与通报稿第9条和上位法一致。

第三节　美国、加拿大法规中的CBI保护

美国OSHA法规《危害沟通标准》(HCS 2012)规定，如果作为商业秘密的理由充分，证据确凿，那么化学名称、化学物质识别号和准确的浓度都可以作为CBI而不显示于SDS和标签，并不需要为隐藏商业秘密而向OSHA提出事前审批。所有作为CBI而不在SDS上显示的信息，都需在对应的地方注明“商业秘密”，其危害性依然应公开。一般情况下，符合以下条件的物质必须将物质信息公布于SDS和标签：含量超过1%的对健康有危害的成分和含量超过0.1%的致癌成分，其化学名和常用名需在SDS和标签上写明；含量小于1%的对健康有危害的成分和含量小于0.1%的致癌成分，若有证据证明混合物(产品)会释放出这些物质且释放量超过OSHA的允许接触限值(Permissible Exposure Limit, PEL)或ACGIH工业卫生阈值限制(Threshold Limit Values, TLV)或对工作人员造成危害，则需在SDS标明其化学名和常用名；若物质被判定为在该混合物中呈现出物理危害，则其化学名和常用名需要在SDS和标签上写明。但是，在医疗紧急等情况下，HCS赋予有关人员要求化学品供应商提供具体的化学名称和浓度信息的权力。

在《有毒物质控制法》(TSCA)修订前，对于90%的新化学物质申报美国环保局(EPA)不会公布化学品信息，因为这些化学品的生产商提出了正式的保密性商业信息声明。很多CBI声明出现在与新化学物质相关的生产前申报(Pro-manufacture Notice, PMN)以及生产后的首次活动报告中，当新化学物质成为现有化学物质后，相应的CBI保护也会顺延，这是TSCA名录存在保密部分的原因之一。2016年修订后的TSCA改革法案(或称《弗兰克劳滕伯格21世纪化学物质安全法》，有业内人士简称其为LCSA，但美国环保局官方网站仍简称为TSCA)允许申报人准备一份标记了CBI的信息完整版本、一份删除了保密信息的“清洁版本”，通知EPA要求禁止公开保密信息，为此需具有合理依据，确定披露该信息会对竞争地位造成严重不利影响，且确定即使通过逆向工程也不会轻易获得该信息。法案也要求EPA对所有关于化学品保密性商业信息的声明进行审查，限制不必要的保密性商业信息声明，适当公开。EPA会对所有

新提交的CBI信息和当前CBI信息进行核实,可以拒绝CBI请求。CBI每十年需要重新核实一次。对于重大的危害即使为CBI也必须披露。法律禁用和逐步淘汰的物质不属于可以保密的范围。如下信息可以从CBI证明要求中豁免:合伙方的身份、金融财务信息、客户身份、营销信息、生产数量等。与OSHA HCS不同的是,该法案在CBI为化学名称时,要求提供结构角度的类名,EPA提供适用于CBI的类名导则。新法案允许EPA在特定情况下向三种群体透露CBI信息,包括州、部落和地方政府;环境、健康和医务专业人员;应急响应人员。新TSCA第14(b)部分规定了健康和安全研究不作为CBI保护对象,一些NGO以此要求EPA公开化学物质的风险评估报告,尤其是那些被认为不具备"不合理风险"者。这些报告很多是公司自愿提供,出于担心报告中大量涉及产品的保密信息被竞争对手获得的风险,作为数据拥有者的公司越来越不愿提供报告。特别是2018年至2019年有关颜料PV29的争执,让EPA处于漩涡中心,也成为关注CBI规定发展的重要指针事件。在美国,受保护的CBI同时受到其他信息公开法律的制衡,如《信息自由法》(*Freedow of Information Act*, FOIA)、EPCRA等。

2015年加拿大制定《危害产品法规》,修订了长期存在的WHIMS标准,纳入了GHS标准,其中规定,所有具有健康危害的物质的化学名、别名、CAS号、准确浓度或浓度范围需要体现在SDS上,过于宽泛的浓度范围是不被允许的。若企业不想公开CBI如危害成分的化学名称等信息,需向Health Canada提交声明申请豁免。当Health Canada收到完整的豁免申请,会发放一个HMIRA注册编码,这个编码必须显示在SDS和标签上。与美国HCS不同,加拿大的要求更加严格,不能直接声明某组分为商业秘密,而需用类名替代(generic chemical identity),类名应能说明化学物质的结构和重要的基团,如用"醇类"代替丙醇。加拿大不允许CMR和呼吸道致敏物适用CBI的规定。

第四节 欧盟/欧洲经济区

欧盟《关于化学品注册、评估、授权与限制的法规》(简称REACH)规定,在SDS上需要公开的物质信息包括:物质名称、化学物质识别号(如CAS号和EC号)、浓度或浓度范围。与加拿大类似,允许在SDS上使用替代性名称标明混合物中的成分,申请人向欧盟化学品管理局(ECHA)提出,若6周未获答复,则自动获得批准。必须公开欧洲工作安全与健康局规定的工作场所接触限值中具有规定的物质:当危险成分含量超过临界值(通常为0.1%或1%,视成分危害性而定);PBT物质(持久性、生物累积性、毒性物质);超过浓度限定的SVHC物质等。如果物质选用的是浓度范围,在进行危害分类时应根据最高浓度推断。允许保密物质的危害种类包括所有的物理危害、急性毒性 4 类、皮肤腐蚀/刺激 2 类、特异性靶器官毒性——一次接触的 2 类和 3 类、特异靶器官毒性—长期接触的 2 类、对水生环境有害的长期 3 类和 4 类。

REACH 规定 ECHA 允许登记人提交理由说明机密信息如果公布后将会对本人或第三方的商业利益带来潜在伤害，ECHA 将根据第 119(2)条审查是否批准，批准的保密信息需收费。但根据第 118(2)条之规定，ECHA 可以为了保护人类健康、安全和环境的紧急行动而透露机密信息。根据第 119(2)条之规定，可以保密的信息包括物质纯度、杂质或添加剂名称、物质申报的吨位范围、一些理化和毒理学研究信息、物质商品名、中间体和研发用化学品的国际纯粹与应用化学联合会化学名称，非分阶段物质 IUPAC 化学名称可以申请六年保密。在此之外，REACH 第 119(1)条规定了危害级别、分类与标签、EINECS 物质名、理化数据和毒理数据、DNEL、PNEC、安全使用指南、一些分析方法等信息将会被 ECHA 在互联网上公布。REACH 对研究报告摘要的保密期为 12 年。

《欧盟物质和混合物的分类、标签和包装法规》(简称 CLP)第 59 条的修订案 2010 年生效，如果满足 REACH 的第 119(2)(f)或(g)中的规定，申请 IUPAC 化学名称保密的，需要提供一个用于公告的类名，可根据 CLP 指南第 17 条的要求来获得类名。

REACH 要求本土企业完成注册，对于欧盟外的出口商而言，因为需要提供大量信息，按欧盟当地进口商注册、由唯一代表注册、其在欧盟的子公司注册的泄密风险依次降低。几家企业共同组成物质信息交换论坛时可以签订保密协议，方便共享资料，但对于之前纳入缺乏合作与信任的陌生企业而言，有的会权衡是否采用共同的第三方掌握信息进行注册，或者退出论坛，独立注册，但后者成本可能很高。SIEF 中各企业需要对产量范围等信息进行交流，要特别注意边界，避免违反欧盟严格的反垄断法。此外，化学品下游用户应向上游供货商反馈注册资料未包括的用途，如果提出的用途涉及商业秘密，或不被上游供货商认可，应该自己提出物质安全报告并提供给 ECHA，必要时提出许可申请。

第五节 其他国家和地区法规中的 CBI 保护

2019 年 1 月韩国雇佣与劳工部(MOEL)宣布修订职业安全健康法，其中有关危险信息沟通的修改将于 2021 年 1 月生效。CBI 现在由 SDS 编写者自我声明，将来需获得 MOEL 批准，有效期为 5 年，可续展，替代性名称仍然可以使用。韩国规定物质名称、CAS 号和物质的具体含量均可为 CBI，不在 SDS 上显示。当使用浓度范围来体现物质浓度时，浓度范围的上下限之间应小于5%。如果物质含量小于5%时，最低浓度必须大于等于1%，或者致癌和致细胞突变的最低浓度为0.1%，呼吸道过敏的最低浓度为0.2%，生殖毒性的最低浓度为0.3%。韩国K－REACH法规规定物质生产商和进口商必须默认向有害物质的购买者提供相关信息，但是企业可以通过取得环境部(MOE)的预批来获得豁免。与欧盟REACH不同，K－REACH不允许下游用户对用途保密，且要求政府公布化学物质准确的使用、功能和应用，对化学品供应链商业秘密保护带来挑战。

日本GHS规定适用于ISHL、PRTR和PDSCL法律下的受控化学品。《JIS 7253—2012基于GHS的化学品危害沟通——SDS和标签》规定，如果成分超过限制浓度或者会对产品的危害分类带来影响，则需在SDS上标明物质名称、浓度或浓度范围。如果物质名称为商业机密，则可以用类名代替。符合以下条件的物质必须公开其信息：① 呼吸道过敏或皮肤过敏物质>0.1%(质量分数)；② 致癌类别2物质>0.1%(质量分数)；③ 生殖毒性类别1或类别2物质>0.1%(质量分数)；④ 特异靶器官毒性类别2物质>1%(质量分数)。

马来西亚2013年《化学品分类、标签和安全数据表法规》(CLASS)规定，如果危险化学品或成分、材料属于商业机密，供应商可以在SDS上省略相关信息。如果物质的名字已省略，必须用危险物质的类名代替。如果成分的精确浓度为CBI，则可以用一定的浓度范围代替，危害性分类基于浓度范围上限。允许的浓度范围包括<1%、1%～3%、3%～5%、5%～10%、10%～30%、30%～60%、>60%。

泰国工业部(DIW)负责工业化学品危害物质管理，牵头施行GHS规定，目前进口申报信息大多可以从SDS上获取。DIW要求化学品生产商或者进口商提供所有的组分信息，对危害物质只接受具体浓度数据，不接受浓度范围，对于没有CAS号的物质需提供结构图，对于没有CAS号的残余物需提供化学反应图。DIW公布了工作流程图，供危险物质进口者向DIW声明信息不足，由供应商直接用电子邮件提供CBI给DIW。DIW提供确认信，不对外透露非危害的CBI。

我国台湾地区原《毒性化学物质管理法》第41条规定，依本法所为的审查、查核及抽样检验，涉及国防或工商机密者，应予保密，但有关化学物质的物理、化学、毒理及安全相关数据，不在此限。2018年该法修订为《毒性及关注化学物质管理法》。台湾地区"劳动部职业安全卫生署"于2018年11月9日更新了技术指导文件《危害性化学品标示及通识规则》，为企业提供如何申请保护SDS中的商业机密的指导，第18条规定，企业可以申请保密危害性化学品的名称、含量、CAS号、制造者、输入者或者供应者名称。如果企业不愿意在SDS上公开危害成分的名称、浓度或供应商信息，需要向台湾地区“劳动部职业安全卫生署”提出书面申请并获得批准。劳工作业场所容许暴露标准所列的化学物质以及根据 CNS15030 系列标准分类的下述物质不得在 SDS 和标签上隐藏相关信息：① 急性毒性类别 1、2、3；② 皮肤腐蚀和刺激类别 1；③ 严重眼刺激/眼损伤类别 1；④ 呼吸道或皮肤过敏；⑤ 致癌、致突变、生殖毒性；⑥ 特异靶器官毒性反复接触/一次接触类别 1。2019 年 3 月发布的《新化学物质及既有化学物质资料登录办法》修订案，完善了保密申请相关内容：既有物质第一阶段登录可申请保密，保密期为 5 年，最长为 10 年，低关注聚合物少量登录保密期限为 5 年。

澳大利亚国家工业化学品申报与评估计划允许当事人申请 CBI 不公开，并且有专门的程序供第三方为申报人提供信息，并将此信息对申报人保密。SDS 上对化学品分类有影响的危害成分或者具有职业接触限制的物质需列明其化学品识别号，如果物质名称属于商业机密，在危害类别非常稳定时或无已确定的职业接触限制时可以使用危害物质的类名代替本名，如果物质的精确浓度为商业机密，可以用浓度范围表示。

第三十章
化学品实验动物管理与动物福利

人类生活离不开化学品。化学品风险管理旨在建立全面的、科学的化学品危险识别和分类的方法，从而达到保护人类健康安全和保护环境的目的。动物实验作为化学品、药物等诸多领域中的重要研究方法和手段，替代人类承担测试试验和安全评价，在化学品等安全性评估领域的毒理学或部分生态毒理学研究中发挥着巨大作用。随着实验动物科学的不断发展，很多问题也不断突显，围绕科学伦理和实验动物的福利问题一直是讨论的热点。

一、3R 原则和动物福利

目前化学品的研究还离不开动物实验，但实验动物应该得到尊重和爱护。Russell 和 Burch 等在 1959 年首次提出 3R 原则，从而引导更科学、合理、人道地使用实验动物，其核心内容如下。

(1) 替代(Replacement)

用其他可达到同样实验目的的方法代替动物实验，或使用无知觉的实验材料代替神志清醒的活脊椎动物进行实验。

(2) 减少(Reduction)

在研究中提倡采用尽量少的动物获得同样多的实验数据，或使用同样数目的动物获得更多实验数据的实验方法。

(3) 优化(Refinement)

通过改进或改善动物设施、饲养管理和实验程序，精选实验动物、技术路线和实验手段，优化实验操作技术，减轻或减少实验中动物所受的痛苦。

3R 原则得到积极实践。以急性经口毒性为例，以半数死亡为终点的 LD_{50} 很久以来都是经典的急性经口毒性(OECD TG 401)的测试指标，但实验需用到 40 只动物，动物数量大而且受试动物会遭受严重痛苦。1984 年英国毒理学会提出固定剂量法(Fixed Dose Procedure)，它不以死亡为终点，而是以动物出现明显中毒症状作为终点和急性毒性分类的依据，使用实验动物数量较 TG401 少而且痛苦减轻。经济合作与发展组织(OECD)在 1990 年组织了 11 个不同国家的 30 多个实验室针对约 20 种化合物进行了固定剂量法的验证，结果实验室之间有较好的一致性，OECD 于 1992 年引入并制定为测试指南 OECD TG 420。急性毒性分类法(Acute Toxic Class)于 1990 年由 Sumiey 提出，由 OECD 在 1996 年公布并在 2001 年列入测试指南 OECD TG 423，采用逐步测试的方法，虽然也以动物死亡作为终点，但相比 OECD TG 401，它只需要 2～4 步即可评定受试物急性毒性分类，实验动物数量不超过 12 只，有效减少了动物使用量。1948 年由 Dixon 和 Mood 首次提出上下增减剂量法(Up-and-down Procedure)，Bruce 于 1985 年进行改进，OECD 在 1998 年公布，经数次更新后在 2006 年列入测试指南 OECD TG 425。它旨在使用最少的动物数去评价受试物的急性经口毒性，一般只需要 6～9 只动物即可。这些方法日趋成熟，被广泛使用，而 OECD TG 401 则在 2002 年被 OECD 废止。

3R 原则也促进了采用无痛方法处死动物，以及使用其细胞、组织或器官进行体外试验，甚至在试验中完全不使用动物。例如，急性皮肤刺激/腐蚀实验(OECD TG 404)是评价化学品刺激/腐蚀性的经典方法，但该方法需要把受试物涂抹在家兔裸露的皮肤上，根据刺激或腐蚀作用及其程度评分，可能会引起家兔严重痛苦。OECD 建立并验证了以大鼠皮肤为模型的透皮电阻方法(OECD TG 430)、重建的三维人体皮肤模型方法(OECD TG 431)、人工合成的膜屏障方法(OECD TG 435)等体外实验方法作为刺激/腐蚀性的评价方法。

另外，借助数学模型和计算机辅助手段的计算毒理学的开发和应用——例如定量构效关系模型(Quantitative Structure Activity Relationship, QSAR)、交叉参照(Read-Across)、基于生理的药代动力学模型(Physiologically based Pharmacokinetic, PBPK)以及毒性通路计算模型等——也有助于减少动物实验，节约实验费用和时间。2016 年第一届泛美洲替代方法大会上有人提出，在原有 3R 原则基础上，考虑交叉参照(Read-Across)、关联性(Relevance)和路线图(Roadmap)，合称 6R 原则。

动物福利的概念由来已久，1988 年 David Fraser 做了系统性整理，他提出动物福利具有科学与价值两个方面考虑，应在整个生命过程中对实验动物实施保护，目的不是要完全取消动物实验，而是要在极端的动物福利和极端的人类利益之间找到平衡点。动物福利是动物康乐(wellbeing)的外部条件，确保实验动物享受如下五大自由。

(1) 享受不受饥渴的自由

保证提供动物保持良好健康和精力所需要的食物和饮水。

(2) 享有生活舒适的自由

提供适当的房舍或栖息场所，让动物能够得到舒适的睡眠和休息。

(3) 享有不受痛苦、伤害和疾病的自由

保证动物不受额外的疼痛，预防疾病并对患病动物进行及时的治疗。

(4) 享有生活无恐惧和无悲伤的自由

保证避免动物遭受精神痛苦的各种条件和处置。

(5) 享有表达天性的自由

被提供足够的空间、适当的设施以及与同类伙伴在一起。

2004 年世界卫生组织巴黎会议上将动物福利归纳为五个方面：生理福利、环境福利、卫生福利、行为福利、心理福利。

国际贸易中对农场动物的生存条件等要求形成新的动物福利壁垒，“动物福利”是 WTO 农业谈判方案内容之一。是否允许进行动物测试、哪些数据可以被跨国互认，这些在化妆品、化学品国际贸易领域也是各国监管机构远未取得一致、直接影响测试负担的重要话题。

二、国外实验动物管理法规概况

欧美等发达国家已经普遍建立了动物福利相关法律法规并不断修订和完善。

早在 1876 年英国颁布实行了《反虐待动物法》，包括实验动物内容。1986 年英国颁布《实验动物法》，限制动物所承受的痛苦。1985 年欧洲 26 国达成了《保护用于实验和其他科学目的的脊椎动物公约》(本章以下简称《欧洲公约》)，体现了对实验动物福利的保护，具体包括限制动物实验次数，增强对从业人员的培训和指导，加大对动物实验的监督，鼓励利用替代方法，减少对实验动物的使用，减少实验动物的痛苦，在欧洲范围内统一实验动物福利保护标准。1986 年欧洲经济共同体议会在《欧洲公约》的基础上颁布了《关于保护用于实验和其他科学目的的动物的各成员国法律、条例和行政规定》(86/609/EEC)，2013 年被《关于保护科研用动物的欧洲议会和欧盟理事会指令》(2010/63/EU)取代，新指令进一步完善了 3R 原则和动物福利在科研中的实施要求。REACH 法规指出尽量采用经验证的替代法来避免动物实验，当有替代法时采用动物试验为非法，同时豁免或毒性测试终点整合和采纳 Read-Across 等非测试方法。CLP 法规指出仅当没有替代方法时，动物测试才为最后考虑的方法。

1963 年美国民间兽医组织出版《实验动物管理及使用指南》，后被政府部门和评估机构接受作为管理和审核依据，并不断更新。1966 年国会通过了《实验动物福利法》并经后续修订成为《动物福利法》，1985 年国会通过《提高实验动物福利标准法》。《动物福利法》最近于 2013 年修订，美国农业部动植物健康检查处负责执行，是动物关怀的最低要求，包括测试用动物。美国农业部于 2017 年将《动物福利法》与农业部制定的《动物福利法规》合编，称为“蓝书”(Blue Book)，为最新官方法律汇编。需要注意的是，该法目前包括犬类、兔类等，排除了实验常用的大鼠、小鼠和鱼类。《动物福利法》要求动物设施建立“动物关怀与使用委员会(Institutional Animal Care and Use Committee, IACUC)”,审核并批准或否决动物实验计划,确保动物在为人类科学探索献出生命或者承受痛苦的过程中受到人道主义对待。2007年美国国家研究委员会发布“21世纪毒性测试:愿景与策略”报告(简称“TT21C”),提出了基于有害结局路径的毒理学新模式,促进更人道、更精准、更快速的预测模式,强调通过立法实现“替代”,传统的毒理学模式将转化,基于有害结局路径的测试策略从传统的以整体动物为基础的毒性测试体系转向基于人源细胞、细胞系或细胞组分的体外测试体系,研究外源化学物暴露如何破坏分子通路、细胞或细胞组分的变化,探究化学物如何参与生物学基本过程,将对毒理学、药理学的发展以及动物实验产生重大影响。2015年美国卫生和福利部公共卫生署(Public Health Service, PHS)的国家卫生研究院(National Institutes of Health, NIH)颁布更新了1971年第一次颁布的《人道关怀和使用实验动物政策》,适用于所有PHS包括NIH资助的项目。《美国有毒物质控制法》(*Toxic Substance Control Act*, TSCA)原来没有提出减少动物测试,2016年《弗兰克劳滕伯格21世纪化学物质安全法案》提出减少脊椎动物试验,开发替代方法。

荷兰、德国、美国、英国、澳大利亚等国成立了动物实验改革委员会、动物实验替代法基金会等组织,以促进实验动物保护以及加速替代方法研究。2002年OECD建立了动物保护国际委员会,在化学品测试中倡导实验动物保护,越来越多的替代实验得到验证和认可。国际实验动物评估和认可委员会(Association for Assessment and Accreditation of Laboratory Animal Care, AAALAC)是一个评估和认证动物饲养和使用标准的国际组织,它要求人道、科学地对待动物,被包括大量我国合同研究机构(Contract Research Organization, CRO)在内的各国生物科技公司、药物研究开发公司广泛接受。美国FDA和欧盟官方推荐在有AAALAC认证的实验室开展动物实验,认证标准为《实验动物饲养管理和使用指南》(美国国家研究委员会)、《科研和教学用农业动物的管理和使用指南》(动物科学学会联盟)和《欧洲公约》。

各国相继建立具体的实验动物管理制度和流程。例如在荷兰,使用实验动物必须在相关机构进行注册,获得动物实验许可证才有资格进行动物实验;相关研究人员需接受动物福利和替代方法教育与培训;需向动物伦理委员会提出动物研究书面计划,考虑动物实验的合理性、必要性及动物伦理与福利要求;动物设施的运行需由训练有素的工作人员和兽医来完成;只能使用权威机构认可的动物,所有实验动物的数量、种类、供应商信息等都需详细记录并保留,不允许使用来路不明的动物进行实验。在澳大利亚,必须确保所有动物的使用都符合法律的规定,使用实验动物必须成立动物伦理委员会,实验者必须提出所有动物研究书面计划,并考虑研究的合理性及动物伦理与福利方面等问题。虽然世界各国对实验动物的管理的要求和制度各有不同，但是保障动物福利和保证实验动物质量是各国的共识。

有的国家或地区在化妆品等领域提出减少甚至禁止动物实验。2003 年欧盟委员会通过《修订关于统一各成员国有关化妆品法律的第 76/768/EEC 号理事会指令》，确立了具体执行的时间节点和覆盖面，直至全面禁止动物实验，规定凡有动物替代实验方法经过了欧盟联合实验中心（Joint Research Center，JRC）所属的欧盟替代试验评估中心（ECVAM）验证并被欧盟法规采纳，则必须采用相应的替代试验以替代动物实验。2009 年《EC1223 欧盟化妆品法规》正式颁布并数次修订，法规要求成立欧盟动物试验替代法参考实验室（EURL－ECVAM），替代原 ECVAM，并全力支持使用替代试验方法进行安全评估的产品，以确保这类产品的出口不会受到阻碍，同时阻止和避免这些产品被第三方国家要求使用动物来做重复的试验。由于法规和各国国情的复杂性，目前欧盟禁止了本土化妆品动物实验，欧盟企业在其他国家为满足当地法规强制要求而进行的动物实验仍可进行；对于化妆品行业和食品、药品行业共享的原料，即使这些原料为了满足欧盟食品、药品法规进行了动物实验，仍可以用于化妆品。越来越多的国家或地区已经建立或考虑禁止化妆品动物测试，包括巴西、挪威、土耳其、韩国、印度、新西兰、以色列、美国、俄罗斯、澳大利亚、加拿大、阿根廷、中国台湾等。这些政策法规给化妆品企业带来了压力，同时也督促了各国和化妆品行业加快替代实验开发，推动了多种替代方法和评估手段的应用。

三、我国实验动物管理法规概况

我国对实验动物管理起步相对较晚。1988 年国务院批准、国家科学技术委员会发布实施的《实验动物管理条例》是我国第一部实验动物管理法规。该条例目的在于加强实验动物的管理工作，保证实验动物质量，适应科学研究、经济建设和社会发展的需要。条例分别在 2011 年、2013 年和 2017 年修订，对实验动物的饲育、检疫和传染病控制、实验动物的应用及进出口管理、工作人员及单位等做出规定，也增加了动物福利的内容。1997 年国家科学技术委员会发布了《实验动物质量管理办法》，明确了建立国家实验动物种子中心、实施许可证管理、认定国家级和省级实验动物质量检测机构等内容。《实验动物管理条例》和《实验动物质量管理办法》为全面建立实验动物的质量管理和行政许可证制度打下了基础，也推动我国建立起了实验动物三级管理体系，即科学技术部为主管部门，国务院各有关部门负责管理本部门的实验动物工作；省、自治区、直辖市科技行政部门主管本地区实验动物工作；实验动物生产和使用单位负责本单位的实验动物工作。

在此框架下，相关部委相继出台了实验动物管理的政策法规或标准，其中不乏对动物保护的要求。1989 年卫生部颁发了《医学实验动物管理实施细则》,并于 1992 年和 1998 年对《医学实验动物管理实施细则》进行了修订,以卫生部(98)第 55 号令颁布。在该细则中,卫生部提出实行医学实验动物合格证认可制度,把实验动物合格证分为医学实验动物合格证、医学实验动物环境设施合格证、医学实验动物技术人员岗位资格认可证。从事医学动物实验和药品、生物制品、保健食品、化妆品等安全评价实验的单位,必须取得相应医学实验动物管理委员会颁发的"医学实验动物环境设施合格证书"。从事和参与医学实验动物工作的人员,必须掌握医学实验动物的基础知识,有关法律法规及各种规章制度,并取得"医学实验动物技术人员岗位资格认可证书"。全国医学实验动物工作实行三级管理:卫生部医学实验动物管理委员会、省级医学实验动物管理委员会、单位医学实验动物管理委员会或小组。医学实验动物和实验动物设施分为四级:一级为普通级,二级为清洁级,三级为无特定病原体(Specific Pathogen Free, SPF)级,四级为无菌级(包括悉生动物)。进行各种动物实验时,应当按动物实验技术要求进行。要善待动物,手术时进行必要的无痛麻醉。1994 年国家技术监督局制定并发布了《实验动物—环境及设施》等 40 多项国家标准(GB 14922～14927)并更新修订,对实验动物的寄生虫、营养、遗传和环境设施等方面做了详细规定。

科技部联合卫生部、教育部、农业部、国家质量监督检验检疫局等多部委在 2001 年联合发布《实验动物许可证管理办法(试行)》,对实验动物的质量和许可制度做出规定,对动物保护和福利没有要求。2006 年科技部下发了《关于善待动物的指导性意见》,对饲养、运输以及应用过程中对动物福利的保护有较为详细的规定,明确提出在饲养管理和使用实验动物过程中要采取有效措施,使实验动物免遭不必要的伤害、饥渴、不适、惊恐、折磨、疾病和疼痛,保证动物能够实现自然行为,受到良好的管理与照料,为其提供清洁、舒适的生活环境,提供充足的、保证健康的食物、饮水,避免或减轻疼痛和痛苦等,并提出实验动物生产单位及使用单位应设立实验动物管理委员会(或实验动物道德委员会、实验动物伦理委员会等),倡导 3R 原则,科学、合理、人道地使用实验动物。我国疾病预防控制中心 2012 年发布《关于非人灵长类动物实验和国际合作项目中动物实验的实验动物福利伦理审查规定(试行)》,适用于生物医疗领域。

2013 年环保部组织出版的《化学品测试方法(修订版)》中鱼类毒性试验参照了 OECD 的试验用鱼减量化原则。例如,鱼类急性毒性测试(OECD TG 203)最早公布于 1981 年,1984 年第一次更新,该版本规定正式实验中每个染毒浓度组和对照组至少使用 10 条试验用鱼。OECD TG 203 在 1992 年得以修订,其中重要的变化之一就是把每个染毒浓度组和对照组的试验用鱼从至少 10 条减少到了至少 7 条。类似关于试验用鱼减量化的修订在环保部组织出版的《化学品测试方法》也得以体现。这是我国在生态毒性测试领域中对实验用脊椎动物实行保护和福利的具体实践。

国家推荐性标准《GB/T 27416—2014 实验动物机构质量和能力的通用要求》《GB/Z 34792—2017 实验动物引种技术规程》《GB/T 34791—2017 实验动物质量控制要求》《GB/T 34240—2017 实验动物饲料生产》《GB/T 35892—2018 实验动物福利伦理审查指南》《GB/T 35823—2018 实验动物动物实验通用要求》也相继颁布，其中福利伦理审查指南标准包括安乐死、疼痛管理、运输和动物房的内容，以及饲养设施和从业人员技能培训要求。这些标准的实施将有助于提高动物福利水平和开展国际合作研究。2017 年中国合格评定国家认可委员会(China National Accreditation Service, CNAS)也发布了《实验动物饲养和使用机构质量和能力认可准则》(CNAS-CL60)和《实验动物饲养和使用机构质量和能力认可规则》(CNAS-RL08)。

如何科学地选定动物实验的人道终点，在实现研究目的的同时，又充分兼顾实验动物福利，尽可能地减轻动物所承受的与实验目的无关的疼痛和痛苦，是目前实验动物相关从业人员面临的实际问题。2018 年 3 月中国颁布《RB/T 173—2018 动物实验人道终点评审指南》行业标准，同年 10 月正式实施，为实验动物人道终点的选择确定了基本原则，并为人道终点的持续优化规定了方法和要求。

替代实验方法是在动物保护的同时又要达到与动物测试同等产品安全的重要路径。1997 年科技部《关于“九五”期间实验动物发展的若干意见》提出了建立与国际接轨的动物福利保障制度。《中国药典》(2010 年版，三部)提出应尽量采用准确的化学方法、物理方法或细胞学方法取代动物试验进行生物制品检定，以减少动物的使用。2011 年《关于加快推进国家食品药品监督管理局保健食品化妆品重点实验室建设的指导意见》中强调开展化妆品产品及原料中禁用物质和限用物质的安全性评价的毒理学动物试验替代方法研究。2014 年食品药品监督管理部门取消了国内“非特殊用途”日化和化妆品上市前需要经过动物实验检测的法规要求，可采纳原材料安全测试数据或欧盟许可的非动物测试来代替，但特殊用途化妆品和国外产品并不适用。2016 年国家食品药品监督管理总局发文将“化妆品用化学原料体外 3T3 中性红摄取光毒性试验方法”作为第 18 项毒理学试验方法纳入《化妆品安全技术规范》(2015 年版)，2017 年通告将“化妆品用化学原料离体皮肤腐蚀性大鼠经皮电阻试验方法”和“皮肤光变态反应试验方法”分别作为第 19 项和第 20 项毒理学试验方法纳入《化妆品安全技术规范》(2015 年版)，体现了对化妆品安全性评价毒理学替代方法研究与应用的重视和推进。一些非政府间国际组织在与我国相关部门商谈采取试点措施豁免进口化妆品在我国的动物测试，讨论话题涉及人类安全与动物福利的平衡、直接成本和全面成本的不同视角等。

一些地方政府或部门也制定了实验动物管理和保护的规定。上海市科学技术委员会于1987年制定《实验动物管理办法》，包括实验动物的保种、繁育、检疫，实验动物相关笼器具、饲料、垫料、设备要求，卫生和营养要求，实验动物认可合格证和年检制度，规定的内容是方向性的，不包括具体内容，目的是保证动物质量和实验质量，尚没有从动物关怀角度考虑。2000年上海市科学技术委员会根据国家《实验动物管理条例》和前述管理办法颁布了《上海市实验动物许可证申领管理办法(试行)》。北京市在1991年出台了《实验动物管理暂行办法》，1996年正式发布《北京市实验动物管理条例》并经修订。该法规提出，从事实验动物工作的单位和个人，应当维护动物福利，保障生物安全，防止环境污染。单位应对动物实验进行伦理审查；实验人员应当遵循替代、减少和优化的原则进行实验设计，使用正确的方法处理实验动物。北京市还于2006年出台了《北京市实验动物福利伦理审查指南》，以确保实验动物福利和伦理原则的实施。湖北省于2005年通过《湖北省实验动物管理条例》。2014年辽宁省出入境检疫局发布《实验动物饲养、运输、使用过程中的动物福利规范》。2016年江苏省发布地方标准《实验动物福利伦理工作规范》。重庆、云南、广东等其他地方政府也出台了地方性的实验动物管理规定。

第三十一章
行政法中的化学品风险规制

第一节　化学品风险发展历程与风险社会理论

初民辗转于丛林与原野，为生存繁衍取用自然物产，制作陶土器皿、冶炼金属材料、染色服饰礼具，发生无机、有机化学反应，提取、生成新的化学物质，在器物使用、废弃中又回归于大自然寂然湮灭。历史缓缓流过，文艺复兴以来，现代化学和互相助力的各自然科学学科异军突起，推动新技术产生、更新，基于科学的技术与古代基于经验的技术相比所向披靡，大量新物质、新材料被研发利用，大规模、低成本地丰富和便利生活。化学品的发现、发明、应用深入各个生存场景，其次生危害逐渐被认识，从 19 世纪初英国工厂法中化学污染对工人的伤害开始引起人们的注意，到后续环境科学研究解释化学品在环境中的迁移、转化、积累，通过食物链和全球循环，其影响量度与深度，已经对社区群体乃至全体人类带来了不可忽视的风险。

对化学品风险的认识是曲折的。曾经广泛使用的有机氯杀虫剂 DDT 在 19 世纪 80 年代首被合成，直至 20 世纪 40 年代被瑞士化学家米勒发现其优异的杀虫性能，且急性毒性低，于是 DDT 被迅速扩大使用，在粮食紧缺时帮助农作物增产。疟疾是一种通过蚊虫传播的恶性传染病，致死人数高达每年百万，1955 年世界卫生组织推荐使用 DDT 对抗疟疾，大幅度降低了疟疾致死人数，DDT 的发明被视为一大功德。但科学家经长期研究发现 DDT 在环境中难以降解，容易随着食物链在动物脂肪内富集，扰乱一些鸟类的正常繁殖而致其接近灭绝，后来又发现其危害人类健康。20 世纪 60 年代，《寂静的春天》一书用散文笔法揭示了 DDT 等农用化学品的环境风险，激发了广泛的社会思潮，推动了化学品法律的产生与发展，从欧美开始，通过国际化学品条约的努力，工业化国家逐步在农药、卫生杀虫、船舶油漆防污剂等各个领域禁用 DDT。但是禁用尚未在所有国家实施，直到 2000 年，多位科学家在《Nature》杂志上呼吁在疟疾防治领域解禁 DDT，原因是开始禁用 DDT 后，疟疾发病和致死人数爆发式上升。2006 年，WHO 再次呼吁重视使用 DDT 抗击疟疾，在至今的 10 多年时间里，以非洲为代表的疟疾高发区域发病率快速下降。

科技的探索峰回路转，每个时代与以往相比，都处于人类历史的高峰，而与未来相比，却如同蹒跚学步的幼童。化学品领域莫出于此，知识的积累需要假以时日。类似的例子如一度被视为孕妇止吐高效良方、且没有短期副作用的药物“反应停”，其曾在欧洲和日本广受欢迎，却导致数万名新生儿畸形（也被称为“海豹婴”），之后的毒理学研究发现，“反应停”对灵长类动物具有慢性、长期的致畸性，于是该药品被禁用。但后续研究又发现，这种物质对部分免疫病、癌症有当时不可替代的疗效，对严格限定的人群而言，其益处远远高于风险，于是被监管部门重新批准在特定条件下使用。

历史教训提醒人们，在重视新化学物质、新发明的性能与便利的同时，也要及时辨识其危害性，评估在不同应用场景下的个人和社会收益是否远高于不利影响，充分利用时代的科学技术能力做出合适的选择。自然科学的发展不总是线性、稳步且在既有知识框架下的，在转折的节点会产生革命性的变化，不仅知识数量突飞猛进，学科结构和内在逻辑也演化迭代，从科学史与科学哲学家托马斯·库恩所称“范式转换”与科学革命的论述中可见一斑。在化学领域，从古希腊哲人对原子的猜想到现代化学意义上的原子理论，历经数千年，无机元素才逐个被发现和认识，有机合成化学小分子领域蓬勃创新数十年后，新的机会快速下降，高分子领域在结构化学和物理有机化学的影响下打开了创造新物质的广阔图景。化学物质手性理论在沉寂百年多取得新的突破，促进了对同一分子式，乃至同一结构式有机物的功能、毒性不同的认识，一方面助力更好地实现疾病治疗等价值，另一方面也突显出认识物质毒性、认识自然的复杂性。近年来，纳米科学、导电聚合物、分子机器等突破性发展从化学角度把对大自然的探索带入新境界，无疑将在很多方面助力人类生活，同时，也对人类驾驭化学技术、应对风险的能力带来重大挑战。

回顾数百年来不断被发明引入人类社会的新化学物质，有的后来被禁用，有的被限制使用，有的被广泛使用。人类存续发展的道路上一直危机重重，从难以预测抗衡的自然灾害，到动物界掠食者的虎视眈眈，疾病、粮食短缺等威胁，先人不断发明新的工具、材料和社会组织方法，应对危险的威胁。工业革命后的许多新型危险其来源是人们在追求物质丰富化、生活便利化、享受多元化过程的副产品。与以前的危险不同，人类技术带来危险并不是天然具有价值的不正当性，却可能带来难以感知、长期隐形和灾难性的威胁，这些危险的发生在技术和社会的角度具有动态、本质上的不确定性，被称为风险。风险社会理论的提出者德国学者乌尔里希·贝克认为，工业社会所建立的各种监督制度和保险等缓冲保护制度不但无法有效发挥应对风险的任务，甚至会以与表面目的相背离的方式反过来加剧风险。今天的现代化消解了工业社会，而另一种现代化即风险社会正在形成中，风险生产和分配的逻辑将代替财富生产和积累的逻辑作为社会分层和政治分化的标志。换言之,社会组织和社会运行的基本逻辑在发生改变。英国学者吉登斯则从现代性的动力机制、技术专家系统的不可靠性、风险全球化、福利国家制度的挑战等角度进一步阐释风险社会理论。据此,在公众的焦虑和不安全感驱动下,法律制度的各个领域在调整、变化,甚至转型,行政法等公法领域不再固守于作为经济发展的“守夜人”和社会管理宏观体制的架设者,也无法继续福利国家的依赖性文化氛围,在各种踌躇、社会力量推拉中正在成为引导多方治理具体风险、提供更多安全感的体制性工具。

第二节　行政法在化学品风险管理领域面临的挑战

现时代的社会未必以贝克描述的风险社会为基本结构,风险分配的逻辑也并未取代旧有的社会分配体系,但风险社会的观念在观察社会变迁、制度应变等方面提供了具有广泛影响力的新维度。

一、传统行政监管模式的挑战

2008 年奶制品污染事件,工业化学品三聚氰胺被奶站用来冒充蛋白质,进入奶制品产业链和儿童食物链。三聚氰胺无法通过感官感知,具有现代风险的隐蔽性,奶粉行业通用的蛋白质检测标准并不是检测蛋白质,而是检测氮,这为有意添加非法化学品带来了漏洞。保障人体健康和安全的标准需要与科学同步更新,但不可否认的是实际采用的检测标准都是考虑检测目的、后果严重性、成本或可消耗资源、与特定实验场景下方便性的平衡。因此,源于技术性、表相为物质性的风险在演变路径中包含了社会因素。从监管角度观察,食品企业成千上万,行政部门需要根据风险高低合理配置执法资源,同时赋予守法企业经营自由,保持经济活力。国家质量监督检验检疫总局从 2000 年对部分产品实施一经评定、三年免于各种质量检查的制度,但没有及时根据消费者投诉、行业反馈、医护人员异常报告及时敏锐地做出反馈与调整,产品品质检测市场尚处于垄断状态,更没有独立第三方力量从市场上取得实际货品送检与有组织的消费者制约,免检制度因三聚氰胺奶粉事件而告终止。

一方面,在生态环境保护、安全生产与应急管理、食品安全等化学品风险跨越的领域,增设行政许可、强化行政管制、提高罚款数额、纳入刑事责任乃至深入企业经营环节,制定具体细节的管理要求一度成为立法趋势,贴合风险频现、社会安全亟待保障的迫切要求,也是基层官员在事件压力下面对错综复杂问题的有效工作抓手。另一方面,为利用市场力量、释放社会发展活力,近年来国务院大力清除不适用法律法规、大幅度简化项目审批、减少行政许可、放松管制、整理和减少国家标准、增加团体组织自行制定的非强制标准。这个简政放权、放管结合、优化服务的改革简称“放管服”。譬如环保领域取消“环评机构”“环保设施甲级”等市场行为前置资质，取消“建设项目试生产”“环保竣工验收”等行政审批，下放“危险废物经营许可”“建设项目环评”等行政审批权限，同时要提高行政审批效率，推进减税降费。这个趋势在一些具体领域引起疑问：旧有问题还有不少尚未有效控制，新的风险还在呈现，如果依旧减少管理力度，怎么能管好？

对国家行政能力的确信和期待在不同国家、文化群体各有其发展的过程，政府介入经济和民生领域的范围、强度、节奏颇有不同，尤其是一些隐藏的文化因素会在特定的场合被激发，影响对政府的期待、影响行政规制演变的路径，但秩序行政、安全行政成为全球趋势。行政法从政治、行政管理中独立而来。近40年来我国学术和实践意义上的行政法主要传承于德国为主的大陆法系国家，强调以行政法为工具来保障行政权的有效行使以实现行政目标，同时从行政权、组织、职能、程序等方面规范行政机关的公务活动，规定公民在受到行政行为侵害时的救济措施。这与英美法系长期演变而成的行政法架构有着局部，但基础性的区别，后者为代议机关授权、行政机关享有大量自由裁量权，通过司法督促行政职责的民事执行，新设独立管制机构处理社会经济管理新挑战，普通法院制衡控权。

在法律文化和社会心理层面，专政与政府集权的影响在我国长期存在，传统社会心理对行政机构的完全依赖，随着媒体舆论和学术观点的变换、起伏在当代人中有所淡化、转变，但远未消失，甚至会在特定场景下被放大。改革开放以来，在学者呼吁、媒体讨论和行政体制改革下，行政控权在中央政府文件和行政法律立法中有所体现，但并非中国法律文化和社会心理之硬核，很多民众并不期待行政控权，而是集权可以作为优先选择，但政府需要关心民生，解决问题。

三聚氰胺污染奶制品事件处理过程中，在进一步加强监管的方向下，有呼声要求各级质检部门派驻厂工作人员实施24小时不间断的现场质量监督以保障食品安全，实际上这种保姆式管理超出执法资源和能力。化学品运营安全近年来重大事故频发，监管部门难以全知、全能，事故发生后如果提出加码命令式监管要求，在短期压力下因噎废食，关闭其他正常经营的企业，容易带来法律和社会心理上的困惑；也有监管部门和基层监管人员认识到，现代工业的复杂性远非几个小时或者几天的检查所能熟悉，需要跨专业的技术人员精心费时从内部着手，从设计、建造、生产、人员等多角度出发，才能在运营中厘清风险点。而无论是政府或者企业都存在资源制约，如果无限制增加形式上的检查，使得基层执法人员和企业都疲于应付、失去重点，更加不是有效发现问题的方式。安全生产某些领域的法律冲突、功能重复、不协调进一步增加了基层不必要的负担，恶化了这种乱象。另一方面，适度的责任追究是非常必要的，过度的、忽视背后系统性因果关系带来的压力，不利于企业专业人员和基层监管人员队伍建设。而“痕迹化管理”本来是支撑实在内容的形式，内在虚弱后容易滑向形式主义。

以上表明，面对化学品风险从生产到消费品到生态环境领域的广泛存在、隐蔽性、公众影响性，传统行政法的思路和制度方式已无法应对风险的变化与挑战。

二、专家可信度和自然科学不确定性的挑战

至20世纪末叶，在一般经验事务范围之内是否相信科学，成为判断个体是否文明、具有时代素养的衡量准则。2009年《中华人民共和国食品安全法》出台，对食品安全风险评估做了框架性规定，随着后续《中华人民共和国食品安全法实施条例》《食品安全风险评估管理规定(试行)》的颁布，立法持续进步，但应对化学品在食品安全风险中的挑战仍然长路漫漫。2010年面粉增白剂争议中，国家粮食局等四部委主张禁用过氧化甲苯酰，媒体和公众推波助澜，但遭到该添加剂生产企业、中小型面粉厂、国家食品添加剂委员会和原卫生部反对。早在2007年卫生部曾向WTO通报计划撤销《食品添加剂使用卫生标准》中对过氧化苯甲酰的使用许可，但联合国粮食及农业组织和WHO下的食品添加剂联合委员会(Joint FAO/WHO Expert Committee on Food Additives, JECFA)、美国食品药品监督管理局(FDA)均允许使用，卫生部无法提供美国通过WTO提出的充分科学依据，来证明在允许范围内使用过氧化甲苯酰会给人带来健康危害，致使该撤销计划未实施。欧盟则本来就禁用一切面粉添加剂。面粉增白剂争议以原卫生部监督局网上征求意见，根据各方反馈公告禁用面粉增白剂而告终。同样发生在2010年的圣元奶粉导致儿童性早熟事件中，卫生部在当年8月15日公布调查结果，表示儿起性早熟与该奶粉无关，报告引起了家长和民众质疑，8月18日国务院宣布销毁相关奶粉。与面粉增白剂可以类比的面粉增筋剂偶氮甲酰胺，作为JSCFA、FDA和中国批准的可以合法使用的食品添加剂，而欧盟不允许使用，至今国内呼吁禁用的呼声此起彼伏，尚未有定论。

目前食品安全风险评价建立了专家机构，没有独立的法律地位，附属于专业监管部门；风险评估与风险管理之间的流程接口如何反映最佳科学知识、是否有效，有待明确、改善。2019年1月征求意见的《化学物质环境风险评估与管控条例》中有关专家的组成、法律定位、回避与商业信息保护等问题也引起了热烈讨论。

在自然科学深入的化学品风险管理领域，技术专家以不同方式成为行政规制中的专业支持，但自然科学的成熟度被高估，对技术方案完美性的期待难以实现。一方面，自然科学具有不确定性、学科的快速分化与发展性和时代局限性，即所谓“绝对无知”的领域；另一方面，风险法律规制中技术专家的个人知识局限性、利益性、非独立性被忽视，专家机构的活动、意见收集和处理不够透明，对于当事人缺乏申辩和利益救济机制。唯科学主义倾向在政策过程中对专家只是形式上或者表面上的武断认同，混淆了科学理性与社会理性，使得民众对风险评价等专家意见信任度下降。

三、社会心理与风险预防的挑战

工业化以来技术灾难常有发生，技术的发展与应用展现出不确定影响的一面。技术大规模应用又基础性地改变社会结构和社会文化，与网络新媒体、社会自组织和市民社会的发展趋势错综交织。技术风险在社会认知、心理、群体行为层面的影响一旦失控，容易膨胀爆发。上述面粉增筋剂偶氮甲酰胺工业上也可用于塑料发泡剂，因此部分媒体标题为《洋快餐被曝含橡胶鞋底成分》，将其作为丑闻曝光，一度引起公众恐慌与批判，其实不仅是媒体针对的某知名品牌，国内大量面粉均在合法使用该面粉增筋剂。

环保领域的 PX(化学名：对二甲苯)事件则更具波澜。2007 年从厦门开始，后续 10 多年中宁波、茂名、彭州、大连、昆明、上海各地 PX 建设项目屡遭居民抗议，个别地区发展为突发性群体事件。厦门事件中，1 位中国科学院院士和 100 多位全国政协委员联名提案，要求厦门 PX 项目迁址，理由之一为“PX 属于高致癌物”。提案未被接受，但消息在民间传播，导致“集体散步”事件。地方政府和原国家环境保护总局紧急采取积极行动，组织进行区域规划环境评价和多次具有基层代表性的市民座谈会，最终项目取消，事件温和解决。不过事件中的知识调查表明，PX 并不是高致癌物，也不是确定的致癌物。令人错愕的是，后续 PX 事件却多以更加激烈的方式爆发，如某市 50 余人因相关事件被警察控制，某市政府新闻稿中发布受伤人数及无人死亡的消息，可见程度之激烈，项目建设未成，各方均受伤害。PX 事件被从不同方面，以不同性质和深度进行解读。在院士、政协委员和多次大规模群体反对的背书下，PX 在普通民众中的第一印象是高致癌，即使一些环境工作者也很少会深入了解究竟，清华大学学生网络捍卫 PX 毒性定义的后续影响甚微，社会心理背景已经根深蒂固。在此，所谓“地方性知识”并不是对应于基于自然科学的知识体系，更不是对应于风险评估与管理，而是对应于权威专业知识的地方性共识。石化产业链中其实有多种其他产品人类健康毒性与环境毒性远超 PX，但未曾进入群体舆论与受到社会运动关注，各建设项目顺利完成各种环保、安全生产审批流程，开工投产。突发社会群体性事件背后原因各有不同，有的是实质性污染超标或者扰民；有的是群众对风险不确定性的担忧和对信息不及时、不够透明的不满；有的是未能及时从风险沟通和风险评价角度参与的事后爆发。

许多突发性环境事件展现了这样的社会心理规律，社会群体把时间上的最新解释（而非更相关解释、更有因果关系的解释）、更加故事化的解读、更容易符号化的表层认识理解成事物本身，并把误解和非理性通过政策过程放大。新时代成长起来的社会主体人群自主性更强，他们期待有权利依据自身的偏好、意志或利益积极主动地发表观点，参与政策过程，重视个体的“获得感”，同时承担相应的义务甚至风险，不是做安静的跟随者，一旦被刺激后又容易寻找、利用突破口爆发。科学理性不同于社会理性，在社会风险心理上是否更准确的共识；类似 PX 事件今后是否能顺利解决；能否在事前建立有效的风险预防程序，在实践和理论意义上，是对政府行政管理和行政法的挑战。

四、严格监管与执法必要自由度的挑战

近年来化学品风险相关领域大力开展中央生态环保督察、督察“后头看”、全国安全生产大检查、全国食品安全督查，督促地方部门履行职责。以生态环保为例，督察坚持问题导向，督促地方党委和政府落实生态环保主体责任，以落实政府环保责任带动全社会环保责任的落实，改变以前环保部门替地方政府承担责任的难题，推动既有的具体环保法律制度得以严格执行。督查短时间内解决了许多历史遗留的环保问题，改善了生态环境状况，但也产生了一些问题。督察是否将成为永久的常态化机制；以前是否存在重大制度缺陷，使得以风险控制为主要目标的非经济主导部门、通常亦非形象宣传重点部门（如生态环境、职业安全健康），在地方行政的优先性冲突、资源分配中被系统性轻视，难以真正实现中央政府在相关领域的政治目标和社会管理目标；督察中也产生了“一刀切”的问题。

“一刀切”指行政执法过程中僵化适用法律条文，机械式做最严格要求甚至超越通常文意，不考虑条文在法律体系中的适当位置与法律整体功能，不顾及文字逻辑本身的局限，在适用时不根据行政合理性原则进行解释，不受比例原则的制约。立法领域如果“一刀切”同样违背自然科学的实际可能性，规定的弹性、自由度远远小于现实发展的不平衡性，将导致社会投入巨大，目标风险很小，不成比例，实际无法执行，或者伤害社会对法律的尊重，打击法治精神。为保护公共安全（安保）利益的易制毒化学品管理中，第三类易制毒化学品大都是常用工业化学品，如甲苯、丙酮、硫酸、盐酸等，也常存在于混合物中。易制毒化学品涉及进出口及国内多项管理要求，最初立法时没有最低浓度阈值，即使浓度再低，技术上不能实现分离和提纯，也必须遵循消耗时间与精力的管理规定，

造成风险并不存在，但商品流通负担很大的局面。在行业反馈和建议下，商务部于 2007 年发布规定，对部分第三类易制毒化学品在混合物中的浓度阈值作出规定，低于阈值者无须遵循有关进出口管制要求。另一个例子，2015 年国家安全生产监督管理总局为适当规定成分列入危险化学品目录的混合物是否属于危险化学品发文指出，主要成分质量比或体积比之和不小于 70%的混合物按危险化学品进行管理，即使超过 70%但经鉴定不属于危险化学品确定原则的除外。即使在高度敏感的《禁止化学武器公约》监控化学品领域，工业与信息化部 2019 年 1 月开始生效的《〈中华人民共和国监控化学品管理条例〉实施细则》第五十七条指出，监控化学品低于一定浓度阈值时，可以豁免数据申报和进出口许可。这些基于风险的细化管理有利于行政绩效，也有利于社会资源分配，真正体现了法治本义与中央精神，不过这一良好做法并未推广到更多化学品国内管理规定，在后续个别立法中良法、善治仍然缺位。某市《大气污染防治条例》中规定："产生含挥发性有机物废气的生产经营活动，应当在密闭空间或者设备中进行，设置废气收集和处理系统，并保持其正常使用；无法在密闭空间进行的生产经营活动，应当采取有效措施，减少挥发性有机物排放。"条例中没有豁免低浓度工作种类、没有规定适用的起点浓度要求。众多生产经营活动存在微量或者痕量挥发性有机物排放，如橡胶用品运转与测试、给包装容器张贴即时贴标签。基层执法为求严格，在中文语义的最严极限甚至超出文义解释适用规定，不论浓度高低、排放量多少，更无暇顾及投入与环境收益分析，均认定为受管制的无组织排放，要求采取收集和处理措施。这种情况下企业增加设备投入和运营管理要求，消耗资源、能源，产生的环境效益远不如新增加的设施和运营自身生命周期所隐藏的污染。

《GB 37822—2019 挥发性有机物无组织排放控制标准》于 2019 年 6 月发布，与前述地方大气污染防治法规比有了一定进步，初步以量化方式考虑风险管控措施的必要性，第 7. 2. 1 条规定："VOCs 质量占比大于等于 10%的含 VOSs 产品，其使用过程应采用密闭设备或在密闭空间内操作，废气应排至 VOCs 废气收集处理系统；无法密闭的，应采取局部气体收集措施，废气应排至 VOCs 废气收集处理系统。"2019 年 11 月，上海市生态环境局向社会不特定对象邀请数十家企业讨论《轻微环境违法行为认定规定》，不予处罚轻微违法，有助于执法成本、社会成本与社会效益的平衡。

化学品管理立法严格是为了更好的风险控制效果，但是从严管理不代表机械、"一刀切"，不顾可行性、无视社会成本效益，不是法治的本义，不规定适当的起点、范围，"眉毛胡子一把抓"，也有违行政法的比例原则、行政合理性原则，甚至违反合法性原则。从执法层面，行政法同样面临宽严相济的挑战，中央督察在严格执法的同时，是否需要以及如何允许基层执法在合法范围内一定的自由裁量权？立法机关和中央政府部门统揽全局、高瞻远瞩，与地方经济利益相对远离，具有政治责任和诸多优势来制定方针大略和法律制度，在地方社会利益调整、产业发展变革、技术风险多元化且快速迭代的浪潮中，地方行政机关的自主应变能力是有效风险管理不可缺少、不可轻置的重要环节；同时，在生产经营活动中，企业是经济主体，也是技术知识和能力的主体，如果在规章标准制定和执行中，逾越企业经营主体地位，深入企业日常管理过程提出具体管理程序，会导致束缚了企业正常运作；从行政法与民事法律角度，让提出具体要求的政府部门承担企业连带责任之虞。

部分地方执法不力，生产安全、环境保护等领域实际法制运行状况与立法要求和社会期望相差大。一方面，为克服传统科层制逻辑在环境监管执法上的失效，环保部门借助上级行政权威开展运动式治理，实现环境监管从单纯“督企”向“督政”的转变；同时，党中央、国务院通过强化环境监管的问责逻辑（党政同责）来贯彻生态环境保护的国家意志，初步形成了“科层化”的中央环保督察实践机制与组织体系，促进了环境法的有效实施；另一方面，我们也期待在安全生产、应急管理和生态环境保护等领域，虑及社会多因素和各方面合法利益、权利的良好制度设计，加强组织化和法治化的引导，基于事实、逻辑和法律追究基层责任，尊重和培育风险规制有机发育长成的社会生态基础。

国务院新发布《关于加强和规范事中事后监管的指导意见》（2019 年 9 月 6 日）指出，要把行政资源从事前审批转到加强事中事后监管上来并做到法治化、制度化、规范化，法无授权不可为；要根据风险确定监管内容、方式和频次，实施包容审慎监管；要精简标准，及时修订调整标准，优化标准；要对市场主体干扰最小化，强化市场主体责任，提升行业自治水平，压减不必要的检查，健全尽职免责办法；要维护市场主体合法权益，给以稳定预期。

五、法律制度和监管体系内部协调性的挑战

在部委立法的体系性方面，生态环境立法有着较好的经验，按照《中华人民共和国立法法》和国务院《规章制定程序条例》，环保行政规章体系性强，互相呼应，减少乃至消除重叠和漏洞，各法律责任主体定义清晰且符合宪法、中央精神及民事、经济等上位法，强调企业责任并具体落实，减少事前管理，强化事后责任与地方政府责任。有的领域还在探索中，譬如某部门自 2013 年颁布《化工（危险化学品）企业保障生产安全十条规定》《油气罐区防火防爆十条规定》《企业安全生产应急管理九条规定》等，这些规定不界定具体适用范围、不考虑风险状况及与其他法规间的关系，简短的句式直接以“必须”“严禁”等命令语言提出化学品风险管理要求，而实际上在这些领域已经存在诸多正式立法的行政规章、国家标准、行业标准和规范性文件，已有立法条文本身相对更加具体、清晰，

对适用条件和不同情境下的调整考虑全面，相对立法成熟，但针对同一事项的不同立法间尚存在定义、程序和具体要求的不一致而影响实际执行，需要整理。新的立法没有整理或者编纂已有规定，提供更加清晰、高效的规制框架，反而增加法律体系的繁复性，在基层直指立法混乱的呼声中，这些规定在 2017 年 3 月全部被废止。2008 年开始以行业标准形式推行的“危险化学品从业单位安全生产标准化”本为内部管理薄弱的企业、主要是中小型企业作为内部具体管理体系的指南，已建立的企业不需要贯彻这个标准，直至 2014 年修订的《中华人民共和国安全生产法》第四条提出“生产经营单位……推进安全生产标准化建设”。长期以来许多基层部门发文件向所有企业强制推行，或者将是否通过指定的外部评审与其他行政许可挂钩，实际上成为强制性要求；不同背景的外聘评审人员在深入企业管理细节的机会中，借助相当具体化的标准要素，往往把个人理解和经验，经由推荐性行业标准，以法律强制性的名义要求企业修改内部管理要求，而这些多样化的解释有时甚至自相矛盾，让管理上已经成熟的企业无所适从。安全评价、隐患排查与分级管理、重大危险源辨识与管理是国内执行已久的危害识别、风险评价与管理制度，风险分级管控是其中必要的环节。但是法规制度建立中，这些概念和管理制度之间的衔接关系未能有效理顺，很多领域实际上没有系统整理过，导致在执行中企业被要求进行多个评估、建立不同管理制度，企业难以周全应对、疲于形式上应付，从社会角度难以有效控制安全生产风险。

2016 年《国务院安委会办公室关于实施遏制重特大事故工作指南构建双重预防机制的意见》中提出，“要引导企业将安全生产标准化创建工作与安全风险辨识、评估、管控，以及隐患排查治理工作有机结合起来，在安全生产标准化体系的创建、运行过程中开展安全风险辨识、评估、管控和隐患排查治理”。应急管理部 2018 年 5 月发布《危险化学品生产储存企业安全风险评估诊断分级指南（试行）》，2018 年 9 月发布《关于全面实施危险化学品企业安全风险研判与承诺公告制度的通知》，在适用范围、立法目的上注意到一定程度上需要基于风险提出不同的要求，但尚未能对既有的存在重复甚至矛盾的法规标准厘清概念关系和废除重复、没有效率的原有规定，在一定程度局部良好的制度整体上又增加了新的混乱。2019 年 5 月上海市应急管理局发布的《上海市企业安全风险分级管控实施指南》取得了很大的进步，在同一规定中定义并区分风险、危险有害因素、事故隐患，区分固有风险、控制风险（亦即残余风险），分门别类、量化分级，并设立专章阐释该规定与现状安全评价、安全生产标准化、隐患排查治理、危化企业安全风险评估诊断分级指南的关系，相信将有助于上海的企业和基层执法人员减少困惑，抓住重点，减少和遏制事故的发生。但从化学品风险生产运营安全和职业安全健康全局来看，立法混乱的局面已从根本上改善。

化学品风险多样化，涉及生活、生产多环节，管理体制上分属于多部门，如何衔接、合力也是风险规制的挑战之一。化学品管理涉及生态环境、职业安全与健康、消费者健康与安全、公共安全等方面，公共安全中又涉及事故引起的安全(safety)问题、故意行为引起的安保(security)问题。在其中一个领域存在制度协调的问题，同时也存在跨领域和领域间相关性如何协调的挑战。任何一个社会问题、任何一种风险管理，都在不同方面涉及不同利益群体、不同专业范围、不同管理部门。但是在特定的时代，以主要矛盾带动其他矛盾解决，有利于改善行政的效果和效率。在化学品风险领域，环境、公安、应急管理部门的安全生产和消防、卫生、农业、交通运输、质检、海关商检、工业与信息化管理、邮政等部门都在化学品管理某个方面负有重要职责。本系列丛书其他分册与本书其他章节介绍了行政管理机制和法规规章的多部门情景，譬如化学品储存、装卸、运输、风险评估等方面存在交叉需要理顺，在一些迫切需要部门合力的领域需要加强合作。

“管行业必须管安全、管业务必须管安全、管生产必须管安全”。《中华人民共和国安全生产法》第十七条关于生产经营单位的主要负责人对本单位安全生产工作负有领导职责的规定有效推动了各部门合作。但是有效合作的基础不是“和稀泥”，而是事先职责界定尽量清晰，这是资源分配和各部门工作计划的基础。新情况等难免导致职责定义发生漏洞，这时首先遵循行政管理的原则处理，同时通过临时的协调优化合作。目前，就什么为“管行业”依旧存在着误读。计划经济时代行业主管部门大多数已经消失，工业企业现在的主管部门工业与信息化部是管规划、管政策、管标准，指导行业发展，当然需要把安全、环保等作为重要的目标纳入行业规划，但此点与应急管理部、生态环境部的日常监管相去甚远，否则难免重复立法、重复监管。2013 年工业和信息化部把 1999 年化学工业部总结的中华人民共和国成立以来行业安全管理经验、针对主要风险制定的包括厂区动火等作业在内的八大安全规程作为 HG 30010—2013～HG 30017—2013 化工行业标准发布，其管理目标与国家安全生产监督管理总局 2008 年发布的 AQ 3021—2008～AQ 3028—2008 安全行业标准重复、规定内容不完全一致，引起了一定的混乱。2014 年国家质量监督检验检疫总局和国家标准化管理委员会又发布了原安全生产监督管理总局提出的《GB 30871—2014 化学品生产单位特殊作业安全规范》，管理范围与前两者再次雷同。不虑及其中立法成本、立法繁复与矛盾给企业和基层监管部门带来的混淆会不会导致更大的社会成本，如果指挥混乱，安全事故会更多，还是更能被有效控制？为了厘清职责范围，上述安全标准已于 2017 年全部废止。根据现在的职责分工和部门行政效率安排，针对交通运输、建筑施工等行业，行业主管部门仍然是生产安全的主管部门，制定行业规章、具体组织监管生产运营安全，应急管理部是宏观的综合监督管理部门。监督工业企业的生产安全是应急管理部的份内职责，工业和信息化部并不承担具体的生产安全监管职责。同样，卫生和健康部门基于食品卫生法律审批了企业内部食堂，生态环境部门为了控制环境污染风险审批了工业企业内部废水处理和危险废物贮存设施，食堂安全、废水和废物设施的生产运营安全仍然由应急管理部门监管，虽然是一个监管对象，但各自监管的风险不同。

六、民事公益诉讼过度是否妨碍行政权适当行使

在环境保护、食品安全等领域通过公益诉讼对化学品风险管理和控制起到积极推动作用，但如果处理不当，会给行政权优先、行政职能充分行使的原则带来困境。2015 年最高人民法院《关于审理环境民事公益诉讼案件适用法律若干问题的解释》规定了人民法院受理后通知环保部门，行政职能是否已经充分行使并不阻却诉讼进行。2017 年修改后的《中华人民共和国行政诉讼法》和《中华人民共和国民事诉讼法》规定公益诉讼包括检察机关的行政公益诉讼、民事公益诉讼和社会团体提出的民事公益诉讼。2018 年最高人民法院、最高人民检察院《关于检察公益诉讼案件适用法律若干问题的解释》中第 21 条对行政公益诉讼给予了行政机关在收到检察建议书之日起两个月内依法履行职责的期限。在“泰州非法倾倒废酸案”中，法院判决被告可以通过技术改造抵扣部分天价判决，有学者指出，“此举试图用司法判决的方式引导污染者积极地保护环境，但现行法律是否明确授权法院作出如此判决，有待进一步研究”。“刘诗昆万象新天幼儿园散发气味跑道”一案中，法院调解结案以幼儿园捐款作为处理方式，但宣传为法院责令侵害主体承担社会责任，是否有法律文件认定了行为性质是“侵害”，调解结果是否“法院责令”，法院责令必须履行的行为是“法律责任”还是“社会责任”，引起不少学者对于法律概念和体系的热议。近代环境法中的“污染者付费”是否超越所有民法原则和行政法原则，“过错责任推定”“举证责任导致”的诸特征在化学品风险系统性深化的场景下是否还具有公平性和适用性，也引起讨论。英国行政法学者 Fisher 极富洞察力地指出，举证责任本身能否适用于风险预防领域是有疑问的。

非政府组织(Non-Governmental Organization，NGO)为推动环境公益诉讼做出了积极贡献，但也不是想象中的那样单纯，其利益复杂性引起了关注。越来越多的民众和学者不再认为存在天然的、绝对的公共利益保护者。从表象看，NGO 的观点、立场类似光谱的分布，存在很大不同。从财务角度观察，NGO 都有特定的财政来源、会员或者活跃人士，由此影响方向、内在价值追求和潜在规则。从实际运营看，部分 NGO 从业人员或者参与者利用公共宣传机会从其他相关渠道取得特殊收益或者通过软广告等方式获取商业收益的情况

并不鲜见，操作手段比一般商业行为更加隐晦。

如学者所言，由于环境公共利益的特殊属性，环境民事公益诉讼面临着科技性、民主性和道德风险等诸多潜在挑战。为了应对这些挑战，我国环境民事公益诉讼制度突出强化了司法权，并要求行政权与司法权配合，这容易使司法权突破其职权范围，从而损害行政权和司法权之间的合理分工与权力平衡。从行政法治发展的一般经验来看，在“夜警国家模式”到“福利国家模式”再到“风险社会模式”的过程中，行政权不断扩张以实现对公共利益的充分保护，而司法权则关注对行政权的有效控制，确保其不偏离维护公共利益的轨道，即大体上遵循“相互尊重专长”和“行政权优先”等原则。现代环境公共事务十分复杂，需要以环境行政为主要应对手段，环境公共利益的保护需充分发挥行政权的专业性和司法权的监督作用，同时避免司法权对行政权造成不当干涉。

包括检察机关、社会团体提起的民事公益诉讼与行政执法的关系则并不清晰，在一些方面可能会存在功能重叠、角色混淆混同甚至冲突。我国环境民事公益诉讼制度易使司法权扩张，超越其职权范围，介入行政权领域，不当弱化行政机关的价值和作用，对环境法治的整体产生负面作用。司法过度干预，将使法律笼罩在不确定的“阴霾”之中。诚然有值得尊重、需要平衡的价值追求，现实世界的运动却更多在各种利益的裹挟之下。如果能够自我节制，司法系统将能更好地回应治理变迁，贡献于现代法治之路。

最高人民法院于 2019 年 6 月发布《生态环境损害赔偿诉讼司法解释及典型案例》，明确了由行政部门作为原告提出“生态环境损害赔偿诉讼”优先于“民事公益诉讼”，让多年的争议有了良性的方向，将引导社会各界各司其职，共同促进我国生态环境保护事业的发展。

第三节　化学品风险规制进路探讨

化学品风险横跨生态环境风险、食品安全风险、职业健康安全与公共安全风险等密切交叉的领域，它不仅是物质的风险，也有着重要的社会心理。传统行政法建立的场景还是基于工业社会的问题与社会结构，基于管理对象的可控性与确定性。风险社会下行政规制需要应变，不仅规制物质性风险，更规制社会风险；不仅面对知识不足与时代局限的挑战、众意与公意的反差，也面对确定性迷茫的挑战。行政法与化学品风险规制的目标本质上要追求控制物质上的风险，保护人体健康与安全，保护生态环境；在制度设计和管理层面，要以理解社会心理、控制社会风险为主要的目标。

技术快速发展适逢社会变革的新形势下，超越简单的线性、大一统、均匀化思维来观察，中国的行政法处于多态纷呈，多个维度、方面以非均匀的方式分布的复杂动态环境中，一方面政府放权，但历史上收放数轮后相对而言集权仍然存在，信息公开和公众参与的行政立法已经初步具备，但实践中尚不完善。另一方面，除一般行政程序法外，建立控权机制的行政法雏形已具，规范产业、技术专家参与法律制定和行政过程的法律规范不足。一方面减少行政许可，给市场主体更多自主权；另一方面食品卫生、生态环境、公共安全等领域舆论的压力一旦膨胀很快会成为政治压力，基层政府部门的动作从法治的视角观察容易变形，这种压力也在另一方面导致上级立法忽视给基层部门适当的自由裁量权，在督促基层政府勤政的巡查中也导致“一刀切”现象的产生，进一步造成恶性循环。社会观念较以往深入、多元化。2019 年响水爆炸事故后，在法学研究者、化工安全专业人员、基层监管官员的呼声中，虑及现代工业的复杂性，较多共识认为一味增加政府安全检查、无限深入企业内部增加安全管理要求、加重基层安全人员法律责任或许有失妥当。如何平衡各种诉求与矛盾，清晰认识不同的权利、利益和能力，建立适当的长效监管机制和基于企业决策者归责重点的风险管控机制，是当前我国社会环境下化学品风险行政法面临的挑战。

在此挑战下，行政管理和法律制度应变的过程中，制度制定者、行政官员、行政相对人、相关领域学者和普通民众关于风险管控的法治观念都在进化之中，有时难免不同步、或有抵牾。有的学者探索以信息公开、公众参与为特征的商谈式社会共治；个别在风险社会心理爆发时把群体性事件作为民间参与风险管理的有效手段；有的认为目前的社会自治道路困难重重，应该走向行业协会主导的企业自我规制；有的回念计划经济时期政府统包统管，认为监管部门应深入企业微观经营、提出具体管理要求，认为可以不计成本、通过事无巨细的检查来达成目标；有的认为风险规制以规制社会风险为主；有的坚持简政放权，在释放社会活力的同时，探索体制既有资源，培育新的机制，优化体制内监督，并创造性地提出“党政同责，一岗双责”，认为这是跳出西方法权话语思维，尊重现实，在法律文化和社会发展道路上有中国自信的一种表现。在“放管服”改革中，通过大数据和数字化技术提高管理效能，通过流程再挖掘潜力和优化重点，也将对风险识别和管理带来结构性的新助力。

选择“风险规制”一词作为应对化学品风险挑战讨论思路，其实已经约束了我们的路径范围，也隐含了风险如何有效控制的前提条件。所谓“规制”不应仅是监督和管理，还应包含如下要素：尊重企业的财产所有权、经营自主权，维持经济活力，认识到命令控制模式的局限。可进一步引申为，“规制”应一方面提高行政绩效和社会管理效率，另一方面重视行业自组织如产业协会、专业工作者学会的特长，弥补行政专业资源不足，适当引导非营利性非政府组织，重视与被影响群体的权益和程序性权利，例如 hazards communication 不应是现有法律文件翻译的危害性传递或者通识，而应该包括倾听和双向的沟通。注重给予受到风险影响者及时的知情权、发表权，参与风险决策，引导社会自组织，重视社会信用、团体标准等新制度的应用，彰显公平和正义，在多元化社会的背景下也有助于提高行政效率，避免“邻避”事件中政府不敢做出基于最佳知识的风险决策，反而被极端化后的民意所左右。承认许多决策进入超出现有科学技术水平可以解释和确定的领域时，多元主体引入风险规制，风险承担者与风险决策者才能达成有机统一。多元共治具有促成现代风险领域法律秩序、实现公众与行政主体互动协作、提升行政制度化能力等功能，不仅为社会主体参与风险治理提供了法治化路径，而且也为构建政府主导、多主体共同参与的现代化风险规制体系提供坚实基础。监管部门需要放低姿态、认识到难以万能，在更高的维度，以更开阔的视野考虑问题，才能在多元共治中发挥积极、主导的作用，有效规制风险，保护公共利益。

风险规制中具有何种特殊的法律原则也是值得研究的话题，它指导法律解释和法律推理，填补在所难免的立法漏洞，预示着法律具体衍化的方向，也规范了自由裁量权。譬如针对“不确定性”的“风险预防原则”在环境法中得到广泛讨论，并涉及食品安全、职业安全健康等领域。是否允许、如何允许和限制政府部门在紧急情况下为了公共利益突破现有法律规定的“应急原则”被建议作为风险规制的新原则之一。限于篇幅，本章不作具体讨论，提出如下问题供读者思考：一个法律原则是绝对的和普适的吗？原则彼此之间是否会冲突，不一致时是否要排序、如何排序？风险预防原则仅仅在启动风险讨论和评价时是重要且有价值的吗？成本收益衡量原则是否比例原则的一种表达或者映射？以2009年《规划环境影响评价条例》第21条来论证这是我国“风险预防原则”第一次由“软法”成为“硬法”，有没有考虑如果环境评价对象是重大国防工程或关乎百姓生命安全的建设项目，会因为局部的环境不利影响而停止吗？如果不会，是不是表明，更深层主导决策的其实是成本收益衡量原则？

参考文献：

[1] 暨荀鹤，李明. 化学物质管理法规. 上海：华东理工大学出版社，2017.
[2] 雷子蕙，石云波. 化学产品应用安全法规与风险评估. 上海：华东理工大学出版社，2018.
[3] 梅庆慧，王红松，丁晓阳. 化学品危害性分类与信息传递和危险货物安全法规. 上海：华东理工大学出版社，2018.
[4] 刘建国. 中国化学品管理现状与评估. 北京：北京大学出版社，2015.
[5] 王蕾，汪贞，刘济宁，等. 化学品管理法规浅析. 中国环境管理，2017，9(5)：41－46.
[6] 马鸿昌. 巴塞尔公约及其在中国的实施. 有色金属再生与利用，2003(8)：26－29.
[7] 毛岩，于相毅，孙锦业. 化学品、危险废物国际环境公约整合探析. 现代化工，2007，27

(11)：9－13.

[8] 弓创周，尹云舰，丁灵，等. 废弃化学品处理处置标准化. 无机盐工业，2017，49(11)：19－21.

[9] 孙绍锋，郝永利，许涓，等. 解析《国家危险废物名录》. 中国环境管理，2013(2)：46－48.

[10] 刘洪英. 国外化学品环境管理中关于商业保密信息的实践及其对中国的借鉴. 环境科学与管理，2017(8)：14－18.

[11] 邓华，刘颖. 试论商业秘密的法律保护及立法建议. 阿坝师范高等专科学校学报，2004(4)：47－50.

[12] 刘树中. 商业秘密与一般知识产权的比较. 中国知识产权报，2005－10－28.

[13] 陈会明. 美国《有毒物质控制法》(TSCA)改革法案——《弗兰克劳滕伯格21世纪化学物质安全法》概论. 北京：化学工业出版社，2018.

[14] David Fraser. Understanding animal welfare. Acta Veterinaria Scandinavica，2008，50(1)：S1.

[15] 常纪文. WTO与中国实验动物福利保护制度体系的构建. 湖南公安高等专科学校学报，2003，15(1)：33－38.

[16] 程树军. 动物实验替代技术研究进展. 科技导报，2017(24)：40－47.

[17] 刘超，程树军，罗苑妮，等. 欧盟保护实验动物新指令2010/63/EU介绍及比较分析. 中国比较医学杂志，2012(5)：72－76.

[18] 秦天宝. 法治视野下环境多元共治的功能定位. 环境与可持续发展，2019(1)：13－15.

[19] 张佳俊. 当法律帝国遭遇行政国家. 读书，2019(4)：103－110.

[20] 杜辉. 挫折与修正：风险预防之下环境规制改革的进路选择. 现代法学，2015，37(1)：90－101.

[21] 沈岿. 行政法变迁与政府重塑、治理转型——以四十年改革开放为背景. 中国法律评论，2018(5)：74－94.

[22] 沈百鑫. 法治国家和风险社会理念下的环境治理机制. 中国环境管理，2016(2)：73－78.

[23] 王小钢. 贝克的风险社会理论及其启示——评《风险社会》和世界风险社会，2007，25(1)：6－10.

[24] 王小钢. 风险社会中突发环境事件的应对. 环境经济，2012(11)：30－33.

[25] 金自宁. 风险规制与行政法治. 法治与社会发展，2012(4)：60－70.

[26] 金自宁. 风险行政法研究的前提问题. 华东政法大学学报，2014(1)：4－12.

[27] 尚海龙. 论英国行政法的合理性原则. 孝感学院学报，2009，29(2)：96－100.

[28] 郑智航. 食品安全风险评估法律规制的唯科学主义倾向及其克服——基于风险社会理论的思考. 法学论坛，2015，30(1)：91－98.

[29] 宋亚辉. 风险控制的部门法思路及其超越. 中国社会科学，2017(10)：136－158.

[30] 王明远. 论我国环境公益诉讼的发展方向：基于行政权与司法权关系理论的分析. 中国法学，2016(1)：49－68.

[31] 刘本荣. 检察机关提起民事公益诉讼与行政执法的潜在角色冲突及化解. 南海法学，2017(5)：56 - 63.
[32] 李燕. 风险社会中现代行政法所面临的规制危机及应对. 新远见，2010(1)：94 - 102.
[33] 何巧丽. 科学话语的建构与风险话语的反制——茂名“PX”项目政策过程中的地方政府与公众. 广州：暨南大学出版社，2016.
[34] 戚建刚. 风险规制的兴起与行政法的新发展. 当代法学，2014(4)：3 - 10.
[35] 戚建刚. 论风险行政法的人性假设. 云南社会科学，2017(6)：1 - 8.
[36] 竺效. 环境公益诉讼赔偿机制待完善. (2015 - 01 - 19)[2018 - 11 - 18]. http：//china.caixin.com/2015 - 01 - 19/100776038.html.
[37] 沈岿. 风险规制与行政法新发展. 北京：法律出版社，2013.
[38] 裴敬伟. 化学物质环境风险法律规制研究. 北京：法律出版社，2016.
[39] 郭红欣. 环境风险法律规制研究. 北京：北京大学出版社，2016.
[40] 王庆. 环境风险的媒介建构与受众风险感知. 北京：中国传媒大学出版社，2017.
[41] 米丹. 风险社会与反思性科技价值体系. 北京：中国社会科学出版社，2013.
[42] 乌尔里希·贝克. 风险社会. 何博闻，译. 南京：南京译林出版社，2004.
[43] 凯斯 R 孙斯坦. 风险与理性——安全、法律及环境. 师帅，译. 北京：中国政法大学出版社，2005.
[44] 希拉·贾萨诺夫. 第五部门——当科学顾问成为政策制订者. 陈光，译. 上海：上海交通大学出版社，2011.
[45] 戴维·迈尔斯. 社会心理学. 11 版. 侯玉波，乐国安，张智勇，等，译. 北京：人民邮电出版社，2014.
[46] 约翰·汉尼根. 环境社会学. 2 版. 洪大用，译. 北京：中国人民大学出版社，2009.

第六篇

化学品风险法律责任

第三十二章
化学品下游产品责任及风险控制

第一节　产品责任的基本概念

一、产品责任的概念

产品责任是侵权责任法项下的概念，属于侵权责任①，通常指“产品生产者、销售者因生产、销售有缺陷产品致使他人遭受人身伤害、财产损失所应承担的侵权责任”。美国法律研究院（American Law Institute，ALI）《侵权法重述第三版：产品责任》规定，“凡从事产品销售或者分销等商业经营活动，销售或者分销缺陷产品，应对该缺陷造成的人身或财产损害承担责任”。

二、产品责任制度的发展

从法律责任归责原则的角度，产品责任制度的发展大致经历了如下三个阶段。

（一）合同责任原则

最初的产品责任是基于合同关系的明示担保责任，即与产品有关的供货方（包括制造商、销售商或其他类型合同中“提供产品”的一方）所承担的保证义务及责任基于且受限于合同关系（诸如加工、买卖、租赁等合同关系），以合同相对性作为履行义务、承担责任以及过错归责的基本前提，若无合同关系，则合同关系之外的第三方无法向供货方主张产品责任。诸如，在 1842 年英国的温特伯顿诉莱特（Winterbottom V. Wright）一案中，法院认定“责任仅存在于合同当事人之间，对于非合同当事人的损害，产品制造商无须承担赔偿责任”。

---

① 本章所述产品责任基于侵权责任予以阐述，若当事人之间存在有偿合同关系且因产品缺陷导致合同当事人人身或财产损失的，则可能发生侵权责任请求权与违约责任请求权的竞合问题，在我国法律体系下，若侵权责任与违约责任竞合，允许当事人在两种请求权中行使选择权。根据《中华人民共和国合同法》第一百二十二条之规定，“因当事人一方的违约行为，侵害对方人身、财产权益的，受损害方有权选择依照本法要求其承担违约责任或者依照其他法律要求其承担侵权责任”。

(二) 疏忽(过错)责任原则

随着生产力水平的提高,产品的丰富以及产品制造、流通及应用的多样性,导致基于合同相对性的产品责任制度已无法满足调整多重社会关系的实际需求,突破合同相对性,强调制造商的合理注意义务成为产品责任法律变革的必然选择。正如美国1916年麦克弗森诉别克汽车公司一案中,通过法院判决,突破了合同相对性原则,确认制造商在未尽合理注意义务而导致瑕疵危险产品危害使用方生命健康时,应承担赔偿责任。

(三) 严格(无过错)责任原则

然而,随着现代科技的发展,产品的不断丰富迭代以及由此带来的风险多样性、广泛性及不确定性,基于合同相对性及过错责任原则的产品责任制度已无法满足传统产品责任法律保护公民人身财产安全和促进商业经济发展这两种价值取向之间的平衡,出于公共政策的考虑,突破合同相对性及过错(疏忽)的归责原则,进而采纳严格责任原则(即“无过错责任原则”)逐步发展成为现代侵权法项下针对产品责任的重要形态。基于严格责任原则,原告在主张产品责任之诉时,不再需要必须与被告(诸如销售者)存在任何直接合同关系以及明示担保义务,也不再被要求承担证明被告存在过错的举证责任,仅依据被告理应对其产品负有的默示担保责任即可提起侵权之诉。正如1963年格林曼诉尤巴电动产品公司一案中,法院判决:“只要制造商将产品投放市场,而该产品存在致人损害的缺陷并造成他人损害,制造商就应该承担赔偿责任,不要求证明制造商存在主观上的疏忽或过错,受害人也不必证明明示担保的存在。”

三、责任制度的立法现状

当今,世界主要经济体均突出施行基于严格责任的产品责任制度。

(一) 美国

正如目前被美国大部分州所采纳的美国法律研究院(ALI)《侵权法重述第二版:产品责任》中著名的“402A条款”所描述的那样:“产品销售方对使用者或消费者人身伤害的特殊责任包括:① 在下列情况下,销售任何处于缺陷状态,对最终用户或消费者或其财产构成不合理危险的卖方将对最终用户或消费者或其财产因此所造成的实际伤害负责,包括卖方从事销售这一产品的业务,及产品在预期和实际到达用户或消费者的手中时没有任何实质性的变化;② 上述条款①中的规则在以下两种情况下依然适用,卖方在准备和销售其产品时已尽其所有可能做到的关注义务,及用户或消费者并没有从卖方那里购买产品或与卖方形成任何合同关系。”

（二）欧洲

1976 年欧洲委员会通过了世界上第一个有关产品责任的实体法规范国际公约《有关人身伤亡的产品责任公约》(*Convention on Products Liability in regard to Personal Injury and Death*)；1985 年欧洲共同体发布了《欧共体产品责任指令》(*E. E. C. Direction on Product Liability*)，依据《欧共体产品责任指令》第 1 条规定摘要：“生产者(包括① 制造人，含成品制造者、原材料生产者和零部件制造者；② 准制造人，即在产品上标明自己是该产品生产者的人；③ 进口商，指在商业活动过程中以销售、出租或其他形式的分销为目的将产品输入共同体市场的人；④ 供给者，在不能确定生产者的情况下，产品的供给者)应当对其产品的缺陷造成的损害承担责任。”

（三）中国

产品责任立法较早见于 1986 年颁布的《民法通则》[①]，后在《产品质量法》中予以进一步完善，依据《产品质量法》，“因产品存在缺陷造成人身、缺陷产品以外的其他财产(以下简称他人财产)损害的，生产者应当承担赔偿责任。由于销售者的过错使产品存在缺陷，造成人身、他人财产损害的，销售者应当承担赔偿责任。销售者不能指明缺陷产品的生产者也不能指明缺陷产品的供货者的，销售者应当承担赔偿责任。因产品存在缺陷造成人身、他人财产损害的，受害人可以向产品的生产者要求赔偿，也可以向产品的销售者要求赔偿”。[②]

2009 年全国人民代表大会颁布《侵权责任法》，其中设专章对“产品责任”予以规定：“因产品存在缺陷造成他人损害的，生产者应当承担侵权责任。因销售者的过错使产品存在缺陷，造成他人损害的，销售者应当承担侵权责任。销售者不能指明缺陷产品的生产者也不能指明缺陷产品的供货者的，销售者应当承担侵权责任。因产品存在缺陷造成损害的，被侵权人可以向产品的生产者请求赔偿，也可以向产品的销售者请求赔偿。产品缺陷由生产者造成的，销售者赔偿后，有权向生产者追偿。因销售者的过错使产品存在缺陷的，生产者赔偿后，有权向销售者追偿。”[③]

由此，在中国法律体系下，通过专门法的形式确定产品责任属于特殊侵权

① 《中华人民共和国民法通则》第一百二十二条：“因产品质量不合格造成他人财产、人身损害的，产品制造者、销售者应当依法承担民事责任。运输者仓储者对此负有责任的，产品制造者、销售者有权要求赔偿损失。”

② 《中华人民共和国产品质量法》第四十一条、第四十二条、第四十三条。

③ 《中华人民共和国侵权责任法》第四十一条、第四十二条、第四十三条。

责任。对于产品的生产者而言，适用无过错责任原则，即受害人无须证明生产者主观过错因素，只需要证明产品存在缺陷，生产者就应当承担侵权责任，除非生产者证明其具备法律规定的免责事由。而对于销售者采取过错责任原则，仅在销售商存在过错的情况下承担侵权责任①。

第二节　化学品产品责任特点

由于化学品本身所具有的与其他物理及功能单一稳定产品截然不同的特征，伴随化学品的产品责任相应具有“天然内在功能的危险性”“危害结果的潜伏滞后性”及“受危害对象的不确定性和广泛性”等特点。

一、天然内在功能的危险性

化学品自身伴随于其内在功能的物理化学特性（诸如易燃性、爆炸性、腐蚀性），导致其天然的危险性，只要其功能特征未变，其在产品生产、流通及应用过程中可能导致人身伤害及财产损失的风险就始终无法回避，从而导致无论在立法、司法领域还是行政管理层面，均将化学品特别是具有危险性质的化学品作为特殊监管对象或客体，与化学品有关的民事责任及行政、刑事责任均更为严格。

二、危害结果的潜伏滞后性

某些化学物质及其下游化学品可能导致的危害（特别是人体健康危害）及其致害过程通常不易察觉，具有累积效应及协同效应，诸如有些化学物质的危害在短时间内根本无法发现，只有长时间或累积性地暴露在其中才会引发危害结果。诸如，涉及石棉产品的危害，从暴露到发病，有很长的潜伏期，通常为 10 年到 30 年，甚至在下一代身上显现出来。危险结果的潜伏滞后性带动了传统产品责任归责中的因果关系原则在化学品产品责任归责实践中的突破，盖然性

---

① 根据《侵权责任法释义》第 2 版，确认产品责任的因果关系，通常要由受害人证明，证明的内容是，损害是由使用或消费缺陷产品所致。受害人证明损害时，首先要证明曾使用过缺陷产品，其次要证明因使用缺陷产品所产生的损害状况，最后要证明使用缺陷产品是损害发生的原因。在一般侵权案件中，原则上是谁主张谁举证。产品责任是一种特殊的侵权，考虑用户、消费者与生产者之间存在信息上的不对称，特别是对于高科技产品致害原因不易证明等特点，通常要求生产者就缺陷不存在，或缺陷与损害之间不存在因果关系举证。如果生产者不能举证证明，则推定产品存在缺陷及缺陷与损害之间存在因果关系。对此，《最高人民法院关于民事诉讼证据的若干规定》第四条第六项规定，因缺陷产品致人损害的侵权诉讼，由产品的生产者就法律规定的免责事由承担举证责任。司法实践中存在两种审判思路，一是适用举证责任倒置，要求生产者就不存在缺陷举证；二是要求受害人举证产品有缺陷，但在举证程度上要求不同。

的因果关系归责原则在化学品产品责任领域得到承认及应用。

三、受危害对象的不确定性和广泛性

化学品特别是毒物化学品的受危害对象通常涉及广泛且具有不确定性。受危害对象可能是传统民事法律意义上的直接被侵权方，诸如直接接触此类化学品的消费者、应用方雇员。有时也可能是间接接触此类化学品的人员，诸如由于化学品泄漏造成环境损害（大气、土壤或水体污染）而导致受损环境中的人员受到身体伤害，由于环境的开放性及环境要素的流动性，可能进而导致被侵权对象具有更大的广泛性及不确定性。前述受危害对象的广泛性及不确定性特点，导致化学品侵权诉讼中公益诉讼及集团诉讼的兴起。

四、化学品产品责任的跨领域问题

对化学品制造商及销售商而言，由于化学品本身的化学特性及具有的行业应用特征，在进行化学品产品责任风险预防及控制时，不仅应关注因使用或接触化学品而可能导致的对传统民事法律领域被侵权方（买方、直接使用者、接触者或其他第三方）的民事产品侵权责任，还应关注基于化学品的整个生命周期（制造、运输、仓储、使用）过程中由于其行业应用特征而导致的基于公共政策、法律、法规及强制性标准的行政责任及刑事责任。

具体而言，除民事侵权责任外，由于某些化学品所具有的物理危险性（如易燃性等），制造商还应特别关注特定行业的监管要求及强制性规定，比如，针对危险化学品，依据《危险化学品安全管理条例》，对于危险化学品的生产、使用、经营、运输实行前置许可制度，对于易制爆危险化学品的购买及运输，实行单独前置许可证制度，若违反前述强制性规定，制造商需承担相应的行政责任及刑事责任。

另外，由于某些化学品的急性毒性危险性（如急性口服毒性等），除传统的产品侵权责任外，制造商还应特别关注化学品使用场所的职业健康安全方面的监管要求及强制性规定以及与此有关的雇主责任，具体可参考美国《职业安全与健康法案》及我国《职业病防治法》中的相关规定。

再如，由于某些化学品的环境危险性（如环境毒性），化学品制造商还需关注环境保护方面的行政法规及强制性规定。例如，依据最新公布的《土壤污染防治法》，在土壤污染责任人无法认定的情况下，产品制造商可能作为土地使用方承担延续性环境保护及修复义务。

为此，与化学品下游产品责任相关的法律责任可能涉及如下方面：① 基于产品本身缺陷（设计、制造、指示缺陷）而产生的产品侵权责任（民事责任）；② 基于职业健康安全劳动保护的雇主责任（包括工伤赔偿以及恢复健康工作环境，以及由此引发的行政责任)；③ 基于环境保护及污染防治的责任(清理污染物的民事责任及行政责任)，针对前述传统民事侵权责任以及基于具体行业监管的行政及刑事责任，在化学品下游产品领域，应根据不同下游领域的行业特征，实施各有侧重的内部风险管理。

第三节 化学品产品责任的法律风险防范

化学品制造商在进行企业日常产品责任法律风险管理中，应基于化学品产品责任本身的特点、所处化学品行业特征、所处行业(包括制造环节及产品应用环节)的特殊监管要求及强制性义务、免责事由、诉讼时效、因果关系等方面进行产品责任的风险预防及抗辩。

一、基于化学品应用行业特征的化学产品责任法律风险管理

依据《国家经济行业分类》(GB/T 4754—2017)，在化学品领域，化学原料及化学制品制造业共分为 7 个子行业，其中包括：① 基础化学原料制造；② 肥料制造；③ 农药制造(包括化学农药制造和生物化学农药及微生物农药制造两个细分子行业)；④ 涂料、油墨、颜料及类似产品制造(包括涂料制造、油墨及类似产品制造、颜料制造、染料制造和密封用填料及类似品制造五个细分子行业)；⑤ 合成材料制造[包括初级形态塑料及合成树脂制造、合成橡胶制造、合成纤维单(聚合)体制造和其他合成材料制造四个细分子行业]；⑥ 专用化学产品制造(包括化学试剂和助剂制造、专项化学用品制造、林产化学产品制造、信息化学品制造、环境污染处理专用药剂材料制造、动物胶制造、炸药火工及焰火产品制造和其他专用化学品制造八个细分子行业)；⑦ 日用化学产品制造(包括肥皂及合成洗涤剂制造、化妆品制造、口腔清洁用品制造、香料香精制造和其他日用化学产品制造五个子行业)。

按照化学品的应用场景，大致可分类为：① 面向工业、农业、服务业(如交通运输)等行业用户的专业应用领域(“专业应用领域”)；② 面向大众消费者的消费品(诸如家装涂料产品、清洁产品、化妆产品)应用领域(“大众消费领域”)。

为此，从化学品产品侵权责任中被侵权方(“索赔方”)角度，针对某一种上游化学物质，经由其合成加工后的下游产品及该下游产品的接触方可能是专业领域的专业用户及其雇员或承包商(诸如产品的运输商及仓储商)，也可能是大众消费领域的普通消费及其关联方(诸如该普通消费者的未成年子女)。因此，化学品制造商在进行产品责任的企业法律风险管理时，也应针对不同下游应用领域而应有所区别。

（一）专业应用领域的化学品产品责任法律风险控制要点

具体而言，在专业应用领域，产品制造商的产品侵权责任风险控制及抗辩应重点关注以下方面。

1. 产品的适销性、适用性以及产品是否符合特定目的及特定用途

在化学品领域，由于不同化学物质之间化学组合反应的多样性特征，某一上游化学物质可能被用于制造合成不同的下游产品，为此建议，上游化学物质的产品制造商在与合同相对方签署产品交易文件时，应对产品的适销性、适用性以及是否保证符合特定用途以及满足特定目的做出明确约定。具体而言，根据交易情势的不同可分为以下几种。

若基于技术判断，某一产品仅是具有单一用途的特殊定制产品，则可明确约定"该产品仅可用于某一用途，且应由受过良好培训的专业人士在专业场所内严格按照产品技术书的要求进行操作及应用。本产品不可用于其他目的，制造商对超出前述范围的使用未作出任何明示或默示的担保，也不承担由此导致的任何责任及损失。"

若基于技术判断，某一产品是具有多用途特征，且在不同应用领域需与其他应用条件相结合，则建议约定"本产品依据 * * 技术标准（明确国标、行标或特定企业标准）制造，本制造商仅承诺本产品符合前述技术指标，除此之外，本制造商不保证本产品适用于特定用途，产品使用方应对产品的适销性、适用性及是否符合某一特定用途自行做出判断，必要时请事先进行小规模实验或征求专业人士意见"。

对于法律规定的特殊管制化学品，诸如易制毒化学品、易制爆化学品、剧毒化学品、监控化学品（指可作为化学武器及其生产前体及主要原料的化学品），在双方合同中可特别明示该产品仅在其购买许可证、证明文件及经批准的合法用途目的范围内使用。此外，产品提供商应履行法律规定的谨慎审核义务并留存购买方相应购买许可证明作为合同附件。

2. 产品是否具有受限于目前科学技术发展水平而无法获知的潜在风险或副作用

"生产者将产品投入流通时的科技水平尚不能发现缺陷的存在"是涉及产品责任的重要免责事由，同时，考虑化学品安全管理方面行政法规的强制性规定及民事法律领域的提示注意义务，对化学品制造商而言，对于产品的已知风险及应对措施（包括急救措施），产品制造商应在产品技术说明书（Technical Data Sheet，TDS）、安全数据说明书（Material Safety Data Sheet，MSDS）、产品包装标签中予以明确说明；而对于受限于目前科学技术发展水平而无法获知的潜在副作用或风险，更应特别予以重点明示声明。

3. 产品的保质期或质量保证期限

一方面，产品保质期或质量保证期限与产品责任紧密相关，进而与产品责任中的免责事由及诉讼时效发生关联。从技术角度而言，不同的化学品可能受温度、湿度的影响而进一步产生物理或化学反应，进而影响产品本身性能或品质。为此，为避免仅单一列明产品保质期而未列明其他限制性条件而给制造商带来产品责任方面的单边不确定风险，化学品制造商应将有关产品的保质期或质量保证期限的承诺与相对方严格遵守产品运输及存储方法相互关联，并在产品说明书中对产品运输及存储条件予以明示或在双方合同中予以明确约定。

另一方面，若某一化学品有保质期的要求，过期后的废弃化学品（包括废弃化学品的包装物及容器）一般将被视为固体废物甚至危险废物①。对于有关过期产品的处置方法及处置注意事项，化学品制造商也应在产品说明书或与相对方合同中事先明示，以便明晰界定并履行化学品制造商的警示提醒义务及化学品使用方的注意义务及合规处置义务。

4. 特殊管制类产品的强制性标签标识义务

相关行政法律法规通常对特定领域的化学下游产品有关标签、说明书的标识标注做出特殊规定，形成了相关部门行政法规或行业、国家标准。

（1）药品领域

应参照并遵守：① 2017 年农业部《农药标签和说明书管理办法》；② 2006 年国家食品药品监督管理局《药品说明书和标签管理规定》；③ 2012 年农业部《兽药标签和说明书管理办法》。

（2）消毒类产品领域

消毒类产品的强制性标签标识说明义务，应遵守 2005 年卫生部《消毒产品标签说明书管理规范》。

（3）危险化学品领域

应遵守《危险化学品安全管理条例》，根据该条例，危险化学品生产商/进口商应当向下游经营者提供与其生产/进口的危险化学品相符的《化学品安全技术说明书》，并在危险化学品包装（包括外包装件）上粘贴或者拴挂与包装内危险化学品相符的化学品安全标签。有关化学品安全标签的编写标识规范，具体应依据原国家质量检验检疫监督总局发布的 GB 15258—2009《化学品安全标签编写规定》。同时，涉及产品出口时，还应关注外国法领域的相关规定，诸如美国国家标准协会（American National Standards Institute，ANSI）公布的《产品安全标识和标签的标准》。

---

① 有关固体废物、危险废物的管理规定，具体请参考《中华人民共和国固体废物污染环境防治法》（2016 年修订）。

5. 下游购买方或产品应用方的特定资质要求

在此方面，应关注易制毒化学品、危险化学品（特别是剧毒化学品和易制爆危险化学品）、监控化学品、与压力容器相关的化学品以及特定行业的准入许可。例如：① 农药、兽药以及人用化学药品领域的准入许可；② 使用危险化学品且使用量达到规定数量的化工企业需取得危险化学品安全使用许可证（本身属于危险化学品生产企业的除外）；③ 剧毒化学品和易制爆危险化学品的购买及运输的单独前置许可。

为此，制造商（包括销售商）在进行化学品供货前，应事先谨慎核查对方资质，避免由此导致的共同过错责任，并应争取在双方合同中明示买方保证，诸如："买方在此不可撤销的明示保证并承诺，买方已取得购买及使用本协议所述产品的全部资质、许可及批准并将维持所述资质、许可及批准的有效性，若买方违法本协议所述保证及承诺而给卖方、卖方管理人员或其他雇员造成的任何直接或间接损失、处罚、赔偿、费用、责任或开支，买方应当向卖方及其管理人员、雇员进行赔偿，为其抗辩并使其免受损害。"

（二）大众消费领域的化学品产品责任法律风险控制要点

在大众消费领域，指示缺陷则更容易引起消费者产品侵权之诉。由于大众消费化学品所面对的"接触使用方"（消费者及其密切关联人）的差异化特性，导致针对指示缺陷的风险控制困难更大，有关工业产品领域的免责声明可能因涉嫌排除消费者权利而被认定为无效。为此，大众消费领域的化学品制造商及销售方必须采取明示、详尽及尽可能兜底描述的方式控制和避免产品指示上的缺陷，同时也应考虑并严格遵守有关特定监管领域的禁止性标识规定及强制性标识义务。

1. 明示指示义务

就明示的指示义务而言，明示指示的载体通常包括产品说明书、产品包装标签、广告（诸如商场店招、促销宣传单、媒体广告）等。针对不同的产品及其接触使用群体特征，应在前述载体上进行针对性描述。例如，对于人体清洁类产品（洗发类、沐浴类、香皂）可能对人体导致的过敏等不良反应、婴幼儿童误食甚至腐蚀贵重金属等问题，在产品标签上标识"若引起眼部、皮肤不适或其他不良反应，请立即停止使用并咨询专业医疗人士；远离儿童；使用时请避免接触贵重首饰"。同时，应考虑所在法律范围内对消费者权益保护的倾向性规定，避免有关明示指示义务或声明被认定为因"排除或者限制消费者权利、减轻或者免除经营者责任"而无效。

2. 禁止性标识规定

在我国，根据最新的《化妆品命名规定》和《化妆品命名指南》，应特别关注并避免如下指示缺陷(禁止性规定)：① 虚假、夸大和绝对化的词语，包括绝对化词义、夸大性词义；② 医疗术语；③ 医学名人的姓名；④ 消费者不易理解的词语及地方方言；⑤ 庸俗或带有封建迷信色彩的词语；⑥ 已经批准的药品名；⑦ 外文字母、汉语拼音、数字、符号等；⑧ 其他误导消费者的词语，包括与产品的特性没有关联、消费者不易理解的词义，庸俗性词义，封建迷信词义，超范围宣称产品用途，如属于特殊用途化妆品宣称不得超出《化妆品卫生监督条例》及其实施细则规定的九类特殊用途化妆品含义的解释，又如非特殊用途化妆品不得宣称特殊用途化妆品作用。

3. 强制性标识义务

对于有特殊监管要求的大众消费化学产品，特别是健康相关化学产品(诸如化妆品及消毒产品)，还应特别关注此类产品标签标识标注方面的特定监管规定。例如，《化妆品标识管理规定》："凡使用或者保存不当容易造成化妆品本身损坏或者可能危及人体健康和人身安全的化妆品、适用于儿童等特殊人群的化妆品，必须标注注意事项、中文警示说明，以及满足保质期和安全性要求的储存条件等。"

在产品标签强制性指示义务方面，在我国法项下，应重点关注的法规主要包括：

(1)《化妆品标识管理规定》(2007 年国家质量监督管理总局第 100 号令)；

(2)《消费者使用说明 化妆品通用标签》(GB 5296.3—2008)；

(3)《健康相关产品命名规定》(卫法监发〔2001〕109 号)；

(4)《化妆品命名规定》和《化妆品命名指南》(国食药监许〔2010〕72 号)。

在欧盟，应关注的基本法规包括：

(1) 欧盟化妆品法规(EC No. 1223/2009)；

(2) 欧盟《化妆品宣称合理性通用准则》(EU No. 655/2013)；

(3) 欧盟《化妆品宣称合理性通用准则指南》。

在美国，与此有关的规定应关注：

(1)《食品、药品和化妆品法案》(*Food*, *Drug and Cosmetic Act*, FDCA)；

(2)《合理包装及标签法案》(*Fair Package and Labeling Act*, FPLA)；

(3)《化妆品标签指南》(*Cosmetic Labeling Guide*, CLG)；

(4)《防止有毒物包装法案》(*Poison Prevention Packaging Act*, PPPA)。

二、法定免责事由

(一) 法定免责事由的法律规定

在欧盟，依据《欧盟产品责任指令》，欧盟法律规定的产品责任免责事由包括以下内容。“生产者能证明下列情形之一的，不承担产品责任：① 生产者未将产品投入流通；② 引起损害的缺陷在产品投入流通时并不存在；③ 产品并非由生产者出于商业或经济目的而制造或销售；④ 生产者为使产品符合政府机构发布的强制性法规而导致产品存在缺陷；⑤ 生产者将产品投入流通时的科技水平尚不能发现缺陷的存在。而作为零部件的制造者能够证明缺陷是装有该零部件的产品的设计或制造的指示所造成的，即不承担产品责任。”

在我国，依据《产品质量法》，免责事由包括以下内容。“生产者能够证明有下列情形之一的，不承担赔偿责任：① 未将产品投入流通的；② 产品投入流通时，引起损害的缺陷尚不存在的；③ 将产品投入流通时的科学技术水平尚不能发现缺陷的存在的。”

（二）法定免责事由在产品责任法律风险管理中的实践意义

由一国法律规定的特定免责事由构成制造商承担产品责任的例外情形，对化学品制造商而言，虽然法定免责事由通常由国家通过法律条文以有限列举的方式明确规定，而非依据当事人的自由约定，但从企业产品责任风险控制的角度而言，为避免当事人之间就“某一化学品”及相关“产品责任”是否落入免责范围产生争议，仍然建议在有关合同条款或产品说明书中对有关免责事由进行事先约定或单方明示声明。诸如在专业应用领域，就某一化学品而言，若该化学品仍然处于研发试制阶段，则在产品实验室验证、中试直至批量化商业生产之前，化学品产品制造商与其下游客户之间应通过合同明确体现产品的研发试制性质，并约定：“本产品仅依双方之间研发合作协议而提供给买方，本产品属于试验性质并仅供买方用于验证评估，不可用于正式商业化应用或投入流通领域。与本产品验证、评估、应用有关的风险及责任包括可能导致第三方的风险及责任由买方自行承担，除非双方另有约定或法律另有规定。”

三、诉讼时效

（一）产品责任诉讼时效的法律规定

《产品质量法》(2018 年修订)第四十五条规定：“因产品存在缺陷造成损害要求赔偿的诉讼时效期间为两年，自当事人知道或者应当知道其权益受到损害时起计算。因产品存在缺陷造成损害要求赔偿的请求权，在造成损害的缺陷产品交付最初消费者满十年丧失；但是，尚未超过明示的安全使用期的除外。”

《民法总则》(2017 年 10 月 1 日生效)第一百八十八条规定：“向人民法院请求保护民事权利的诉讼时效期为三年。法律另有规定的，依照其规定。诉讼时效期间自权利人知道或者应当知道权利受到损害以及义务人之日起计算。

法律另有规定的，依照其规定。但是自权利受到损害之日起超过二十年的，人民法院不予保护；有特殊情况的，人民法院可以根据权利人的申请决定延长。”

根据《最高人民法院关于适用〈中华人民共和国民法总则〉诉讼时效制度若干问题的解释》，有关产品侵权责任的诉讼时效适用三年的规定，请求权的除斥期间适用二十年的规定。

（二）诉讼时效在产品责任法律风险管理中的实践意义

需注意的是，由于《产品质量法》属于特别法，按照特别法优于一般法的法律适用原则，《产品质量法》第四十五条中有关“因产品存在缺陷造成损害要求赔偿的请求权，在造成损害的缺陷产品交付最初消费者满十年丧失；但是，尚未超过明示的安全使用期的除外”的规定仍具有重要的实践指导意义。对于化学品尤其是面向大众消费品领域的化学品制造商而言，产品保质期或安全使用期限具有重要的抗辩价值，制造商应从化学品本身的性质、产品生命周期及应用特点出发，依据相关规定，明确标识可证明且合理的保质期及安全使用期限，且该标识应以普通消费者易于理解的方式呈现。诸如，在化妆品领域，依据《化妆品标识管理规定》，产品生产日期及保质期应以以下两种方式进行标识：“生产日期＋保质期”或者“生产批号＋限期使用日期”。

在工业化学品应用领域，应通过产品包装标签、产品分析报告（Certificate of Analysis，COA）、产品技术说明书（Technical Data Sheet，TDS）、化学品安全技术说明书（Safety Data Sheet，SDS）等方式明示产品保质期限，并在其中将产品保质期限与产品的运输、存储条件相关联，诸如，可在相关产品资料中明示：“本产品所属保质期是在本说明书所示的理论存储条件下得出的初步结论。产品应用方应严格按说明书所列条件存储产品，并在每一批次产品使用前进行必要测试，以确保产品存储及应用符合条件。”

四、产品责任赔偿限额

就产品责任民事赔偿的责任限额方面，我国法项下尚无产品责任赔偿限额的规定。

在欧盟，《欧盟产品责任指令》规定：“产品责任的损害赔偿范围包括死亡、人身伤害和缺陷产品以外的财产损害。其中，对同类产品的同一缺陷造成的死亡或人身伤害，欧洲共同体答应各成员国规定不少于 7 000 万欧洲货币单位[①]的生产者最高责任限额；而财产损害的价值则不应低于 500 欧洲货币单位。”

---

① 欧洲货币单位是欧洲共同体国家用于内部计价结算的货币单位。1999 年 1 月 1 日，欧洲货币单位以 1∶1 的兑换汇率全部自动转换为欧元。

《德国产品责任法》进一步规定了在造成死亡情况下的责任范围，在人身伤害情形下的责任范围，同时规定生产者对某一产品缺陷造成人身伤害的最高赔偿限额为 1.6 亿马克，财产损害赔偿的最低起点为 1 125 马克。此外，欧洲共同体还答应各成员国在国内法上规定非物质损害的赔偿新问题。

对制造商而言，若一国法律对责任限额没有明确规定，则制造商在有关产品责任的风险控制中应着重从合同以及产品责任保险两方面来控制产品责任风险。比如，在与合同相对方签署合同时，尽量争取将合同责任及产品侵权损害赔偿的责任确定在一个可以量化的上限范围内。另外，应通过购买产品责任险来提前控制风险，并重点基于自身行业特征就保险合同中的免责事由予以着重考虑。

五、基于因果关系的产品责任抗辩

（一）传统因果关系抗辩

若涉及产品责任的诉讼，化学品制造商应着重从如下方面进行抗辩：① 销售时产品缺陷尚不存在；② 使用方或接触方的参与过失抗辩，包括接触方未能合理发现或预防风险、接触方的不当使用以及参与方自甘风险。为支持上述抗辩，产品制造商应在日常经营活动商务往来沟通中注意收集及保存与此有关的证据材料，包括发送至相对方的当方书面声明及对方的书面签收证明等。

（二）基于盖然性因果关系的抗辩

在化学品产品侵权责任因果关系判例中，由于化学产品与损害之间盖然的潜伏性特征，在判定产品缺陷与损害结果之间的因果关系中，往往接受盖然性因果关系推定，即在某种程度上原告只要能够提供证据证明“盖然”因果关系，即“特定物质会引起特定伤害”，则在很大程度上存在产品责任诉讼被法院受理并将诉讼程序向前推进的可能性。当然，最终其诉求是否被法院支持，还需结合“特殊”因果关系的判定，即在已确认“特定物质会引起特定伤害”的前提下，判断“特定受害人的损害是否由侵权方产品导致”。

司法实践中，在我国，《最高人民法院关于审理食品药品纠纷案件适用法律若干问题的规定》指出：“消费者举证证明因食用食品或者使用药品受到损害，初步证明损害与食用食品或者使用药品存在因果关系，并请求食品、药品的生产者、销售者承担侵权责任的，人民法院应予支持，但食品、药品的生产者、销售者能证明损害不是因产品不符合质量标准造成的除外。”

在美国，有关草甘膦案审理中，盖然性的初步证据理论同样得到了法院的认可。在这一阶段的关键问题是因果关系的建立，即一个理性的陪审团是否有可能裁定，在实际暴露条件下草甘膦会导致非霍奇金淋巴瘤。公共健康评估由两部分组成：① 辨别风险（hazard）因素；② 评估暴露情况下的风险（risk）程度。世界卫生组织指出，草甘膦可能为致癌物是健康评估的第一步。世界卫生组织将第二步交给了公共卫生部门。在案例法中，法官不能因为自己觉得专家意见不可靠，或认为陪审团有理由怀疑（这个专家的）专业性就排除其作证机会。只要专家意见是建立在科学的原则基础上的，就应该纳入庭审。并且，专家意见的说服力会通过交叉询问和反方专家意见被验证。换句话说，该案法官认为原告的证据达到了理性原则的最低限，而案件保送到了下一环节。

另外，涉及特定化学品的产品责任诉讼，其不以损害结果的实际发生为提起诉讼的要件。例如，在美国，随着判例法的发展，在不断演进的涉及石棉产品诉讼中，允许还没有造成功能性损害的接触（石棉）的个人提出诉讼。在此些判例中，即使诉讼时效的规定产生于发现之时，那些无症状表现的索赔仍可继续进行，法院之所以允许这样的索赔继续进行，理论依据是接触的个人体内已经有有毒物质，即使官能性的伤害还没有表现出来，这也构成了一种伤害。

为此，在涉及诉讼的因果关系的抗辩方面，化学品制造商也不应局限于传统的因果关系抗辩，而应直面已被法律及判例支持的“盖然性因果关系”理论，充分考虑应用于化学品领域的严格责任原则及举证责任倒置原则，提前规划，主动进行化学品产品责任的事先法律风险预防及抗辩。

第四节 美国毒物侵权诉讼及对化学品制造商的警示

一、毒物侵权简介

美国《有毒物质控制法》（TSCA）指出：“在生产化学物和化学混合物的场所，迫在眉睫的危害指这些化学物质的大量生产、加工、销售或处置，使用这些物质对人体健康或环境造成损害。”另外，依据美国职业安全与健康署（OSHA）颁布的《危险物质信息标准》（HCS），毒物所涉化学品分为“致癌物、有毒或剧毒剂、生殖毒素、刺激物、腐蚀物、敏感剂、肝毒素、肾毒素、影响造血功能化学剂，以及影响肺、皮肤、眼睛或黏膜的化学剂”。此些毒物（在本书语境下亦称为“有毒化学品”）导致的侵权危害后果包括“致癌效应、基因突变、畸形生长、行为障碍、积累效应和协同效应”。

二、毒物侵权诉讼的特点

毒物侵权中涉及的侵权对象及危害后果可能是特定范围内的特定个体或

特定群体，也可能是基于毒物对环境要素的危害以及基于累计效应或协同效应而导致的接触特定环境要素的不特定个体或群体。由于毒物侵权的这一特点，日渐兴起的毒物侵权诉讼对传统私法领域的民事侵权理论及实践提出了挑战，并突破了传统民事侵权领域确认侵权责任的典型要素，诸如确定的侵权方及被侵权对象、确定的侵权行为、确定的危害后果以及侵权行为与危害后果之间的因果关系。

与毒物侵权有关的诉讼可能涉及普通民事私法领域的特定个体人身损害或财产损失侵权诉讼，也可能涉及公法领域基于环境损害的妨害公共利益诉讼[①]，还可能涉及工作场所职业安全与健康的雇主责任诉讼[②]。为此，与毒物侵权有关的诉讼可能涉及以特定的受害方作为原告，也可能以公民公益诉讼或大规模集团诉讼的模式出现；可能以直接实施特定侵权行为或违法行为的一方为被告，也可能基于毒物侵权的累计效应及协同效应将当前市场主体及之前或继任的所有权持有人列为共同被告，甚至出现基于市场份额责任理论将相关产品的全部市场供应主体列入被告的判例[③]。

三、化学品制造商的毒物侵权法律风险控制

对化学品制造商而言，在进行化学品产品责任风险管理时，应特别甄别可能的毒物侵权诉讼风险。面对毒物侵权诉讼的跨领域及大规模特征，应在产品责任的法律风险控制中实施综合风险管理原则，即在常规民事产品责任风险管理的基础上，综合考虑有毒化学品涉及的环境损害风险及职业健康安全风险以及与此相关的环境合规、职业健康安全合规义务。

其中，环境合规方面，应特别关注有毒化学品生产、存储、运输、使用、处置环节对相关环境要素的影响及环境损害迁移问题，特别是有毒化学品对土壤及地下水的影响以及与此对应的环境责任归责原则包括其最新立法实践。依据自 2019 年 1 月 1 日起实施的《土壤污染防治法》，在土壤污染责任人无法认定的情形下，土地使用权人将承担土壤污染防治及修复义务[④]。依据这一最新立

---

① 请参考美国《综合性环境反应、赔偿与责任法案》(*Comprehensive Environmental Response, Compensation and Liability Act*, CERCLA)，依据 CERCLA 的公民诉讼条款[第 310(a)1 款]，赋予"任何"人对为违反 CERCLA 标准、规定、要求及命令的人直接提起诉讼，以便寻求民事金钱损害赔偿之外的禁止性或强制性的行政或司法救济。

② 请参考美国《职业安全与健康法案》(OSHAct)，与 CERCLA 相同，OSHAct 并未针对工作场所发生的个人损害赋予私人侵权诉讼的权利，但可寻求禁止性或强制性的行政或司法救济。

③ 参考有关己烯雌酚(DES)的 Sindell v. Abbott Laboratories 案。

④ 见《中华人民共和国土壤污染防治法》第四十五条："土壤污染责任人负有实施土壤污染风险管控和修复的义务。土壤污染责任人无法认定的，土地使用权人应当实施土壤污染风险管控和修复。"第四十七条："土壤污染责任人变更的，由变更后承继其债权、债务的单位或者个人履行相关土壤污染风险管控和修复义务并承担相关费用。"

法实践，对于特定的土壤污染，若导致土壤污染的直接侵权致害方无法确定或查明，所涉污染土地的土地使用权人（若同时为拥有该地块的化学品制造商）将直接承担环境修复责任，这也意味着土地使用权人（化学品制造商）将直接成为环境公益诉讼或集体诉讼的被诉对象，这也警示土地使用权人（化学品制造商），在将相关生产要素（包括土地）投入生产之前，应谨慎确认环境要素本底风险，尽可能与原土地使用权人或所有者事先确定环境责任边界。同样，依据美国《综合性环境反应、赔偿与责任法案》（CERCLA），CERCLA 同样将环境修复义务及清理责任强加于“潜在的责任方（PRPs）”，若“有害物质的实际排放或有排放的危险，会对公共健康与福利或者环境造成迫在眉睫的实质性危害”，则“对于排放或有排放风险负有责任的人可被提起行政或司法诉讼，要求其中止这种情况或采取其他适当的行为”。相应地，依据 CERCLA，潜在的责任方包含了当前的所有者和经营者，也包括了之前的所有者和经营者。

在职业健康安全合规方面，化学品制造商更应关注有毒化学品对生产作业场所雇员的健康危害及法律风险，这也横跨了传统民事侵权责任、安全生产以及职业病防治等不同领域。职业健康安全合规并不完全构成意味着特定民事侵权的免责事由，无须承担特定民事侵权责任也不意味着职业健康安全合规义务的解除，化学品制造商还应聚焦并回归问题本质，在履行职业健康安全合规义务中定期留存合规证据，合理界定本底责任边界（诸如工作场所职业病危害因素监测及评价、职业卫生档案和劳动者健康监护档案、安全生产合规培训等），综合预防法律风险[①]。

① 请参考《中华人民共和国职业病防治法》《中华人民共和国安全生产法》以及美国《职业安全与健康法案》（OSHA Act）。

第三十三章

化学品相关刑事法律责任研究

本章从企业运营、社会生活的视角，立足于化学品管理，联系行政法规及技术标准，选取化学品相关部分罪名进行剖析，以助读者正确理解刑法，并探讨立法、司法解释和司法实践的现状，维护法律的一体性并实现教育价值，也保障当事人的权利与合法利益。

第一节　刑法中涉及化学品的罪名

《中华人民共和国刑法》于 1979 年制定，1997 年修订，至今历经 10 次修正，形成现行有效的广义刑法。最高人民法院发布司法解释，对定罪量刑标准做出具体规定。最高人民检察院与公安部也发布了若干追诉标准，作为公安部门立案、侦察和检察部门起诉时的具体依据，与化学品有关的主要刑事法律责任见表 33－1。

表 33－1　化学品相关刑事责任表

罪　名	刑 法 条 文	罪名种类	关键词
投放危险物质罪	刑法第 114 条和第 115 条，投放毒害性、放射性、传染病病原体等物质或者以其他危险方法危害公共安全的	危害公共安全罪	毒害性、放射性、传染病病原体等物质
非法制造、买卖、运输、储存危险物质罪	刑法第 125 条第 2 款，非法制造、买卖、运输、储存毒害性、放射性、传染病病原体等物质，危害公共安全的	危害公共安全罪	毒害性、放射性、传染病病原体等物质
盗窃、抢夺危险物质罪	刑法第 127 条，盗窃、抢夺毒害性、放射性、传染病病原体等物质，危害公共安全的	危害公共安全罪	毒害性、放射性、传染病病原体等物质
危险驾驶罪	刑法第 133 条，违反危险化学品安全管理规定运输危险化学品，危害公共安全的	危害公共安全罪	危险化学品

（续表）

罪　名	刑 法 条 文	罪名种类	关键词
危险物品肇事罪	刑法第136条，违反爆炸性、易燃性、放射性、毒害性、腐蚀性物品的管理规定，在生产、储存、运输、使用中，由于过失发生重大事故，造成严重后果的	危害公共安全罪	爆炸性、易燃性、放射性、毒害性、腐蚀性物品
雇用童工从事危重劳动罪	刑法第244条，违反劳动管理法规，雇用未满十六周岁的未成年人从事超强度体力劳动的，或者从事高空、井下作业的，或者在爆炸性、易燃性、放射性、毒害性等危险环境下从事劳动，情节严重的	侵犯公民人身权利、民主权利罪	爆炸性、易燃性、放射性、毒害性等危险环境
投放虚假危险物质罪	刑法第291条，投放虚假的爆炸性、毒害性、放射性、传染病病原体等物质，或者编造爆炸威胁、生化威胁、放射威胁等恐怖信息，或者明知是编造的恐怖信息而故意传播，严重扰乱社会秩序的	妨害社会管理秩序罪	爆炸性、毒害性、放射性、传染病病原体等物质
污染环境罪	刑法第338条，违反国家规定，排放、倾倒或者处置有放射性的废物、含传染病病原体的废物、有毒物质或者其他有害物质，严重污染环境的	妨害社会管理秩序罪	放射性的废物、含传染病病原体的废物、有毒物质或者其他有害物质
非法买卖制毒物品罪	刑法第350条，违反国家规定，非法运输、携带醋酸酐、乙醚、三氯甲烷或者其他用于制造毒品的原料或者配剂进出境的，或者违反国家规定，在境内非法买卖上述物品的	妨害社会管理秩序罪	制造毒品的原料或者配剂
非法提供精神药品、麻醉药品罪	刑法第355条，依法从事生产、运输、管理、使用国家管制的麻醉药品、精神药品的人员，违反国家规定，向吸食、注射毒品的人提供国家规定管制的能够使人形成瘾癖的麻醉药品、精神药品的	妨害社会管理秩序罪	麻醉药品、精神药品

在工业化学品管理领域，刑法规定的罪名涉及毒害性物质，爆炸性、易燃性、放射性、毒害性、腐蚀性物品，有毒物质或者其他有害物质，制造毒品的原料或者配剂。麻醉药品和精神药品包含医用化学品，个别消费化学品也具有一定的易燃性、毒害性、腐蚀性。如果管理不当，造成严重后果，或者构成特定危险行为，会触犯相关法律，承担刑事责任。化学品的发展日新月异，化学品法规和行政监管也常有更新，想在生产经营中避免刑罚风险，需要适当了解化学品管理刑法规定，在生产、储存、贸易、使用等各个环节增强合规管理措施。

在司法实践和理论研究中，化学品相关刑事责任领域近年来也存在着以下争议和讨论。对象性质的理解差异譬如毒害性物质的认定；行为性质的理解譬如买卖是否必须兼具买和卖两个行为；非法制造、买卖、运输、储存危险物质罪是否为抽象危险犯导致，未造成后果是否构成犯罪；违反规定运输危险化学品导致危险驾驶罪是否是抽象危险犯，是否过度立法；刑事法律与化学品管理行政法规如何协调；吸食的毒品是否类似于毒害性物质等。2013 年最高人民法院曾发布《王召成等非法买卖、储存危险物质案》指导案例（本章下文简称“指导案例”）以统一对毒害性物质的法律认识，提供指导性意见。最高人民法院案例指导工作办公室在《人民司法》杂志对此发布解读。我们认为，解读有值得讨论之处：非法买卖、储存危险物质中的毒害性物质中的毒害性物质是否等同于危险物品肇事罪中的毒害性物质？环境污染罪中的有毒物质的司法解释是否能说明非法买卖、储存危险物质中的毒害性物质并非仅限于毒鼠强等禁用剧毒物质？

第二节 非法制造、买卖、运输、储存危险物质罪——毒害性物质

非法制造、买卖、运输、储存危险物质罪是《刑法修正案（三）》第 5 条补充修改的犯罪。1997 年《刑法》第 125 条第 2 款规定“非法买卖、运输核材料”为犯罪行为。1997 年最高人民法院、最高人民检察院《关于执行〈中华人民共和国刑法〉确定罪名的规定》中将其规定为“非法买卖、运输核材料罪”。2001 年 12 月 29 日，全国人民代表大会常务委员会《中华人民共和国刑法修正案（三）》第 5 条补充修改为：“非法制造、买卖、运输、储存毒害性、放射性、传染病病原体等物质，危害公共安全”为犯罪行为。

非法制造、买卖、运输、储存危险物质罪沿用了刑法第 114 条投放危险物质罪中对危险物质的列举，包括毒害性、放射性、传染病病原体等物质。投放危险物质罪是在同一修正案中根据投毒罪修订而来，罪行对象由原罪名包括的传统矿石毒物、近代剧毒农药，扩展到更多现代工业社会的危险物质。投毒罪违反基本道德和社会秩序，属于理论上的自然犯、刑事犯，对象范围的扩大顺应了技术发展，确保了法律不出现漏洞，符合法律演变的期待。与投毒罪不同，买卖、运输、储存毒害性物质行为本身是化工及相关行业的经营常态，大量毒害性物质经过反应成为生产、消费中不可替代的原料、添加剂，实际上具有经济生活的正当性，也是行为主体的权利。上述行为必须具有两个限制条件，才能抵消其价值正当性而入罪，一是行为性质“非法”，指不符合其他法律法规有关许可、批准、安保和安全管理等法律性要求；二是具有“危害公共安全”的后果。如果不

危害公共安全，即使“非法”，那也属于行政法规处罚的范围，即使造成其他严重后果，并未危害公共安全时，也应视情形归属于“破坏社会主义市场经济秩序罪”中的“非法经营罪”。有一种观点认为该罪为抽象危险犯，认为“危害公共安全”是“非法制造、买卖、运输、储存危险物质罪”顺其自然的说明和阐释，而非必要条件，导致轻罪重判，不符合罪刑相适应的原则。

在审判实践、司法解释和刑法研究中，毒害性物质的范围问题引起了较大争议。从条文本意角度，2003 年 9 月 4 日最高人民法院、最高人民检察院《关于办理非法制造、买卖、运输、储存毒鼠强等禁用剧毒化学品刑事案件具体引用法律若干问题的解释》(本章下文简称“司法解释”)并未参照 2003 年 6 月 24 日公安部、国家安全生产监督管理总局等八部委联合颁布的《剧毒化学品目录》中的 335 种剧毒品，也注意到其中有 34 种在不同情况下禁用，但根据实际案件发生的绝大多数以及配合当时公安部、农业部等九部门治理毒鼠强等剧毒杀鼠剂的行动，该解释仅规定了该罪名适用于毒鼠强等五种禁用剧毒化学品，在具体实践中歧义多生。如液氯属于广泛使用的剧毒化学品。数起经营事件中导致的氯气泄漏事故有的按非法运输、储存危险物质罪处理，最高判处 15 年有期徒刑、无期徒刑或死刑。如导致 2 人死亡的 2003 年温州平阳液氯爆炸案，四名主犯被分别判处有期徒刑 10 年；有的按危险物品肇事罪处理，最高刑罚有期徒刑 7 年，如导致 29 人死亡的 2005 年淮安液氯槽车泄漏案，实际判处两名主犯有期徒刑 6 年 6 个月。实践表明，如果“非法制造、买卖、运输、储存危险物质罪”中的危险物质严格解释为司法解释明列的禁用剧毒化学品则不适用于氯气，同样是氯气泄漏导致死亡事故，最高刑期可从死刑减少到有期徒刑 7 年。

2005 年浙江省高级人民法院《关于非法制造、买卖、运输、储存液氯如何定罪处罚的请示》(浙高法〔2005〕163 号)的答复中依据前述司法解释，认为刑法第 125 条规定的毒害性物质仅限司法解释列出的五种禁用剧毒化学品，要求对 2004 年 4 月温州苍南另一起液氯泄漏按危险物品肇事罪处理。2008 年 6 月 25 日最高人民检察院、公安部发布《关于公安机关管辖的刑事案件立案追诉标准的规定(一)》(本章下文简称“追诉标准”)中又具体给出了上述五种名列剧毒化学品的立案追诉数量标准，并对犯罪情形作出了广泛的列举，但并未涉及其他毒害性物质的范围问题。最高人民法院发布的“指导案例”虽不具备必然的拘束力，但提供了权威的解读，对司法实践颇具指引意义，在司法程序上最高人民法院的观点也可以通过二审、提审等来实现。“指导案例”中裁判要点一明确指出，国家严格监督管理的氰化钠等剧毒化学品，易致人中毒或者死亡，对人体、环境具有极大的毒害性和危险性，属于刑法第 125 条第二款规定的“毒害性”物质。

需要注意的是，“毒害品”的准确定义曾经在国家强制技术标准出现过，即

1986年GB 6944《危险货物分类和品名编号》中第6类第1项，并在此后危险货物标准中也被称为“毒性物质”。1992年GB 13690《常用危险化学品的分类和标志》则采用了“有毒品”概念，作为划分标准的毒理学测试数据与“毒害品”完全相同，也反映了化学品安全标准早期是参照危险货物分类标准的实际发展过程。随着国际化学品分类统一协调制度(GHS)在我国的实施，化学品危害性分为理化危害16类、健康危害10类、环境危害2类，共28类95个危险类别，其中危害性较大的81个类别纳入2015年包括公安部在内的十部委联合发布更新的《危险化学品名录》，其中，健康危害中的“急性毒性”沿用了GB 13690中“有毒品”的划分标准。在对这个历史过程的梳理中，我们可以认为，从安全角度，多年前的毒害品或者毒害物质实际上就是今天的GHS分类危险化学品中的28类之一——急性毒性类化学品，而备注栏中标明的剧毒化学品为148种，取代已经作废的单行《剧毒化学品目录》，种类比原先的335种也大幅度减少，其中140种为原有，8种为新增加。从立法目的来看，毒害性物质限定为剧毒化学品具有很强的合理性，而毒害性物质范围广泛，很多伤害性小、生产和生活常用，与投毒罪中致人毙命的毒物和非法运输、买卖核材料中的核材料本质危害性、行为实施后社会危害性相差甚远，如同等对待，未免失之过当。目前法律文本中的“毒害品”与“剧毒化学品”字面含义相差较大。

有关王召成一案的解读中，毒害性质被责同于其他受管制的化学品，在此稍加分析。譬如《高毒物品目录》是以劳动者保护为目的，在劳动场所常用化学品的基础上结合危害性和职业病风险选择的结果，具体参见本丛书分册《化学物质管理法规》第2章第5节。《首批重点监管的危险化学品名录》一共有60种化学品，是综合考虑生产事故情况、从安全生产角度筛选的少数易燃、自燃和光气类化学品，其中只有个别剧毒化学品。上述两者均不是该文中所认为的剧毒化学品或者毒害性物质的补充目录。《危险化学品名录》是“剧毒化学品”的上位母集，在2015年前除了单行的《剧毒化学品目录》、2015年后除了《危险化学品名录》备注栏标明的“剧毒化学品”外，并无其他剧毒化学品的目录或者定义。当然，如下几点值得注意。一是随着科学的发展，会有急性毒性达到剧毒化学品阈值的新化学品进入市场和社会应用，按照化学品监管生命周期，生态环境部新化学物质申报时宜将化学物质的危害性资料通报给其他相关部委、建立国家统一的法定化学品数据库，供立法和执法时查询使用；二是剧毒化学品名录主要基于自然科学意义上的毒理学数据即GHS急性毒性1类，但从立法解释来看，该名录并非单纯基于化学品的自然科学安全(safety)特性，也考虑了公共安全(security，安保、治安)管理需要，毒理学测试数据并不是唯一依据，社会治安风险也是其考虑因素；三是该文注意到了公安部1993年颁布、现行仍然有效的《GA 58—1993剧毒物品品名表》，其配套标准为《GA 57—1993剧毒物品分级、分类与品名编号》，制定目的是治安管理需要，制定时依据了 GB 7964 和 GB 12268 危险货物的分类技术标准，并明确了根据口服半数致死量这样的具体毒理学测试数据来筛选剧毒物品，但是两个标准年久未修，没有跟上化学品危害性分类的体系重构、毒理学数据更新，标准制定方式和意图同时也与公安部参与制定的现行《剧毒化学品目录》和《危险化学品名录》重合，从化学品管理的角度，可以取消。但考虑除了化学品之外，还有生物性毒素等在毒理学上属于所认剧毒的范围、治安上具有管理需要，因此可另制定化学品外的剧毒物品名录，供执法时使用。其他罪名中的毒害性物质是否应限定为剧毒化学品、毒害性物质与污染环境罪中有毒物质的关系等问题将在下面探讨。

非法制造、买卖、运输、储存危险物质罪应属于具体危险犯，不必有致害后果，但行为必须危害公共安全方可追究。主体可以是个人，也可以是单位，单位犯罪的，对单位判处罚金，并对其直接负责的主管人员和其他直接责任人员，依照规定处三年以上十年以下有期徒刑，情节严重的，处十年以上有期徒刑、无期徒刑或者死刑，从刑法尺度看，属于理论上的重罪。本罪是选择性罪名，实施两种以上行为的按一罪处理，不实行数罪并罚。

第三节 危险驾驶罪——危险化学品

根据 2010 年全国人民政治协商会议提案，全国人民代表大会 2011 年《刑法修正案八》增加危险驾驶罪，2015 年《刑法修正案九》增加危险驾驶罪范围，包括了“违反危险化学品安全管理规定运输危险化学品，危害公共安全的行为”。从客观方面的犯罪构成来看，该罪名属于危险罪，体现了对化学品风险的高度重视，风险预防前移，法益保护前置，是违规处罚措施严峻化的刑事立法政策。在一定意义上，这又是风险社会中刑法谦抑原则的反向调整。对此罪名是何种危险犯的讨论较多。从危险发展至实害的过程角度，区分具体危险与抽象危险的意义不大，因为不管是理论上所谓的抽象危险或者具体危险，总需其他条件和因素的配合才能导致实际危害，将风险的产生与发展视为一个沿着时间线发展的链条，关键在于立法和司法裁判人员如何确定，危险发展到达了链条的哪一步，与实际危害有多接近方可定罪。这需要根据立法条文、条文所在的类罪名和刑法总则的规定来确定。不可否认的是，刑事政策常常扩张，追求积极刑罚以实现社会秩序、回馈社会需求的效果，达到与刑法稳定性、人权保护之间的协调，需要允许当事人反证、并通过司法裁判中的平衡来达成。

危险驾驶罪的主体是驾驶人员，主观方面应为故意，其他人员作为共犯也可能称为该罪名的犯罪主体，危险化学品安全管理规定、危害公共安全是罪名的客观方面。对于危险犯的惩处需要有清晰的标准界定何种危险已经不足以通过行政监督来管控、民事赔偿制度来制约，兼顾保护行为人的权利与不危害社会时的适当自由，因此，“危及公共安全”应视为本罪名构成客观方面要件，宜通过详细的立法或者司法解释予以规范，明确何为危及公共安全的追诉最低标准，譬如发生泄漏事故的、发生同等责任或以上交通责任事故的、违反安全管理规定受到三次以上行政处罚的，方可刑事追诉。“违反危险化学品安全管理规定”作为另一个必要条件，指违反行政强制性法规中的要求。因为危险驾驶罪仅限于道路运输，本丛书分册《化学品危害性分类与信息传递和危险货物安全法规》第五章具体介绍了道路危险货物运输法规。2018 年颁布的《JTT 617 危险货物道路运输规则》将被交通运输部规章《危险货物道路运输安全管理办法》引用并具有强制执行力，包括车辆、从业人员、包装和容器、标记与标志、运输单据和安全卡、检测、应急器具、驾驶等要求，可以作为判断是否遵守安全管理规定的依据。

值得注意的是，该罪名旨在“道路运输”领域制裁足以刑罚的不法行为，而道路运输领域立法与监管采用“危险货物”的概念，与危险化学品是交叉关系，彼此互不包含。从化学品角度来看，危险货物外延范围更窄、危害性相对更高，具体请参见本丛书分册《化学品危害性分类与信息传递和危险货物安全法规》。因此有些危险化学品在道路运输时是没有、也不需要有特别安全规定的，这样从另一方面说明了其社会危害性小，行政法规并不监管，更不需要上升到刑事处罚。立法中为了与行政法规相对应，宜将“危险化学品”修改为“危险货物”，这样也可以包括化学品之外的放射性材料、烟花爆竹、感染性病原体等其他危险货物。

第四节 危险物品肇事罪——危险物品

1997 年刑法第 136 条规定，危险物品肇事罪指违反爆炸性、易燃性、放射性、毒害性、腐蚀性物品的管理规定，在生产、储存、运输、使用中，由于过失发生重大事故，造成严重后果的行为。犯本罪的，处三年以下有期徒刑或者拘役；后果特别严重的，处三年以上七年以下有期徒刑。

该罪名在 1979 年刑法中已经存在。通说认为，危险物品肇事罪是一种特殊形式的重大责任事故罪，区别在于前者是一般主体，是从事生产、保管、运输和使用危险物品的企事业单位工作人员，违反了危险物品管理规定而造成的；后者主体是生产作业中的员工，违反的安全管理规定不必与危险物品有关。危险物品肇事罪与重大责任事故罪存在法条竞合关系，前者是特别犯罪，后者是普通犯罪，同时符合二者犯罪构成的，按危险物品肇事罪论处。

需要说明的是，该罪名列举的爆炸性、易燃性、放射性、毒害性、腐蚀性物品正是危险货物的主要种类和名称，也是化学品危害性分类中的传统部分。常简称“危险品”的危险物品的含义比危险货物广，危险品包括个人用品，但技术上的分类标准并无不同，除了民航、海事法律法规中的细致区分外，在GHS实施之前，国内常采用危险货物的分类，将其应用于危险物品管理中，指称各类具有危险性的物品包括个人物品。但是在GHS实施之后，化学品领域的“危险化学品”一词外延拓宽，包括了诸多短期危害性低、不具危害人体健康或者财产的化学品，超过原来危险货物中化学品也就是约十多年“危险化学品”概念的范围。因为本罪名客观方面要求“发生重大事故，造成严重后果”，因此即使“危险物品”的外延扩大，罪名的适用情景并不会随之扩大化。

此外，该罪名中的毒害性物质目前已经为GHS中的急性毒性分类取代，与爆炸性、腐蚀性等同等属于GHS危害分类之一，而剧毒化学品只是急性毒性中的一部分。作为重刑的非法买卖、储存危险物质罪中的“毒害性物质”经“司法解释”和“指导案例”范围缩小为“剧毒化学品”，如果从体系解释的角度，刑法相同用语统一理解，那该罪中的毒害性物质也限于剧毒化学品，这将与其列举的危险物品种类不对称，也不符合数十年来的立法意图；而且除了剧毒化学品外的急性毒性物质，也会因为过失发生重大事故，因此不应缩小“毒害性物质”在本罪中的范围。从另一角度，宜将非法买卖、储存危险物质罪“毒害性物质”修订为“剧毒化学品”，而本罪名可以使用“毒害性”或修改为危险化学品管理一致的“有毒性”的表达，这样不同法条间的概念和刑法与行政法规之间的联系更清晰。同时，该罪名可增加“感染性”类，以包括生物感染性危险物品。

第五节　污染环境罪——有毒物质

《刑法修正案八》第338条将“重大环境污染事故罪”修正为“污染环境罪”，惩处违反国家规定，排放、倾倒或者处置有放射性的废物、含传染病病原体的废物、有毒物质或者其他有害物质，严重污染环境的行为。实施排放、倾倒和处置行为、违反国家规定、严重污染环境是本罪的三个必要条件，去除原罪名作为客观方面要件的公私财产遭受重大损失和人身伤亡。触犯本罪的，处三年以下有期徒刑或者拘役，并处或者单处罚金；后果特别严重的，处三年以上七年以下有期徒刑，并处罚金。

2013年最高人民法院、最高人民检察院发布并于2016年修订的《关于办理环境污染刑事案件适用法律若干问题的解释》将“严重污染环境”具体化为18种情形，包括公私财产遭受重大损失、人身伤亡，新增加的即使没有财产损失和人身伤亡的严重污染环境行为，该罪从结果犯随之演变为行为犯，从需要证明过错责任原则到过错推定，结合该解释中如非法排放、倾倒、处置危险废物三吨以上即认定为“严重污染环境”的司法解释，生态环境保护上升到刑事责任惩罚的力度剧增。

该解释第15条规定，下列物质应当认定为刑法第338条规定的“有毒物质”：① 危险废物，指列入国家危险废物名录，或者根据国家规定的危险废物鉴别标准和鉴别方法认定的，具有危险特性的废物；②《关于持久性有机污染物的斯德哥尔摩公约》附件所列物质；③ 含重金属的污染物；④ 其他具有毒性，可能污染环境的物质。逐一分析，毒性只是危险废物危险特性中的一种，危险废物的范围远超毒害性物质或者GHS意义上的有毒物质；《斯德哥尔摩公约》规范的持久性有机污染物须同时具有毒性、难以降解、可产生生物蓄积三种特性，以明列、增补的方式规定受管制的化学品，至2017年为28种，范围有限；含重金属的污染物如果不界定其中重金属的含量或者危害程度则将缺乏可以公认的标准或者无法执行，因为痕量重金属在人体、各种金属和无机材料器具和环境中广泛存在，将所有废弃的无机材料和器具均定义为含重金属的污染物不合理、无正当法益；第④项中“具有毒性”在GHS体系下的文意解释可以包括急性毒性，还包括人体健康的慢性毒性和环境毒性，但加上可能污染环境的修饰，说明该罪保护的法益是生态环境或生态环境为介质的公共健康利益，与危害公共安全中的公共安全利益不同。个别威胁公共安全的剧毒化学品或者有毒物质，泄漏进水体，反而没有污染和危害，譬如氯气是自来水消毒剂，有净化水质作用。综上所述，污染环境罪中的有毒物质并未采纳GHS化学品危害分类标准，与刑罚前条所述毒害性物质、危险化学品、危险物品范围均不相同。其中“具有毒性”的概念可以视为GHS中急性毒性、慢性毒性、环境毒性的集合，但排除其中不污染环境者。

值得注意的是，“江苏盐城标新化工公司水污染案”以投放危险物质罪惩处，总经理被判处有期徒刑10年，超过污染环境罪7年的最高刑期，是否存在这两个罪名的竞合？生态环境利益与公共安全利益有时会有交叉，但基本范畴不同，这是刑法中罪名种类不同的基础，上述案件犯罪客观方面来自长期性、累积性、渐进性的含有毒物质污水排放，这些有毒物质在通常污水浓度中并不具备短时、大量危害的性质，是水污染防治和环境保护领域相关法律一直关注的对象。投放危险物质罪需具备危害公共安全的故意，公共安全利益受损或具危险的客观方面。污染环境罪情形严重时可能具备前述客观方面，但并不具备这样的直接故意；换言之，如果目的是危害公共安全而故意排放污染，那就不存在与污染环境罪的竞合，视情节可按投放危险物质罪处理。如果是污染环境行为是出于放任自流的故意，危害公共安全，那与其构成想象竞合的应该是危险物品肇事罪，并非投放危险物质罪。

2016年修订的《关于办理环境污染刑事案件适用法律若干问题的解释》第

八条规定，违反国家规定，排放、倾倒、处置含有毒害性、放射性、传染病病原体等物质的污染物，同时构成污染环境罪、非法处置进口的固体废物罪、投放危险物质罪等犯罪的，依照处罚较重的规定定罪处罚。2019 年 2 月 20 日最高人民法院、最高人民检察院、公安部、司法部、生态环境部联合发布《关于办理环境污染刑事案件有关问题座谈会纪要》，对此基调回调，“会议认为，司法实践中对环境污染行为适用投放危险物质罪追究刑事责任时，应当重点审查判断行为人的主观恶性，污染行为恶劣程度，污染物的毒害性危险性，污染持续时间，污染结果是否可逆，是否对公共安全造成现实、具体、明确的危险或者危害等各方面因素。对于行为人明知其排放、倾倒、处置的污染物含有毒害性、放射性、传染病病原体等危险物质，仍实施环境污染行为放任其危害公共安全，造成重大人员伤亡、重大公私财产损失等严重后果，以污染环境罪论处明显不足以罚当其罪的，可以按投放危险物质罪定罪量刑。实践中，此类情形主要是向饮用水水源保护区，饮用水供水单位取水口和出水口，南水北调水库、干渠、涵洞等配套工程，重要渔业水体以及自然保护区核心区等特殊保护区域，排放、倾倒、处置毒害性极强的污染物，危害公共安全并造成严重后果”。会议纪要认识到 2016 年解释的不妥，但纪要内容没有突出法益和犯意的本质不同，未能有效澄清。

第六节　非法买卖制毒物品罪——制造毒品的原料或者配剂

刑法第 350 条规定，犯非法买卖、制造制毒物品罪的，处三年以下有期徒刑、拘役或者管制，并处罚金；数量大的，处三年以上十年以下有期徒刑，并处罚金。单位犯前两款罪的，对单位判处罚金，并对其直接负责的主管人员和其他直接责任人员依照前两款的规定处罚。

该罪与非法提供精神药品、麻醉药品罪的区别在于前者的对象性质为制造毒品的原料或者配剂；后者的对象性质为国家管制的麻醉药品、精神药品。国务院《易制毒化学品管理条例》附件“易制毒化学品的分类和品种目录”具体名列了受管制化学品的名称，包括了制毒原料、配剂。易制毒化学品分为三类，其中包含多种工业化学品，在化工生产及下游工业、实验室试剂中常用，如乙醚、甲苯、丙酮、硫酸、盐酸等。根据技术变化与社会发展需要，不时会有新的化学品增补入该目录，如 2017 年 11 月国务院增列溴素等化学品为易制毒化学品。而麻醉药品、精神药品属于药品类，不少也可以作为药品中间体，偶有使用于工业领域，行为者疏忽了解可能因过失而触犯非法提供精神药品、麻醉药品罪；有意向贩毒、吸毒人员提供的，则构成贩卖毒品罪。最高人民法院《关于审理毒品犯罪案件适用法律若干问题的解释》（法释〔2016〕8 号）中的毒品名称主要根据

《麻醉药品品种目录》和《精神药品品种目录》规定。

武汉凯门公司涉毒一案因主要当事人为大学化学副教授，媒体将其比作美剧中“绝命毒师”，但实际相差甚大。该公司通过网络向某大型国际化工公司定制，跨国销售化学品数年，但并不了解最终用途，该化学品 2013 年新增补为一类精神药品后，仍继续销售。2017 年法院以走私、贩卖、运输、制造毒品罪判决该当事人无期徒刑，2018 年底重审。2019 年 6 月改判为有期徒刑 15 年，当事人认为案件认定事实和适用法律均错误，继续提起上诉。化学品生产、销售、购买、运输、仓储、使用的企业、机构或者个人，需要及时掌握易制毒化学品、麻醉药品及精神药品品种目录的变化，有义务了解买家用途，遵守管制化学品生产、经营、购买、运输中的行政许可、备案等管理要求；名录增补可给予缓冲期，或通过许可证发放、备案、年度培训等场合进行宣导，然后在形式上认定行为人已经有正确的法律认知。如果有合适的时间和条件来容许行政管理相对人即犯罪嫌疑人来了解目录增补，或者刑罚前置了行政处罚，长期在此领域合法经营的当事人可以消除法律认识错误，违反该法规后应追究刑事责任，反之不宜。同时，应考虑实际流向、用途以区分麻醉和精神药品及毒品涉案时的定性，根据情况适用刑罚或行政处罚的不同措施。

如果已经具有《危险化学品经营许可证》和《易制毒化学品备案证明》，但将易制毒化学品销售给不具备购买资格、却用来进行正常生产经营的单位或者个人，行为人是否构成非法买卖制毒物品罪？张家港市连大公司一案中，当事人陈某、赵某将易制毒化学品甲苯以芳烃名义作为普通物品出售数万吨，检方最初指控被告人涉嫌非法买卖制毒物品罪，第二次庭审变更罪名为非法经营罪，第三次又变为指控被告人犯销售伪劣产品罪，最后检方以事实不清、证据不足为由决定不再起诉。按照文义解释，结合行政法规要求，易制毒品卖家应检查买家是否具有购买资质，如果买家不具资质、虽然并非用来生产毒品，卖家仍可能触犯非法买卖制毒物品罪；如果明知买家用来生产毒品的，则卖家为制造毒品罪的共犯，可至死刑。本罪保护的是制毒物品贸易中的社会管理秩序，买家用来进行正常生产而非制毒，卖家长期按惯例合法交易，虽已审慎经营但有限条件下不了解法律变化导致认识错误的，值得考虑脱罪，行政处罚已足以惩罚和威慑，弥补受损法益；如果卖家故意逃避监管，表明并非法律认识错误，法益被恶意伤害，可以作为入罪或加重处罚的情节考虑。

除了上述争议点外，易制毒化学品目录和增补由国务院制定，而危害性质更为严重的麻醉药品、精神药品由国家市场监督管理总局、公安部、国家卫生健康委员会发布目录是否合适；非法提供麻醉和精神药品用于药品用途而非毒品用途是否应定罪等问题，还存在不同看法。

英文中有毒称“toxic”。毒品一词来源于“narcotics”，指具有麻醉作用，现代毒品一般具有以下作用中的一种或几种：麻醉、兴奋、致幻或抑制，以及依赖性。《中华人民共和国刑法》第 357 条定义，本法所称的毒品，指鸦片、海洛因、甲基苯丙胺(冰毒)、吗啡、大麻、可卡因以及国家规定管制的其他能够使人形成瘾癖的麻醉药品和精神药品。可见，毒品并不必然具有急性毒性，也不以 GHS 分类中的各类毒性作为辨别或分类依据，不应混淆。制毒物品是毒品的原材料。制毒物品、毒品与刑法其他条文中的毒害性物质、安全管理中的有毒品、GHS 中的急性毒性和慢性毒性、急性毒性中的剧毒化学品、污染环境罪中的有毒物质，没有自然科学上的相同、相似、包含或者程度递进关系。前文部分概念已有简介，具体可参见本丛书《化学品危害性分类与信息传递和危险货物安全法规》和《化学物质管理法规》两册中相关章节。

在进出口环节，商务部 2006 年颁布《易制毒化学品进出口管理规定》并于 2015 年修正，豁免了涂料等混合物中易制毒化学品不易提取的产品；2007 年商务部规定对含甲苯、丙酮、丁酮、硫酸低于 40%，或者含盐酸低于 10%的货物豁免管理。这样的规定符合自然科学规律，方便了企业经营，与易制毒化学品管理最终的安保和社会风险相适应。但是，上述豁免范围覆盖品种还不充分，其他易制毒化学品监管部门还没有考虑低浓度混合物难以提取、生产生活广泛使用、风险很低，如果全部纳管，缺乏对应的正当法益，从占用管理资源和对生产生活的过多影响来看也无法执行，导致实际执行中的矛盾和隐瞒较多。在刑事责任领域，如果罪名为不考虑后果的行为犯，不考虑浓度和本质风险的化学品管理法规，将导致刑事处罚与社会风险高度不一致。问题的解决不仅靠刑法修订，也需要行政法规和各种受控化学品目录考虑混合物中组分浓度阈值、提取技术性和经济性等情形，才能形成行政法规、刑事法律协调，惩罚与过错相称，社会收益与社会成本相应的善法。

第三十四章

企业化学品管理风险分析——基于行政与司法案例的视角

近年来，随着我国危险化学品法律监管体系的不断完善，企业在危险化学品生产、使用、经营、管理过程中受到的监管力度也在不断增强，化学品的主要法律规定在本系列丛书各册有所介绍。

在监管视野下，我国危险化学品的监管大致分为三个部分，一为事前的审批与建设；二为事中的生产、储存、使用、经营和运输；三是事后的处置及其他。其中，由于第二部分所涉具体环节最多，其受到监管要求最为细致，近几年暴露的问题也最多，其中以生产、储存和运输三个环节尤其明显。一方面，行政机关通过行政处罚对危险化学品生产、使用、经营过程中的具体行为进行监管，对违反《危险化学品安全管理条例》等具体规定的行为直接进行规制；另一方面，司法机关对危险化学品生产企业对环境及他人造成的危害，通过民事与刑事手段间接进行规制。双重规制下，危险化学品生产企业不论在对内生产还是对外交易中都存在重重风险，化学品合规面临着更高的要求。

一、行政层面：生产、使用和经营资质与安全运输备受关注

从行政诉讼的视角看，在行政处罚层面，危险化学品的生产、使用、经营与安全运输最易受到监管者的关注与处罚，而该领域的纠纷也最多样化。就危险化学品的经营而言，根据现行《危险化学品安全管理条例(2013 年修订)》第十四条、第二十九条和第三十三条的规定，我国对危险化学品的生产、使用和经营行为实行许可制度，对未经许可进行危险化学品生产、使用和经营的行为，行政机关有权依照《安全生产法》第九十七条及《危险化学品安全管理条例》第七十七条进行行政处罚，从现有案例来看，行政处罚的方式均为罚款，罚款的额度依据《危险化学品安全管理条例》第七十七条确定。

而就安全运输而言，当前我国对安全运输的要求较为复杂，除了在《安全生产法》和《危险化学品安全管理条例》的部分规定外，还有《道路危险货物运输管理规定(2016 年修订)》《液化气体汽车罐车安全监察规程》等专门规定，具体可以参见本丛书分册《化学品危害性分类与信息传递和危险货物安全法规》。行

政机关在行政执法过程中，主要的关注点在于是否配备具有资质的押运人员、是否超载以及装卸设备是否符合法律等要求。危险化学品的安全运输问题除了在行政机关关注的合规问题以外，还容易进一步因为不合规引发重大安全事故，引发刑事责任，因此该领域的合规显得尤其重要。

另外，通过对 2018 年部分省市行政处罚情况的梳理，危险化学品的储存也正在成为行政机关日常重点监管的一部分，其重点关注的问题主要在于是否进行有效的安全评价、是否储存于专用仓库、是否在安全场所安装必要的设施以及警示标志等。部分案例的处罚金额及参照的相关规定见表 34－1。

表 34－1　危险化学品行政违法案例

案例名称	违 法 行 为	处罚金额/元	相 关 规 定
宁波美亚图油墨科技有限公司非法生产危险化学品案	使用二甲苯、乙酸乙酯等危险化学品原料从事生产，未按照法律法规的要求，对本企业的安全生产条件进行有效的安全评价	35 000	《危险化学品安全管理条例》第三十二条、第二十二条第一款
慈溪市中一涂料有限公司未将危险化学品储存在专用仓库内案	将一种危险化学品(乙酸乙酯)储存在不符合安全储存条件的非危险化学品专用仓库内	50 000	《危险化学品安全管理条例》第二十四条第一款
浙江艾迪雅科技股份有限公司未将危险化学品储存在专用仓库内案	将甲基丙烯酸甲酯、丙烯酸等危险化学品储存在非危险化学品专用仓库内	7 500	《危险化学品安全管理条例》第二十四条第一款
宁波市福明制漆有限公司生产危险化学品未采取可靠的安全措施案	该公司甲类车间(车间 2)内安装的高速搅拌机的变频器未按照《爆炸危险环境电力装置设计规范》(GB 50058—2014)第 5.2.2.1 条的要求采取可靠防爆措施	20 000	《中华人民共和国安全生产法》第三十六条第二款
上海永丰工业气体有限公司违规经营危险化学品案	在对方危险化学品经营许可证过期的情况下，采购危险化学品	50 000	《危险化学品安全管理条例》第三十七条、第八十三条
未按照规定申请取得生产许可证而擅自生产列入目录的危险化学品容器产品案	未按照规定申请取得生产许可证而擅自生产列入目录的危险化学品容器产品	24 000	《中华人民共和国工业产品生产许可证管理条例》第五条、《中华人民共和国工业产品生产许可证管理条例》第四十五条
北京迪龙化工有限公司案	未在作业场所和安全设施、设备上设置明显的安全警示标志	10 000	《危险化学品安全管理条例》第二十一条

（续表）

案例名称	违 法 行 为	处罚金额/元	相 关 规 定
三阳化学（北京）有限公司案	危险化学品储存、使用未采取可靠措施、未为从业人员提供符合国家标准或者行业标准的劳动防护用品、未在有限空间作业场所设置明显的安全警示标志	109 700	《中华人民共和国安全生产法》九十八条第一项、第九十六条第（四）项，《工贸企业有限空间作业安全管理与监督暂行规定》

二、刑事层面：安全运输、危险废物处置风险最大

根据我们对 2006 年到 2018 年环境领域刑事案件的梳理，在安全运输与危险废物处置方面较容易引发刑事案件，其罪名主要集中在危险物品肇事罪、污染环境罪、非法买卖、储存危险物质罪和投放危险物质罪。由于危化物的特别属性，其在运输过程中一旦发生交通事故，容易引起泄漏和次生事故，从而对事故发生地的环境及人员的安全造成巨大的威胁。在现有的案例中，因运输不当引发的事故均有人员伤亡情况出现，运输单位和人员常常需要承担较重的刑事责任。

同时，在危险废物处置方面，当前根据《危险废物经营许可证管理办法（2016 年修订）》的规定，进行收集、贮存、处置经营活动的单位应当取得危险废物经营许可证，该证又具体分为危险废物收集、贮存、处置综合经营许可证和危险废物收集经营许可证。但目前部分企业基于成本考量，将危险废物交与无资质主体处置或是直接采取倾倒至水流或管道之中，违反危险废物管理法规，还进一步引发了水体及附近环境的污染，对人身健康及生态环境、公共安全都造成了巨大的威胁，对于无危险废物经营许可从事危险废物处置活动造成环境污染的，我国当前主要通过污染环境罪和非法经营罪对该问题进行制裁。对于企业涉嫌明知他人无危险废物经营许可，仍委托其处置危险废物的，按照共同犯罪论处，而且可能进一步触犯投放危险物质罪①。

---

① 《最高人民法院、最高人民检察院关于办理环境污染刑事案件适用法律若干问题的解释》第六条：无危险废物经营许可证从事收集、贮存、利用、处置危险废物经营活动，严重污染环境的，按照污染环境罪定罪处罚；同时构成非法经营罪的，依照处罚较重的规定定罪处罚。

第七条：明知他人无危险废物经营许可证，向其提供或者委托其收集、贮存、利用、处置危险废物，严重污染环境的，以共同犯罪论处。

第八条：违反国家规定，排放、倾倒、处置含有毒害性、放射性、传染病病原体等物质的污染物，同时构成污染环境罪、非法处置进口的固体废物罪、投放危险物质罪等犯罪的，依照处罚较重的规定定罪处罚。

表 34－2　危险化学品刑事责任案例

案例名称	违 法 行 为	罪名名称	相 关 规 定
淮安市康某、王某危险物品肇事案	车辆超载引发交通事故造成泄漏，没有及时采取救助措施使得损失进一步扩大	危险物品肇事罪	《刑法》第一百三十六条
吴某等危险物品肇事案	车辆侧翻发生危化物泄漏	危险物品肇事罪	《刑法》第一百三十六条
樊某、王某等污染环境案	往河中倾倒具有腐蚀性、刺激性的化学品硫酰氯	污染环境罪	《刑法》第三百三十八条
王某、马某污染环境案	擅自向河中倾倒大量工业废水	污染环境罪	《刑法》第三百三十八条
德司达（南京）染料有限公司，王某等犯污染环境罪，黄某犯污染环境罪、非国家工作人员受贿罪案	违规处置废酸	污染环境罪	《刑法》第三百三十八条、第三百四十六条，《最高人民法院、最高人民检察院关于办理环境污染刑事案件适用法律若干问题的解释》第六条
江苏施美康药业股份有限公司污染环境一案	违规处置副产盐酸	污染环境罪	《刑法》第三百三十八条
王某等非法买卖、储存危险物质案	非法买卖氰化钠	非法买卖、储存危险物质罪	《刑法》第一百二十五条
雷某等投放危险物质案	向水体中非法排放液氨	投放危险物质罪	《刑法》第一百一十四条

三、民事层面：传统民事赔偿为主，公益诉讼兴起

从民事层面看，危险化学品管理中的主要风险在于环境事故发生后，企业与合同相对人之间或与其他事故参与人之间责任的承担问题。第一种体现在运输关系或委托关系下责任的分配；第二种则体现在事故引发保险责任后，保险公司与被保险人之间的责任承担问题。

在上海思尔博化工物流有限公司诉昌保国际货运代理（上海）有限公司海上货物运输合同纠纷案中，双方属于运输关系下由于托运人要求产生的超载进而引发的责任事故，法院最终要求双方各承担百分之五十的责任，这体现出危险化学品管理中托运人与承运人之间都具有安全管理的义务。而在陈某等诉张某等道路交通事故人身损害赔偿纠纷案中，则是因为承运人超载发生交通事

故，进而引起危险化学品泄漏，造成人员伤亡，在此案中则由承运人承担全部责任。综上，企业在危险化学品运输中，应遵守相关运输管理规定，不提出超量超载的要求，从而保证己方不卷入后续的赔偿之中。同理，在委托关系中，如果在明知受委托方没有资质且会采取违法手段处置时，委托方也将对环境污染承担连带责任，在泰州市环保联合会与泰兴锦汇化工有限公司等环境污染侵权赔偿纠纷案中，锦汇公司即被判定承担连带责任。

而在保险合同关系下，在常熟市赛礼隆新能源材料科技有限公司诉中银保险有限公司苏州中心支公司保险合同案中，企业由于违反危险化学品管理的相关规定，导致保险标的风险增加，触犯了保险人的免责条款，导致保险人不承担支付保险赔偿金的责任，由企业承担事故损失。从此案来看，违规操作不管是对企业运营管理还是企业法律责任，无疑都是双重风险，其不仅会导致违法成本的增加，同时导致原本的风险缓释措施失灵，对企业来讲可谓是雪上加霜。

值得关注的是，近年来，随着大众对环境污染问题的关注以及《环境保护法》《民事诉讼法》《行政诉讼法》对环境公益诉讼规定的不断完善，环境公益诉讼正在兴起，检察机关和社会组织在公益诉讼中的作用在不断加强。其中涉及的核心问题主要在于环境损害的因果关系认定与损害修复费用的计算。就因果关系的认定来看，根据《侵权责任法》第六十条的规定，目前我国法院主要倾向于无过错归责原则，即如果企业无法证明损害结果与行为之间没有关联，其需承担责任，这在泰州市环保联合会与泰兴锦汇化工有限公司等环境污染侵权赔偿纠纷案也有体现。而在损害修复费用层面，目前法院主要根据《环境损害鉴定评估推荐方法（第Ⅱ版）》相关方法进行估算，在泰州市环保联合会与泰兴锦汇化工有限公司等环境污染侵权赔偿纠纷案中，已经使用了“虚拟治理成本法”，在该评估方法下，企业的违法成本将不限于可计算的损失，数额可达到亿元及以上的标准，这将大幅提升企业的违法成本。

表 34-3　危险化学品民事纠纷案例

案例名称	争议焦点	判决结果
上海思尔博化工物流有限公司诉昌保国际货运代理（上海）有限公司海上货物运输合同纠纷案	涉案三个罐箱装载量均超载，并在海运过程中发生泄漏事故，事故发生的原因及责任应当由谁来承担	原告及被告对上述事故各半承担责任
常熟市赛礼隆新能源材料科技有限公司诉中银保险有限公司苏州中心支公司保险合同案	赛礼隆公司进行化学品烯丙基缩水甘油醚（简称 AGE）提纯是否构成危险程度增加	赛礼隆公司未经许可擅自进行 AGE 提纯，构成危险程度显著增加，因保险标的危险程度显著增加而发生的保险事故，保险人不承担赔偿保险金的责任

（续表）

案例名称	争议焦点	判决结果
陈某等诉张某等道路交通事故人身损害赔偿纠纷案	汽车超载导致液氯泄漏，引发人员伤亡，各被告应否承担民事赔偿责任，应承担何种性质的民事责任	本案发生交通事故的槽罐车装载的液氯系剧毒化学品，属高度危险作业的范畴，因该液氯泄漏造成原告的人身和财产损害，应当由高度危险作业人承担民事责任。被告沂州化工公司系危险化学品生产单位；违反该车行驶证核定载重15吨的安全技术要求，为该车充装液氯40.44吨，造成严重超装超载亦承担连带责任
泰州市环保联合会与泰兴锦汇化工有限公司等环境污染侵权赔偿纠纷案	锦汇公司以出售方式处置其生产的副产酸的行为与古马干河、如泰运河环境污染损害结果之间存在因果关系依据是否充分	虽然锦汇公司并未直接实施倾倒行为，但其在明知副产酸市场低迷，对其进行无害化处理需花费高昂处理费用的情况下，采用补贴运输费用等方式将副产酸交给不具备处置资质的江中公司，并长期放任江中公司将副产酸倾倒入河，造成如泰运河、古马干河水体大面积污染，严重损害社会公共利益和公众环境权益，其行为与如泰运河、古马干河水体污染损害结果之间具有因果关系，应当承担侵权责任

综上，当前企业在危险化学品生产经营领域面临着规则细化、违法成本不断加重的监管趋势，这对企业的经营管理提出了更高的要求。因此，建议企业在生产经营过程中，不论是自身经营还是与第三方之间的交易，都应当尽到必要的注意义务，从而减少风险的产生，进而避免可能导致严重不利后果的违约及违法行为的产生。

参考文献：

[1] 张勇. 非法买卖剧毒化学品刑事案件的认定. 云南大学学报法学版，2011：85-91.

[2] 汤琳琳. 非禁用性剧毒化学品的性质认定——由罗某非法买卖迭氮钠等剧毒化学品引起的思考. 法制博览，2013(11)：52-53.

[3] 孙万怀. 买卖毒害性化学品的对象性质——以刑法解释的协调性原则为视角. 法学杂志，2013(1)：80-94.

[4] 最高人民法院案例指导工作办公室.《王召成等非法买卖、储存危险物质案》的理解与参照. 人民司法，2014(6)：62-66.

[5] 程聘. “违规运输危险化学品”行为入刑的合理性辨析. 武汉公安干部学院学报，2015(4)：57-60.

[6] 丁晓阳. 高毒物品法律概念辨析. 职业卫生与应急救援，2015(6)：469-472.

[7] 邓益辉. 何谓“毒品”？“毒品分级”有多远(2017-08-25)[2019-02-11]. http：//

mini. eastday. com/a/170825072620141. html.
[8] 何双凤. 污染环境罪与投放危险物质罪的区分与竞合. 法制与社会，2018(8)：43-45.
[9] 张明楷. 污染环境罪的争议问题. 法学评论，2018(2)：6-24.
[10] 张明楷. 刑法学教程. 北京：北京大学出版社，2010.
[11] 高铭暄，马克昌. 刑法学. 8 版. 北京：北京大学出版社，2017.
[12] 傅学良. 刑事一体化视野中的环境刑法研究. 北京：中国政法大学出版社，2015.
[13] 劳东燕. 风险社会中的刑法. 北京：北京大学出版社，2015.
[14] 暨荀鹤，李明. 化学物质管理法规. 上海：华东理工大学出版社，2017.
[15] 梅庆慧，王红松，丁晓阳. 化学品危害性分类与信息传递和危险货物安全法规. 上海：华东理工大学出版社，2018.
[16] 吉恩·马基雅弗利·艾根. 毒物侵权法精要. 4 版. 李冰强，译. 天津：南开大学出版社，2016.
[17] 许传玺. 美国产品责任制度研究. 北京：法律出版社，2013.
[18] 美国博钦律师事务所. 美国产品责任法. 3 版. 博钦律师事务所北京代表处，译. 北京：法律出版社，2013.

索引词

词条对照表

AESGP：the Association of the European Self-Medication Industry 欧洲自助药物制造商联合会
BAT：Best Available Techniques 最佳可得技术
CBI：Confidential Business Information 商业机密信息或保密性商业信息
Cefic：Eeuropean chemical industry council 欧洲化学工业理事会
CERCLA：Comprehensive Environmental Response，Compensation and Liability Act 美国综合性环境反应、赔偿与责任法案
CLP：Regulation on the Classification，Labeling and Packaging of substances and mixtures 欧盟物质及混合物分类、标签和包装法规
COLIPA：the European Cosmetic and Perfumery Association 欧洲化妆品盥洗用品及香水协会
CPCIF：China Petroleum and Chemical Industry Federation 中国石油和化学工业联合会
ECHA：European Chemicals Agency 欧洲化学品管理局
EDs/EDC：Endocrine Disrupters/Endocrine Disrupting Chemicals 内分泌干扰物
EFPIA：The European Federation of Pharmaceutical Industries and Associations 欧洲制药工业协会联合会
EFSA：European Food Safety Authority 欧洲食品安全局
EMA：European Medicines Agency 欧洲药品管理局
EPA：Environmental Protection Administration（美国）环保局
EPR：Extended Producer Responsibility 生产者延伸责任（生产者延伸职责）
e-SDS：extended Safety Data Sheet 扩展的安全数据表
FAO：Food and Agriculture Organization of the United Nations 联合国粮农组织
FDA：Food Drug Administration（美国）食品药品监督管理局
GCO：Global Chemical Outlook 全球化学品展望
GHS：Globally Harmonized System for Classification and Labelling of Chemicals 全球化学品统一分类和标签制度
GPS：Global Product Strategy 全球产品战略
HPV：High Production Volume 高产量（化学品）
HS：The Harmonized Commodity Description and Coding System（海关货物编码）协调制度
ICCA：International Council of Chemical Association 国际化学品协会理事会
ICCM：International Conference Chemicals Management 国际化学品管理会议
IECSC：The Inventory of Existing Chemical Substance in China 中国现有化学物质名录
IFCS：Intergovernmental Forum on Chemical Safety 化学品安全政府间论坛
ILO：International Labor Organization 国际劳工组织
IOMC：The Inter-Organization Programme for the Sound Management of Chemicals 化学品健全管理组织间工作署
IPCS：International Programme on Chemical Safety 国际化学品安全署
IRPTC：International Register of Potentially Toxic Chemicals 国际潜在有毒化学品登记中心
IUCLID：The International Uniform Chemical Information Database 国际统一化学品信息数据库
NIH：National Institute of Health 美国国立健康研究院
OECD：Organization for Economic Co-operation and Development 经合组织
ODSs：Ozone Depleting Substances 消耗臭氧层物质

PCCPs：Pharmaceutical and Personal Care Products 药物和个人护理用品
PBT：Persistent，Bioaccumulative，and Toxic 持续性、生物累积性和毒性物质
PFOS：perfluorooctanesulphonate 全氟辛烷磺酸盐
PIC 公约：Convention on International Prior Informed Consent Procedure for Certain Trade Hazardous Chemicals and Pesticides in International Trade Rotterdam 关于在国际贸易中对某些危险化学品和农药采用事先知情同意程序的鹿特丹公约
PIE：Pharmaceuticals In the Environment 环境中的药物
POPs 公约：Stockholm Convention on Persistent Organic Pollutants 斯德哥尔摩持久性有机污染物公约
PRTR：Pollutant Release and Transfer Register 污染物释放与转移申报
PSM：Process Safety Management，过程安全管理，或工艺安全管理
REACH：Regulation for Registration，Evaluation，Authorisation and Restriction of Chemicals 欧盟化学品注册、评估、许可和限制法规
QSAR：Quantitative Structure Activity Relationships 定量构效关系
RC：Responsible Care 责任关怀（也被译作"责任照顾"）
SAICM：Strategic Approach to International Chemicals Management 国际化学品管理战略
SDS：Safety Data Sheet 安全数据表
SOLAS：International Convention for the Safety of Life at Sea 国际海上人命安全公约
SVHC：Substance of Very High Concern 高关注度物质
TBT：Technical Barriers to Trade 技术性贸易壁垒
TRI：Toxics Release Inventory 有毒化学物质排放清单
TSCA：Toxic Substances Control Act 美国有毒物质控制法
UNDP：United Nations Development Programme 联合国开发计划署
UNEP：United Nations Environment Programme 联合国环境规划署
UNIDO：United Nations Industrial Development Organization 联合国工业发展组织
UNITAR：United Nations Institute for Training and Research 联合国训练研究所
UNFCCC：United Nations Framework Convention on Climate Change 联合国气候变化框架公约
UNCLOS：United Nations Convention on the Law of the Sea 联合国海洋法公约
UVCB：Substances of Unknown or Variable composition，Complex reaction products or Biological materials 未知或可变成分，复杂反应产物或生物材料的物质
WCO：World Customs Organization 世界海关组织
WHO：World Health Organization 世界卫生组织
WTO：World Trade Organization 世界贸易组织

作者简介

丁晓阳，华东理工大学环境监测专业工学学士，武汉大学环境法学硕士，高级工程师（安全生产专业）。主要著述有《化工过程安全法规发展》《高毒物品法律概念辨析》《技术灾害紧急管理机制及创新》《生物安全法浅议》《转基因农产品国际贸易规则——WTO争端解决机制与环境条约研究》《试论环境法中的公众参与》《环境利益与既得权的保护——美国财产法、侵权法和濒危物种保护法管窥》《论跨国公司环境侵权责任的承担与追究》（湖北省优秀法学硕士毕业论文）。

李广兵，法学博士，武汉大学环境法研究所副教授，兼任中国法学会环境资源法学研究会副秘书长，湖北省法学会环境资源法学研究会副会长，国际自然保护联盟（IUCN）环境法委员会委员，湖北省环境损害司法鉴定专家库专家。长期从事环境资源法学的教学与科研工作，参与编写和翻译了《环境资源法教程》《法学概论》《环境执法原理》等教材与专著。

黄政，现就职于西北政法大学经济法学院。华中师范大学化学系理学学士，武汉大学环境法硕士。主要研究方向为环境法原理、化学品环境管理立法、污染防治法。曾翻译《欧盟未来化学品政策战略白皮书》《美国化学品管理国家概述》，发表《化学品环境管理立法若干问题研究》《化学品风险控制的法律措施》《危险化学品环境风险防控立法问题研究》等论文。

侯芳，现为武汉大学中国边界与海洋研究院博士研究生、国家领土主权与海洋权益协同创新中心人员。主要研究领域是国际环境法、海洋法，发表《Environmental Impact Assessments in Protection and Perservation of the Marine Environment》《China's National Plan on Sustainable Implementation of the 2030 Development Goals：from the Perspective of National Performance of Multilateral Environmental Agreements》等相关论文十余篇，参编著作《Cooperation and Engagenaent in the Asia-Pacinc Region》，参与外交部重大专项课题《人类命运共同体与国际法》、生态环境保护部重大项目《〈关于汞的水俣公约〉遵约机制谈判对策研究》等课题。

张慧勇，山西大学环境学学士和武汉大学环境与资源保护法学硕士毕业，现就职于生态环境部对外合作与交流中心，担任中国环境与发展国际合作委员会秘书处("一带一路"绿色发展联盟秘书处)副处长,负责秘书处的政策研究工作。作为核心专家参与第二、第三次《中国国家气候变化评估报告》编写工作,作为独立章节作者参与《国家环境保护政策读本》(入选中组部全国干部培训好教材8种推荐书目)、《中国迈向绿色发展》(国家行政学院关于绿色发展重要培训教材)撰写工作。撰写环境与发展前沿问题专报、简报等报告,多次获国务院和生态环境部领导批示。

杨倩,西北政法大学经济法学院讲师,西北政法学院环境与资源保护法学硕士毕业。编写《国际环境资源法》(对外经济贸易大学出版社,2013年9月)、《环境资源法学(第二版)》(中国政法大学出版社,2016年8月)等高等院校本科生规划教材。参与国家社科基金(编号:11XF022)《西部国际河流开发与保护法律保障制度研究》等项目研究。发表《环境法的新发展——以构建环境友好型社会为视角的分析》(《中国环境科学学会学术年会优秀论文集(2006)》)、《应对气候变化问题的法律调整机制》(《中国环境管理干部学院学报》2007年第1期)、《生态补偿的基本制度因素分析》(《西北法律评论》第3卷2009年3月)等论文。

陆剑威,拥有13年在化工和快速消费品行业的产品监管和法规事务工作经验。现任职于金佰利(中国)有限公司,担任亚太区法规事务经理。上海师范大学环境工程专业本科毕业,中国人民大学经济学硕士,主要研究进出口贸易壁垒、新能源、低碳和环保产业的经济贸易。

朱良伟,高级工程师,天津大学化学工程专业工学硕士毕业。现任中国石油和化学工业联合会国际交流和外企委员会副秘书长、外企合作处处长,兼任中国环境学会化学品风险防控专委会常委。长期以来研究、翻译整理全球化学品管理法规,在外资委就产业政策和化学品法规工作代表会员企业与主管部门进行沟通,同时负责中国石油和化学工业联合会开放式创新平台的具体运作。曾编著《REACH法规实用问答录》《国际协同创新案例集》等,参与撰写并出版《开创下一个未来——中国石油和化学工业2030年展望》《化学品风险管理法律制度》《燃料乙醇》《未来十年世界石油化学工业发展趋势和中国创新发展机遇》等书籍,在报刊发表行业文章超过50万字。曾就职于中国化工信息中心,任《中国化工信息》周刊海外事业部主管以及化学品法规研究专员,在此之前曾就职于惠生工程上海公司。

管娜,美国毒理学资格认证毒理学家(DABT),欧洲注册毒理师(ERT),中国毒理学会注册毒理学家(DCST),中国毒理学会毒理学替代法与转化毒理学专业委员会委员,中国毒理学会食品专业委员会委员,国际化学品制造商协会毒理、生态毒理和风险评估分委会委员。在武汉大学分析化学、美国俄亥俄州立大学药剂学和荷兰格罗宁根大学药物代谢和毒理专业分别取得硕士和博士学位。现任奇华顿日用香精香料公司亚太资深毒理学家、高级经理，负责产品毒理和生态毒理学评价，亚太各国化学品、食品添加剂和化妆品原料注册，监管毒理实验，审阅毒理报告，支持和推广体外动物替代方法。此前任职拜耳材料科技亚太区毒理学家和荷兰 Wil Research 公司毒理部门项目负责人。

雷子蕙，华东理工大学制药工程系学士和应用化学系硕士毕业。中国注册安全工程师，中国毒理学会注册毒理学家（DCST）。曾就职于阿克苏诺贝尔、巴斯夫、陶氏、路威酩轩等多家跨国公司，从事产品安全监管和法规事务工作达十多年，专注于化学品安全管理和合规工作，包括新化学物质、危险化学品、风险评估等，也涉及化妆品和汽车等下游应用领域的法规研究。目前任埃克森美孚公司产品安全监管和法规事务顾问。

崔长征，武汉大学遗传学博士毕业，现就职于华东理工大学资源与环境工程学院，副教授、硕士生导师，国家环境保护化工过程环境风险评价与控制重点实验室。主要研究方向为抗生素等化学品的风险评价与控制技术，担任上海市污染地块、土壤和地下水调查评估、治理修复项目评审专家、上海市环境损害司法鉴定机构登记评审专家以及国家土壤环境基准专家委员会委员等。先后承担国家自然科学基金面上项目，国家土壤污染成因与治理技术重点专项课题、国家环境保护公益性行业科研专项等多项重要研究课题，其中发表 SCI 论文 30 余篇，申请专利 6 项。

戚敏，毕业于上海外国语大学，目前就职于巴奥米特（Zimmer Biomet）公司，担任亚太区贸易合规经理。曾任职于朗盛化学，负责海关事务与贸易合规工作。具备丰富的贸易合规经验，擅长出口管制、海关归类、估价、原产地以及贸易合规自动化软件。

沈百鑫，江苏环境科学研究院环境政策标准研究所研究员，武汉大学环境法研究所客座研究员，德国莱比锡大学博士在读。主要研究方向为中国、德国及欧盟的水体保护法比较。组织翻译《德国环境法法典（草案）》（正出版）。发表有关中德环境法比较研究《从中德比较论我国环境许可制度的发展》《德国环境法法典化的核心内容和受挫阻力及对我国的启示》《简析法治国家理念下系统性环境保护》《论中国环境法治的宪法基础》论文四十余篇。

黄梅，华东理工大学有机化学硕士毕业，现任巴斯夫（中国）有限公司大中华区产品安全与法规部经理，负责化学品法规的宣导和沟通，化学物质及危险化学品的注册和监管，法规毒理学、动物福利政策协调及风险评估等工作。中国毒理学会工业毒理学专业委员会委员，中国石油和化学工业联合会外资委法规组及产品安全监管组成员，国际化学品制造商协会产业政策促进委员会化学品管理分委会及毒理、生态毒理和风险评估分委会委员。

冯敬尧，毕业于武汉大学环境法研究所，现任职于国内某精细化学品上市公司，担任集团法务负责人。曾在德国知名化工企业法律事务部任职多年，负责大中华区以及越南、韩国等国家从日用化学品到工业化学品诸多领域法律及合规管理工作。

王轩，上海交通大学环境与资源保护法学硕士毕业，2006 年至 2007 年至美国纽约州 Pace University 学习环境法课程。相继在美国贝克麦坚时（Baker & McKenzie）律师事务所和谢尔曼斯特灵（Shearman Sterling）律师事务所担任执业律师，并于 2017 年至 2019 年在阿克苏诺贝尔公司担任北亚区资深法律顾问，在外商投资、跨国商事纠纷处理、公司治理法律风险管理、化学品和环境法律合规方面具有丰富的经验。

谢巍，南京医科大学公共卫生学院预防医学学士毕业，上海交通大学凯原法学院法律硕士毕业。现就职于路博润管理（上海）有限公司任亚太区产品法规服务经理，主要负责产品合规性保证，尤其是应用方面的合规工作，例如化妆品原料、药用辅料、食品接触材料的登记等。在此之前在保健食品、药品、化妆品等下游成品企业服务多年，有丰富的相关产品法规事务工作经验。